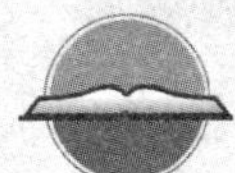

全国高职高专教育“十二五”规划教材

猪病防制

【畜牧兽医及相关专业使用】

● 周铁忠
● 易本驰 主编

中国农业科学技术出版社

图书在版编目（CIP）数据

猪病防制/周铁忠，易本驰主编．—北京：中国农业科学技术出版社，2012.8

ISBN 978-7-5116-0988-5

Ⅰ.①猪…　Ⅱ.①周…②易…　Ⅲ.①猪病－防治－高等职业教育－教材　Ⅳ.①S858.28

中国版本图书馆 CIP 数据核字（2012）第 158022 号

责任编辑　闫庆健　柳　颖
责任校对　贾晓红　范　潇

出版发行　中国农业科学技术出版社
北京市中关村南大街 12 号　邮编：100081
电　　话　(010) 82106632（编辑室）(010) 82109704（发行部）
(010) 82109709（读者服务部）
传　　真　(010) 82106632
网　　址　http://www.castp.cn
经 销 者　各地新华书店
印 刷 者　北京富泰印刷有限责任公司
开　　本　787mm×1092mm　1/16
印　　张　15
字　　数　365 千字
版　　次　2012 年 8 月第 1 版　2012 年 8 月第 1 次印刷
定　　价　23.00 元

《猪病防制》编委会

主　　编　周铁忠（辽宁医学院畜牧兽医学院）

　　　　　易本驰（信阳农业高等专科学校）

副 主 编　谢　静（江苏畜牧兽医职业技术学院）

　　　　　胡喜斌（黑龙江生物科技职业学院）

　　　　　高月林（黑龙江农业职业技术学院）

编　　者　史秋梅（河北科技师范学院）

　　　　　李　冰（辽宁医学院畜牧兽医学院）

　　　　　焦凤超（信阳农业高等专科学校）

　　　　　王申锋（河南农业职业学院）

主　　审　周广生（江苏畜牧兽医职业技术学校）

前言

本教材是根据《教育部关于加强高职高专人才培养工作的意见》和《全国高等农业职业教育畜牧兽医专业教学指导方案》的要求以及中国农业科学技术出版社关于编写农业部高职高专规划教材的指导精神编写的。

教材编写的指导思想是从农业高职高专技能型人才培养的特色出发，适应21世纪我国农业产业化发展的实际需要；基本原则是保证理论够用，贴近兽医临床实际，突出实用技能培养，体现职业性、科学性、先进性、针对性和应用性。

本教材依据高职高专兽医专业培养方案对专业技能和猪病防治课程的要求，按60学时进行编写，但使用时可结合本校实际情况，如学制、专业特点等进行调整。本书包括猪的传染病、猪的寄生虫病、猪的中毒性疾病、猪的营养与代谢性疾病、猪的产科病、猪的其他普通病、猪病类症鉴别、养猪生产生物安全体系、实训指导、实践操作技能考核项目共10部分内容，共分8章，其中养猪生产生物安全体系针对养猪的规模化和区域化，包括生物安全体系的意义、内容和措施，如猪场建设与环境控制的卫生防疫要求，猪群健康监测与维护，猪病综合防制措施，以指导养猪生产和兽医临床应用。

本书猪病毒性传染病部分由周铁忠、李冰、史秋梅编写；猪细菌性传染病部分由谢静、胡喜斌编写；猪寄生虫病部分由王申锋编写；猪中毒性疾病和营养代谢性疾病由高月林编写；猪产科病和普通病由易本驰编写；猪病类症鉴别由史秋梅编写；养猪生产生物安全体系及实训一至实训四由焦凤超编写；实训指导其他内容由相应章节编者编写。

在编写过程中，对本教材给予帮助的有辽宁医学院畜牧兽医学院王珅、史丽华、包敏、张立志、郭伶、苏禹刚、徐鹏、李敏等，为本书提供图片的李玉平、李静等，在此表示衷心感谢！

由于我们的学术水平和编写能力有限，难免有纰缪之处，恳请使用本教材的师生和读者批评指正。

编　者

2012. 4

目　　录

第一章　猪传染病

第一节　病毒性传染病

一、猪瘟

猪瘟又称猪霍乱（HC），也称为古典型猪瘟（CSF），是由黄病毒科瘟病毒属的猪瘟病毒引起的猪的一种高度接触性传染病。目前认为猪瘟病毒只有一个血清型，但不同毒株之间毒力差异很大。强毒株可引起死亡率高的急性猪瘟。中等毒力毒株一般引起亚急性或慢性猪瘟。低毒力毒株感染妊娠母猪，可经胎盘感染胎儿。

美国于1810年首先报道了本病，我国据1935年的调查报告称，绝大部分省市都有猪瘟的发生。目前全世界除少数国家（或地区）已消灭猪瘟外，大多数国家（或地区）仍有本病的发生，严重影响到养猪业的发展和猪肉及其产品的贸易。国际兽疫局（OIE）将其列为A类16种法定传染病之一，我国也将其列为一类传染病。

（一）流行特点

猪瘟仅发生于猪，不同品种、年龄和性别的猪均可感染。病猪和带毒猪是本病的传染源。猪瘟病毒的感染途径是由口鼻腔黏膜、生殖道黏膜或皮肤外伤进入。

猪瘟的发生趋于病型多样化和病情复杂化，呈现典型与非典型并存、单纯感染与混合感染并存、繁殖障碍与持续带毒并存的特点。非典型及温和型猪瘟，尤其是持续感染、初生仔猪先天性感染和妊娠母猪带毒综合征发生率越来越多，给该病的诊断带来了一定的困难，给猪瘟的有效控制也带来了难度。

近些年来，其流行形式已从频发的大流行转变为多地区散发性流行，有时表现为波浪形、周期性。从市场购入的猪苗发病率明显高于自繁自养的猪。

（二）诊断

1. 临床症状诊断　典型猪瘟：最急性型可突然发病死亡。急性型和亚急性型较为多见，表现为体温41～42℃，呈稽留热或随病程延长呈弛张热，食欲减少以至废绝，饮水量正常或增加，精神不振，畏寒，常挤在一起。行走不稳，后躯软弱，腰背拱起，逐渐衰弱、消瘦。两眼常有脓性分泌物。腹下、股内侧、四肢以及口唇黏膜等处有细小散在的点状出血，皮肤出血点可融合成斑块（彩图1－1）。高热期便秘，病后期腹泻，或两者交替出现，公猪包皮积尿。病程1～4周，病死率在70%以上，耐过猪多成为“僵猪”，并可成为长期带毒、散毒猪。近些年，在我国发生的典型性猪瘟已不多见，有时可见于未免疫猪瘟疫苗的猪群。

非典型或温和型猪瘟：是近些年猪瘟发生的主要形式，病情发展缓慢，主要表现为消瘦，贫血，全身衰弱，常伏卧，步态缓慢无力，食欲不振，便秘和腹泻交替。有的病猪在耳端、尾尖及四肢皮肤上有紫斑或坏死痂。病程1个月以上。不死亡者长期发育不良成为僵猪。

此外还有以下几种表现：①持续感染（隐性感染）：猪瘟病毒可在猪体内存活数月甚至终生，可持续向外排毒，但不表现临床症状。② 母猪繁殖障碍（妊娠母猪带毒综合征）：表现流产、早产、产死胎或木乃伊胎、不发情或不孕等。③ 仔猪先天性感染（胎盘垂直感染）：仔猪出生后不吃奶或吃奶无力，衰弱，排稀粪，陆续死亡。也有在10日龄左右或断奶前后发生严重死亡，偶有发生先天性震颤（俗称抖抖病）。④ 免疫耐受或免疫力低下：虽用合格的疫苗及正规的操作进行免疫，但猪瘟抗体仍在保护水平以下，并时有猪瘟的发生，有时用大剂量疫苗免疫2～3次，抗体水平仍达不到保护水平，这种情况以断奶后仔猪及生长育肥猪较为多见。

2. 病理剖检诊断 典型猪瘟表现为全身淋巴结肿胀、多汁、充血及出血，外表呈紫黑色，切面如大理石状（彩图1－2）；肾脏色泽变淡，皮质上有针尖至小米粒大数量不等的出血点，少者数个，多者密布如麻雀卵（彩图1－3）；脾脏边缘有时可见出血性梗死（彩图1－4）。多数病猪两侧扁桃体坏死。消化道病变表现在口腔、牙龈、胆囊黏膜有出血点和溃疡灶；胃和小肠黏膜出血呈卡他性炎症。喉头、会厌软骨及膀胱黏膜有程度不同的出血（彩图1－5）。病程较长时，回肠末端、盲肠和结肠黏膜上形成特征性的钮扣状坏死和溃疡。断乳病猪肋骨末端与软骨交界处发生骨化障碍，见有黄色骨化线，该病变在慢性猪瘟诊断上有一定意义。

温和型猪瘟的病理变化一般轻于典型猪瘟的变化，如淋巴结呈现水肿状态，轻度出血或不出血；肾出血点不一致；膀胱黏膜只有少数出血点；脾稍肿，有1～2处小梗死灶；回肠末端、盲肠和结肠很少有钮扣状溃疡（彩图1－6），但有时可见溃疡、坏死病变。

繁殖障碍型可见死胎、木乃伊胎、产出弱小仔猪或颤抖仔猪，多数仔猪可见全身性水肿，腹腔积水，皮肤和肾点状出血，淋巴结出血，脑软膜充血出血等。

3. 实验室诊断

（1）血清学试验

①免疫荧光抗体检验（IFA） 用采样枪采取扁桃体样品，用灭菌牙签挑至灭菌离心管并作标记。也可以采取病死猪脏器，如肾脏、脾脏、淋巴结、肝脏和肺等脏器。将上述组织制成冰冻切片，将液体吸干后经冷丙酮固定5～10min，晾干。滴加猪瘟荧光抗体覆盖于切片，置湿盒中37℃作用30min。然后用PBS液洗涤，自然干燥。用碳酸盐缓冲甘油（pH值9.0～9.5，0.5N）封片，置荧光显微镜下观察。在荧光显微镜下，见切片中有胞浆荧光，判猪瘟阳性；无荧光判为阴性。试验需设阳性对照和阴性对照。

②琼脂扩散试验（AGPT） 操作简单，易于判定，可测抗原或抗体，但敏感度低。

③正向间接血凝试验（IHA） 用于检测猪瘟抗体水平高低，了解猪群免疫状况，帮助修正和制定免疫程序，但不能作为是否有猪瘟感染的依据。被检血清需56℃水浴30min进行灭能处理，反应在96孔V形微量血凝板上进行，稀释待检血清，加猪瘟正向血凝诊断液，最后判定结果，免疫21d抗体效价≥2^5为免疫合格。

④猪瘟抗原双抗体夹心ELISA检测方法 本方法是通过形成的多克隆抗体－样品－单克隆抗体夹心，并采用辣根过氧化物酶标记物检测，对外周血白细胞、全血、细胞培养物

以及组织样本中的猪瘟病毒抗原进行检测的一种双抗体夹心 ELISA 方法。被检样品的矫正 OD 值大于或等于 0.300，则为阳性；被检样品的矫正 OD 值小于 0.200，则为阴性；被检样品的矫正 OD 值大于 0.200，小于 0.300，则为可疑。

⑤猪瘟病毒抗体阻断 ELISA 检测方法　本方法是用于检测猪血清或血浆中猪瘟病毒抗体的一种阻断 ELISA 方法，通过待测抗体和单克隆抗体与猪瘟病毒抗原的竞争结合，采用辣根过氧化物酶与底物的显色程度进行判定。如果被检样本的阻断率大于或等于 40%，该样本被判定为阳性（有 CSFV 抗体存在）。如果被检样本的阻断率小于或等于 30%，该样本被判定为阴性（无 CSFV 抗体存在）。如果被检样本阻断率在 30%～40% 之间，应在数日后再对该动物进行重测。

⑥猪瘟病毒反转录聚合酶链式反应（RT－PCR）　本方法通过检测病毒核酸而确定病毒存在，是一种特异、敏感、快速的方法。RT－PCR 按常规方法操作，最后取 RT－PCR 产物 5μl，于 1% 琼脂糖凝胶中电泳。阳性对照管和样品检测管出现 251bp 的特异条带判为阳性；阴性管和样品检测管未出现特异条带判为阴性。

（2）兔体交互免疫试验　可检出被检病料中存在的猪瘟强毒、兔化弱毒或是未感染猪瘟，较准确可靠，对试验设备、条件和技术要求不高，但费时费事。

试验方法：选择健壮、体重 1.5kg 以上、未做过猪瘟试验的家兔 6 只，分成 2 组，试验前连续测温 3d，每天 3 次，间隔 8h，体温正常者才可用。将可疑病猪的淋巴结及脾脏作成 1∶10 悬液（每毫升悬液加青霉素、链霉素各 1 000IU 处理），给试验组家兔每只 5ml 肌注。如用血液须加抗凝剂，每头接种 2ml。对照组不注射。注射后对试验组和对照组兔测温，每 6h 一次，连续 3d（应无体温反应）。5d 以后，用 1∶20 稀释的猪瘟兔化弱毒疫苗同时给试验组与对照组每只家兔耳静脉注射 1ml。24h 后，每隔 6h 测温一次，连续测温 4d。

判定标准：猪瘟病毒不能使兔发生热反应，但可使之产生免疫力，而猪瘟兔化弱毒则能使家兔发生热反应。据此原理，如试验组接种病料后无热反应，后来接种猪瘟兔化弱毒也不发生热反应，对照组有热反应，则为猪瘟。如试验组接种病料后有热反应，后来接种猪瘟兔化弱毒不发生热反应，则表明病料中含有猪瘟兔化弱毒。如试验组接种病料后无热反应，后来接种猪瘟兔化弱毒发生热反应；或接种病料后有热反应，后来对猪瘟兔化弱毒又发生热反应；则都不是猪瘟。

4. 类症鉴别　注意与猪急性链球菌病、急性猪丹毒、最急性猪肺疫、猪急性副伤寒和猪弓形体病鉴别。

（三）防控

1. 预防措施　加强猪群的饲养管理，保证营养、科学饲养，增强其抗感染能力。健全并认真贯彻卫生防疫制度。做好流行病学调查工作，坚持经常性的检验检疫工作。尤其是猪在流通和屠宰前后必须做好兽医卫生检验工作。做好定期消毒和临时消毒，彻底切断病原传播途径。制定科学的免疫程序，保证猪群的特异性抵抗力。

采取以预防为主的综合性防疫措施，广泛持久地开展猪瘟疫苗预防注射，是预防猪瘟发生的重要环节。目前我国猪瘟疫苗的种类有：大兔脾淋苗、牛体反应苗、乳兔冻干苗和牛睾细胞苗。免疫程序见表 1－1。

表 1-1　猪瘟的参考免疫程序

猪　别	免 疫 接 种
仔猪和生长猪	25～30 日龄首免，免疫剂量 4 倍；60～70 日龄 2 免（6 倍量）。猪瘟污染严重猪场，仔猪出生后立即注射猪瘟单苗 2 头份，并确保 2h 后吃初乳，然后于 40～50 日龄时再加强免疫一次（4 倍量）
母猪	采取窝防的形式，即每窝仔猪进行猪瘟防疫的同时进行母猪的防疫，每次免疫猪瘟疫苗 4 头份。或在配种前 10d 免疫
公猪	每年 2 次，于每年的春（3～4 月份）秋（9～10 月份）各进行一次，每次免疫猪瘟疫苗 4 头份

注：如果使用猪瘟脾淋苗，依据具体情况调整免疫剂量

2. 扑灭措施

（1）治疗　目前尚无有效疗法。对贵重种猪，在病初可用抗猪瘟血清抢救，同群猪可用抗猪瘟血清紧急预防，但抗猪瘟血清治疗花费较大。目前抗猪瘟免疫球蛋白、干扰素、抗病毒药物等疗效仍不确切。抗生素和化学药物只是控制继发感染。采用大剂量猪瘟疫苗治疗猪瘟，其作用尚未得到科学证明，不过在发病早期对发病猪群应用疫苗进行紧急接种，具有一定的控制效果，此时必须每头猪更换一个针头，以防交叉感染。

（2）扑灭

①封锁疫点：在封锁地点内停止生猪及猪产品的集市贸易和外运，至最后一头病猪死亡或处理后 3 周，经彻底消毒，才可解除封锁。

②对全场所有猪进行临床检查，如刚发现疫情，最好将病猪及其污染物及时处理、深埋，拔掉疫点，以免扩散。凡被病猪污染的猪舍、环境、用具、吃剩的饲料、粪水等都要彻底消毒。

③紧急预防接种：对疫区内的假定健康猪和受威胁区的猪，应立即注射猪瘟疫苗，剂量可增至常规量的 2～3 倍。

④禁止外来人员入内，场内饲养员及工作人员禁止互相来往，以免散毒和传播疫病。

⑤对持续感染带毒的母猪，应坚决淘汰。这种母猪带毒而不发病，但病毒可经胎盘感染胎儿，引起死胎、弱胎，生下的仔猪也可能带毒，这种仔猪对免疫接种有耐受现象，不产生免疫应答，而成为猪瘟的传染源。

二、猪繁殖与呼吸综合征

猪繁殖与呼吸综合征（PRRS）（俗称蓝耳病）是由猪繁殖与呼吸综合征病毒（PRRSV）所引起猪的一种接触性传染病。临床上以怀孕母猪流产、早产、产死胎、木乃伊胎及仔猪感染后的成活率下降及成年猪的呼吸道症状为主要特征，同时还会导致免疫抑制而继发多种其他疾病。

猪繁殖与呼吸综合征于 1987 年首先出现于美国。目前，该病在全世界几乎所有养猪地区都有流行，给世界养猪业造成了巨大的经济损失。1996 年郭宝清等首次证实在我国的猪群中存在 PRRSV 感染。近年来，该病已流行于我国大部分养猪地区，给我国养猪业造成了巨大的损失。

（一）流行特点

自然条件下，猪是唯一的易感动物。野猪也有自然感染的现象，各种日龄的猪均可被

感染，但妊娠母猪和仔猪更易感。人工感染试验表明，某些禽类如绿头鸭、珍珠鸡、麝鸭也可感染，其中绿头鸭对 PRRSV 特别易感。

感染猪和康复带毒猪是主要的传染源。康复猪在康复后的 15 周内可持续排毒，甚至超过 5 个月还能从其咽喉部分离到病毒。病毒可以通过鼻、眼分泌物、胎儿及子宫甚至公猪的精液排出，感染健康猪。本病主要通过呼吸道或公猪的精液在同猪群间进行水平传播，也可以进行母子间的垂直传播。空气传播是本病的重要传播方式，通过气源性感染可以使本病在 3km 以内的猪场中传播。

本病在新疫区常呈地方性流行，而在老疫区则多为散发性。冬季易于流行传播。病毒在猪群中传播极快，急性感染猪很容易通过接触传染其他猪，并可持续到感染后 4～6 个月，病毒在猪群中可自然存活 16 个月。PRRSV 感染受宿主及病毒双方的影响。由于不同分离株的毒力和致病性不同，发病的严重程度不同。许多因素对病情的严重程度都有影响，营养不良、猪场卫生条件差、气候恶劣、饲养密度过大，可促进本病的流行。本病常继发感染猪瘟病毒、猪轮状病毒、猪细小病毒、伪狂犬病病毒、猪流感病毒、猪副嗜血杆菌、猪链球菌、猪霍乱沙门氏菌、猪肺炎支原体以及大肠杆菌等。

（二）诊断

1. 临床症状诊断 潜伏期通常为 14d。由于年龄、性别和猪群的免疫状态、病毒毒力强弱、猪场管理水平及气候条件等因素的不同，感染猪的临床表现也不同。

繁殖母猪：急性发病者主要表现是发热，精神沉郁，食欲减退或废绝，嗜睡，咳嗽，不同程度的呼吸困难，间情期延长或不孕。个别母猪耳部出现蓝紫色，在病猪的腹部及阴部也可出现蓝紫色。妊娠母猪发生早产、流产、死产、胎儿木乃伊化、产弱仔等，部分新生仔猪表现呼吸困难、运动失调和瘫痪等症状，也可产出部分正常大小和有活力的仔猪。仔猪出生后第一周死亡率很高。康复后的母猪再次配种，受孕率可能下降 40%～60%。

哺乳猪：母猪表现繁殖障碍，出生的弱胎或正常胎儿在断奶前病死率都较高（可达 60%），第一周病死率最高，死亡可能延续到断奶和断奶后。在分娩舍内受到感染的仔猪，临床上表现为体温升高，可达 40℃以上，精神沉郁，食欲不振，呼吸困难，共济失调，后躯麻痹及眼结膜水肿，耳、鼻端皮肤发绀（彩图 1－7），有时出现呕吐和腹泻。

生长育肥猪：持续性的厌食、沉郁，不同程度呼吸困难，皮肤充血，皮毛粗糙，发育迟缓，耳、鼻端乃至肢端发绀。病程后期常由于多种病原的继发性感染而导致病情恶化，病死率较高。

公猪：公猪感染后出现食欲不振，沉郁，呼吸道症状，缺乏性欲，其精液的数量和质量下降，精液变化出现于病毒感染后 2～10 周。

高致病力毒株引起的主要症状：体温明显升高，可达 41℃以上；眼结膜炎、眼睑水肿；咳嗽、气喘等呼吸道症状；部分猪出现后躯无力、不能站立或共济失调等神经症状。仔猪发病率可达 100%、死亡率可达 50% 以上，母猪流产率可达 30% 以上，成年猪也可发病死亡。

2. 病理剖检诊断 仔猪主要表现为头部、眼结膜水肿，颈腹部、胸腹部和腹部皮下显著胶冻样渗出（彩图 1－8）；全身淋巴结肿胀、潮红；喉气管黏膜潮红、肿胀，有少量浆液性分泌物；肺色泽不均，有暗红色、灰红色实变病灶（彩图 1－9），切开支气管腔可见少量液性分泌物；心外膜轻度潮红，心肌色泽不均、变浅；脾脏不肿大，有出血性梗死丘和梗死灶；肾脏色泽变淡，有出血斑点（彩图1－10）；肠道浆黏膜潮红，有的部位见出血斑纹；膀胱黏膜有细小出血点，扁桃体黏膜有出血斑点；脑软膜潮红，有细小出血点。

母猪流产的死胎及出生后不久死亡的弱仔猪，可见头部水肿、眼结膜水肿，耳廓、头、颈部发绀，下颌淋巴结肿大、斑状出血，扁桃体水肿并呈弥漫性出血。

3. 病理组织学诊断 肺呈弥漫性间质性肺炎，表现为细支气管黏膜上皮不完整，厚度不一，部分坏死脱落，部分增生，黏膜下有成纤维细胞增生，淋巴细胞、巨噬细胞浸润。支气管周围间质内成纤维细胞增生，淋巴细胞、巨噬细胞浸润，小血管壁坏死或纤维化，管腔内有血栓形成。肺泡间隔增宽、成纤维细胞显著增生，淋巴细胞、巨噬细胞浸润，肺泡壁不完整，个别肺泡腔内有少量脱落的上皮细胞和巨噬细胞、淋巴细胞浸润。肝脏、肾脏呈急性间质性炎症变化。心肌部分变性，坏死崩解。脾脏和淋巴结变性坏死变化显著。各段肠管表现程度不同的出血性炎。脑为非化脓性脑炎，表现为神经元轴突、树突溶解，核浓缩、崩解、溶解，胶质细胞卫星样包围，小血管充血，外围有淋巴细胞、上皮样细胞浸润，神经胶质细胞弥漫性增生。

高致病力毒株引起的病理变化：脾脏边缘或表面出现梗死灶，显微镜下见出血性梗死。肾脏呈土黄色，表面可见针尖至小米粒大出血点斑。皮下、扁桃体、心脏、膀胱和肝脏均可见出血点和出血斑，显微镜下见肾间质性炎，心脏、肝脏和膀胱出血性、渗出性炎等病变。部分病例可见胃肠道出血、溃疡、坏死。

4. 实验室诊断

（1）病原分离鉴定 分离病毒最好应用猪肺泡巨噬细胞（PAM）或 CL－2621 细胞或 Marc－145 细胞。常取急性期病猪的血清、胸水、腹水或病死猪的肺、扁桃体、脾脏、淋巴结等病料分离病毒。新分离的病毒，往往不能引起细胞病变，需要将其进行 3～4 次继代培养方产生病变。接种病料的细胞培养物可通过标记抗体染色、中和试验及 RT－PCR 方法检测。

（2）血清学试验 血清学诊断操作容易，敏感性和特异性都较高。主要包括：免疫过氧化物酶单层试验（IPMA）、间接免疫荧光试验（IFA）、间接酶联免疫吸附试验（间接 ELISA）和血清中和试验（SN）等。目前这 4 种方法主要用于检测 PRRS 病毒抗体，对 PRRS 的诊断具有重要意义。

IFA 法在美国被广泛利用，该法需细胞培养，荧光显微镜检查结果依靠肉眼判断，有较大的主观性。SN 法由于中和抗体出现时间较晚，不适合于早期诊断，且此法工作量较大，目前仅限于实验室诊断。间接 ELISA 法特异性强、敏感性高，适合临床应用，是目前监测 PRRS 的常规手段。

当分析血清学试验结果时，必须考虑到 PRRS 疫苗免疫状态、猪的年龄和 PRRS 区域性流行，因为血清学实验不能区分出自然感染和免疫接种猪。当检测新近感染状况时，应当向诊断室提供急性期和恢复期血清样品。

（3）分子生物学诊断 PRRSV 反转录聚合酶链式反应（RT－PCR）检测方法，通过设计特异性引物可检测病猪血清、血浆、组织器官中的 PRRSV，也可检测细胞培养物中的病毒，具有很高的特异性、敏感性和准确性。

5. 类症鉴别 当发现猪繁殖障碍时，应与猪细小病毒感染、猪传染性脑心肌炎、伪狂犬病、猪钩端螺旋体病、猪流感、日本乙型脑炎、猪瘟等疫病鉴别。哺乳仔猪出现呼吸道症状则应与猪脑心肌炎、伪狂犬病、猪呼吸道冠状病毒感染、猪副流感病毒感染、猪流感、猪血凝性脑脊髓炎鉴别诊断。

（三）防控

1. 预防措施

（1）检疫措施　加强引猪检疫，防止国外其他毒株传入国内，或者防止养殖场引入阳性带毒猪只。由于抗体产生后病猪仍然能够较长时间带毒，因此通过检疫发现的阳性猪只应根据本场的流行情况采取合理的处理措施，防止将该病毒带入阴性猪场。在向阴性猪群中引入更新种猪时，应至少隔离 3 周，并经 PRRS 抗体检测阴性后才能够混群。

（2）坚持养猪生产生物安全管理措施　包括合理的选址和布局，全进全出饲养制度，环境卫生消毒制度，兽医防疫管理制度，粪污无害化处理制度，猪群健康监测与维护制度。

（3）科学饲养管理　包括保证全价营养，降低饲养密度，保持猪舍适宜温度、干燥、通风，创造适宜的养殖环境以减少各种应激因素。

（4）免疫接种　国内外有弱毒疫苗和灭活疫苗，猪群接种后能产生一定程度的免疫保护作用。一般认为弱毒疫苗效果较好，但只适用于受污染的猪场。后备母猪在配种前进行 2 次免疫，首免在配种前 2 个月，间隔 1 个月进行二免；仔猪在母源抗体消失前首免，间隔 1 个月再次免疫；公猪和妊娠母猪不能接种弱毒疫苗。接种疫苗前后应对猪群进行抗体检测，制定科学合理的免疫程序，并监测免疫效果。

需要说明的是，弱毒疫苗的疫苗毒在猪体内持续数周至数月，接种疫苗的猪能散毒感染健康猪，疫苗毒能跨越胎盘导致先天感染，疫苗毒持续在公猪体内可通过精液散毒。有的毒株保护性抗体产生较慢，有的免疫往往不产生抗体。灭活疫苗很安全，但免疫效果不佳。因此，建议 PRRS 阳性猪场使用弱毒疫苗或与灭活疫苗联合使用，PRRS 阴性猪场不应使用弱毒疫苗。

2. 扑灭措施

（1）发现疑似病例应及时隔离，尽快确诊。全场进行紧急消毒，对假定健康猪进行必要的紧急接种或使用血清和药物进行防治。

（2）发生高致病性猪蓝耳病时，按农业部高致病性猪蓝耳病防治技术规范进行处理。

（3）本病目前尚无特异性治疗方案，发病猪群可通过合理的药物治疗计划控制细菌继发感染，常用的药物包括金霉素、四环素、恩诺沙星等广谱抗生素；应用黄芪多糖等免疫增强剂增强抵抗力，提高营养，控制适宜舍温等；此外，依据具体病情采取抗炎抗敏、补液、缓解呼吸困难、强心等对症治疗措施。

（4）通过平时的猪群检疫，发现阳性猪群应做好隔离和消毒工作，污染群中的猪只不得留作种用，应全部育肥屠宰。有条件的种猪场可通过清群及重新建群净化该病。

三、口蹄疫

口蹄疫（FMD）是由口蹄疫病毒引起的一种偶蹄动物共患的急性、热性、高度接触性传染病，偶见于人和其他动物。临床上以口腔黏膜、蹄部及乳房皮肤发生水疱和溃烂为特征，严重时蹄壳脱落、跛行、不能站立。本病有强烈的传染性，一旦发病，传播速度很快，往往造成大流行，不易控制和消灭，带来严重的经济损失。因此，OIE 将本病列为发病必须报告的A类动物疫病名录之首，我国也把口蹄疫列为一类动物疫病。

（一）流行特点

口蹄疫病毒能感染多种偶蹄动物，以牛最易感，其次是猪，再次为绵羊、山羊和骆驼，鹿、犬、猫、兔也可感染，人类偶有感染。此病对成年猪致死率很低，仔猪不但易感而且病死率高。患病动物和带毒动物是主要的传染源。本病以直接接触或间接接触的方式传播，主要通过消化道、呼吸道以及损伤的皮肤和黏膜感染。

该病一年四季均可发生，以冬、春季多发。其流行具有明显的季节规律，多在秋季开始，冬季加剧，春季减缓，夏季平息，常呈地方性流行或大流行。在规模饲养的猪群，发病并无明显的季节性。口蹄疫的自然暴发流行有周期性，每隔一两年或三五年流行一次。在没有其他病原并发感染时，成年猪病死率低于5%，但仔猪因心肌炎可导致病死率高达20%～50%。

（二）诊断

1. 临床症状诊断 潜伏期一般为1～2d。病初体温升高到40～41℃，精神不振，食欲减少或废绝。病猪主要症状表现在蹄部，蹄冠、蹄叉、蹄踵等部位出现发红、微热、敏感等，随即出现水疱，水疱破裂后形成糜烂。病猪卧地不起，喂饲时勉强站立。如无细菌感染，经1周痊愈。如有继发感染，可致蹄壳脱落（彩图1－11）。口腔、鼻端以及母猪的乳头、乳房亦常见水疱。母猪可因体温升高而流产，目前尚无证据表明口蹄疫病毒可感染胎儿。仔猪特别是哺乳仔猪可有很高的死亡率，达50%～100%。哺乳仔猪不常见水疱发生即急性死亡。育肥猪及成年猪死亡率低，一般呈良性经过，但也有高死亡率的报道。

2. 病理剖检诊断 除蹄部、口腔、鼻端、乳房等处出现水疱、溃疡及烂斑外，咽喉、气管、支气管和胃黏膜也可发生烂斑和溃疡，肠黏膜可见出血性炎症。具有诊断意义的是心脏病变，心包膜、心肌有弥散性及点状出血、坏死，心肌松软似煮肉状，切面有灰白色或淡黄色斑点或条纹，好似老虎皮上的斑纹，故称“虎斑心”（彩图1－12）。

3. 实验室诊断

（1）病原分离鉴定　采取病畜水疱皮或水疱液进行病毒分离鉴定。取病畜水疱皮，用PBS液制备混悬浸出液，或直接取水疱液接种BHK细胞、IBRS2细胞或猪甲状腺细胞进行病毒分离培养，通过蚀斑法、中和试验、RT－PCR等方法鉴定病毒。

（2）血清学试验　①采取水疱皮制成混悬浸出液，接种乳鼠继代培养，并用阳性血清作乳鼠保护试验或中和试验。此法主要用于型和亚型鉴定，并可用于抗体水平的测定。②应用酶联免疫吸附试验以及免疫荧光抗体技术诊断本病均有很好的效果。ELISA可代替补体结合试验和中和试验，具有敏感、特异且操作快捷等优点。

（3）分子生物学诊断　口蹄疫病毒反转录聚合酶链式反应（RT－PCR）可用于动物产品的检疫。该法快速、灵敏，但尚待标准化。

4. 类症鉴别 猪口蹄疫与猪水疱病相似，但水疱病的死亡率比口蹄疫低，无“虎斑心”的病变。最好进行动物接种试验，将病料接种1～2日龄和7～9日龄乳小鼠，如两组小鼠均死亡，该病料为感染口蹄疫病料；1～2日龄乳小鼠死亡，7～9日龄乳小鼠不死亡，该病料为感染水疱病病料。

（三）防控

1. 预防措施 坚持“预防为主”的方针，采取以免疫预防为主的综合防控措施，控制疫情发生。

(1) 实行强制普免 免疫预防是控制本病的主要措施，非疫区要根据邻近国家和地区发生口蹄疫的血清型选择同血清型的疫苗。发生口蹄疫的地区，应当鉴定口蹄疫血清型，然后选择同血清型的疫苗。目前，我国口蹄疫强制免疫常用疫苗是 O 型或 O 型 – Asia Ⅰ 型口蹄疫灭活疫苗（普通苗或浓缩高效苗）。

根据我国目前的情况，使用的免疫程序主要有以下几种。

①规模化猪场（养猪专业户）免疫程序

种公猪：每年注苗 3 次，每隔 4 个月注苗 1 次。普通苗每次肌肉注射 3ml/头或后海穴注射 1.5ml/头，高效苗每次肌肉注射 2ml/头或后海穴注射 1ml/头。

生产母猪：配种前接种 1 次，分娩前 1 个月再接种 1 次。肌肉注射高效苗 2ml/头或后海穴注射 1ml/头。

育肥猪：出生后 30 ~ 40 日龄首免，肌肉注射高效苗 2ml/头，也可后海穴注射普通苗 1.5 ml/头或高效苗 1ml/头。60 ~ 70 日龄二免，肌肉注射普通苗 3ml/头或高效苗 2ml/头，也可后海穴注射普通苗 1.5ml/头或高效苗 1ml/头。出栏前 30d 进行三免，肌肉注射高效苗 4ml/头，也可后海穴注射高效苗 2ml/头。

后备种猪：仔猪二免后，每隔 4 个月免疫 1 次，普通苗肌肉注射 3ml/头或后海穴注射 1.5ml/头，高效苗肌肉注射 2ml/头或后海穴注射 1ml/头。

②农村散养猪免疫程序

种公猪：每年 9 月下旬至 10 月上旬，肌肉注射普通苗 3ml/头或高效苗 2ml/头，次年 3 月下旬至 4 月上旬再接种疫苗一次（方法、剂量同前）。也可后海穴注射每次普通苗 1.5ml/头或高效苗 1ml/头。

生产母猪：分娩前 40d 左右肌肉注射普通苗 3ml/头或高效苗 2ml/头，也可后海穴注射普通苗 1.5ml/头或高效苗 1ml/头。

仔猪：初生后 30 ~ 40 日龄首免，肌肉注射普通苗 2ml/头或高效苗 1ml/头，也可后海穴注射普通苗 1.5ml/头或高效苗 1ml/头。60 ~ 70 日龄二免（加强免疫一次），肌肉注射普通苗 2ml/头或高效苗 1ml/头，也可后海穴注射普通苗 1.5ml/头或高效苗 1ml/头。

育肥猪：仔猪二免后，每隔 4 个月免疫一次，肌肉注射普通苗 3ml/头或高效苗 2ml/头，也可后海穴注射普通苗 1.5ml/头或高效苗 1ml/头。

(2) 依法进行检疫 带毒活畜及其产品的流动是口蹄疫暴发和流行的重要原因之一，因此要依法进行产地检疫和屠宰检疫，严厉打击非法经营和屠宰；依法做好流动领域运输活畜及其产品的检疫、监督和管理，防止口蹄疫传入；进入流动领域的动物必须具备检疫合格证明和疫苗免疫注射证明。

(3) 坚持自繁自养，尽量不从外地引进动物，必须引进时，需了解当地近 1 ~ 3 年内有无口蹄疫发生和流行，应从非疫区、健康群中购买，并需经产地检疫合格。购买后，仍需隔离观察 1 个月，经临床和实验室检查，确认健康无病方可混群饲养。发生口蹄疫的猪场，将不能留作种用。

(4) 严防通过各种传染媒介和传播渠道传入疫情，严格隔离饲养，杜绝外来人员参观，加强对进场的车辆、人员、物品消毒，不从疫区购买饲料，严禁从疫区调动动物及其产品等。

2. 扑灭措施 严格按《中华人民共和国动物防疫法》及有关规定，采取紧急、强制性、综合性的扑灭措施。一旦有口蹄疫疫情发生，当地县级以上地方人民政府畜牧兽医行政管理部门应当立即派人到现场，划定疫点、疫区、受威胁区，采集病料，调查疫源，及时报请同级人民政府决定对疫区实行封锁，并将疫情等情况逐级上报国务院畜牧兽医行政管理部门。

3. 治疗措施 按现行的法律规定家畜发生口蹄疫后不允许治疗，如有特殊情况可参考以下方法：

为了促进病畜早日痊愈，缩短病程，特别是为了防止继发感染和死亡，应在严格隔离的条件下，及时对病畜进行治疗。

口腔可用清水、食醋或0.1%高锰酸钾洗漱，糜烂面可涂以1%～2%明矾或碘甘油（碘7g、碘化钾5g、酒精100ml、溶解后加入甘油10ml），也可用冰硼（冰片15g、硼砂150g、芒硝18g、共为末）。蹄部可用3% H_2O_2 洗涤，擦干后涂松馏油或鱼石脂软膏，再用绷带包扎。乳房可用肥皂水或2%～3%硼酸洗涤，然后涂以青霉素软膏或其他刺激性小的防腐软膏，定期将奶挤出以防发生乳房炎。

恶性口蹄疫病畜除局部治疗外，可用强心剂和补剂，如安钠咖、葡萄糖盐水等辅助治疗，同时用结晶樟脑口服，2次/d，每次5～8g。同群无症状猪可用猪干扰素肌肉注射，1次/d，同时口服结晶樟脑，2次/d，每次5～8g，连用3d可收到良好效果。

（四）公共卫生

人因饲养病畜、接触病畜患病部或食入病畜生乳或未经充分消毒的病畜乳及乳制品而被感染，创伤也可感染。潜伏期2～18d，一般为3～8d。常突然发病，体温升高，头晕，头痛，恶心，呕吐，精神不振。2～3d后，口腔有干燥和灼热感，唇、齿龈、舌面、舌根及咽喉部发生水疱，咽喉疼痛，口腔黏膜潮红，皮肤上的水疱多见于指尖、指甲基部，有时也见于手掌、足趾、鼻翼和面部。持续2～3d后水疱破裂，形成薄痂或溃疡，但大多逐渐愈合，有的病人有咽喉痛、吞咽困难、腹泻、虚弱等症状。一般病程约1周，预后良好。重症者可并发胃肠炎、神经炎和心肌炎等。小儿有较高的易感性，感染后易发生胃肠炎。因此，预防人感染口蹄疫，一定要做好自身的防护，注意消毒，防止外伤，非工作人员不与病畜接触，以防感染和散毒。

四、猪水疱病

猪水疱病（SVD）是由猪水疱病病毒引起猪的一种急性、热性、接触性传染病。其特征是流行性强，发病率高，蹄部、口腔、鼻端、腹部及乳头周围皮肤和黏膜发生水疱，偶有脑脊髓炎。家畜中仅猪感染发病，在症状上与口蹄疫极为相似。OIE将本病列入A类动物疫病，我国将其列为一类动物疫病。

（一）流行特点

在自然流行中，本病仅发生于猪，不分年龄、性别、品种均可感染。人偶可感染。潜伏期的猪、病猪和病愈带毒猪是本病的主要传染来源，通过唾液、粪、尿、乳汁排出病毒。本病传播途径主要是直接接触，病毒通过黏膜（消化道、呼吸道和眼结膜）和损伤的皮肤感染，孕猪可经胎盘传播给胎儿。病猪的粪便是主要传递物，未经消毒的泔水和屠宰下脚料，生猪交易场所，被污染的车、船等运输工具是传染媒介。病毒污染的饲料、垫草、运动场和用具以及饲养员等也能造成本病的传播。本病可通过深部呼吸道传染，气管注射发病率高，经鼻需大剂量病毒才能感染。

本病一年四季均可发生，但冬季较为严重，尤其在养猪密度较高的地区传播速度快、发病率高，一般不引起死亡。有时与猪口蹄疫同时或交替流行。在养猪密集或调运频繁的单位和地区，容易造成本病的流行，在分散饲养的情况下，很少引起流行。

（二）诊断

1. 临床症状诊断　本病的潜伏期，自然感染一般为 2～5d，有的延至 7～8d；根据感染量、感染途径和饲养条件的不同，临床症状可表现为典型型、温和型和亚临床型。

典型型：其特征性水疱常见于主趾和附趾的蹄冠上。早期症状为上皮苍白肿胀，在冠和蹄踵的角质与皮肤结合处首先见到。经 36～48h，水疱明显凸出，其内充满水疱液，有的很快破裂、糜烂，但有时维持数天。水疱破后形成溃疡，真皮暴露，颜色鲜红。常常环绕蹄冠皮肤与蹄壳之间裂开，病变严重时蹄壳脱落。部分猪的病变部位因继发细菌感染而形成化脓性溃疡。由于蹄部受到损害，因疼痛而出现跛行；有的猪呈犬坐式或卧地不起，严重者用膝部爬行。水疱也见于鼻盘、舌、唇和母猪乳头上。仔猪多数病例在鼻盘发生水疱或溃疡（彩图 1－13），体温升高（40～42℃），水疱破裂后体温下降至正常。病猪精神沉郁、食欲减退或停食，肥育猪显著消瘦；有的猪偶尔可见中枢神经紊乱现象，表现为前冲、转圈或撕咬等。在一般情况下，如无并发或继发感染不引起死亡，但初生仔猪可造成死亡。病猪康复较快，病愈后 2 周，创面可痊愈，如蹄壳脱落，则相当长时间后才能恢复。

温和型（亚急性型）：只见少数猪出现水疱，传播缓慢，症状轻微，往往不容易被察觉。

亚临床型（隐性感染）：本病在猪群中流行，有部分猪呈隐性感染，以无症状耐过，但血清中可测出高滴度的中和抗体，并可排毒，若与健康猪混群，可导致同居感染。

2. 病理剖检诊断　特征性病变是在蹄部、鼻盘、唇、舌面、乳房出现水疱。水疱破裂、水疱皮脱落后，暴露出的创面有出血和溃疡。其他内脏器官无可见病变，个别病例心内膜有条状出血斑。

3. 实验室诊断

（1）动物试验　将病料分别接种 1～2 日龄和 7～9 日龄乳小鼠，如 2 组乳小鼠均死亡者为口蹄疫；1～2 日龄乳小鼠死亡，而 7～9 日龄乳小鼠不死者为猪水疱病。

（2）血清学试验

①反向间接血凝试验　用口蹄疫 A、O、C、Asia Ⅰ等型的豚鼠高免血清与猪水疱病高免血清致敏红细胞，用 1%戊二醛、甲醛固定的绵羊红细胞制备的抗体红细胞与不同稀释度的待检抗原进行反向间接血凝试验，可在 2～7h 内快速区别诊断猪水疱病和口蹄疫。

②补体结合试验　以豚鼠制备的诊断血清与待检病料进行补体结合试验，可用于猪水疱病和口蹄疫的鉴别诊断。

③荧光抗体试验　用直接和间接免疫荧光抗体试验，可检出病猪淋巴结冷冻切片和涂片中的感染细胞，也可检出水疱皮和肌肉中的病毒。

④酶联免疫吸附试验　近年应用酶联免疫吸附试验检测水疱皮或水疱液中的病毒抗原，4～6h 可获结果，具有敏感、特异且操作快捷等优点。

（3）PCR 法可用于本病的快速诊断

4. 类症鉴别 详见猪口蹄疫。

（三）防控

1. 预防措施

（1）加强检疫 在收购和调运时，应逐头进行检疫，一旦发现疫情立即向主管部门报告，按早、快、严、小的原则，实行隔离封锁。

（2）严格消毒 常用于本病的消毒剂及有效浓度为0.1%～0.5%过氧乙酸、0.5%～1%复合酚、0.5%～1%次氯酸钠、5%氨水、2%氢氧化钠和4%甲醛。

（3）免疫接种 据报道国内外应用豚鼠化弱毒苗和细胞培养弱毒苗对猪免疫，其保护率达80%以上，免疫期6个月以上。用水疱皮和仓鼠传代毒制成的灭活苗有良好的免疫效果，保护率达75%～100%。

2. 扑灭措施 严格按《中华人民共和国动物防疫法》及有关规定，采取紧急、强制性、综合性的扑灭措施。对疫区和受威胁区的猪，可采用被动免疫。猪感染水疱病病毒7d左右，在血清中出现中和抗体，28d达高峰。因此用猪水疱病高免血清和康复血清进行被动免疫有良好效果，免疫期达1个月以上，可有效控制疫情扩散，减少发病。

（四）公共卫生

人感染猪水疱病病毒后，神经系统会受到损害。因此，实验人员和饲养员应加强自身防护。

五、猪流感

猪流感（SI）是由A型流感病毒引起猪的一种急性呼吸道传染病。以突然发病，咳嗽，呼吸困难，发热，衰竭及迅速康复为特点。

（一）流行特点

猪流感多呈流行性，猪群最早出现猪流感常与从外面引进猪有关，很多暴发是由猪只从感染群移动到易感群引起的。病猪和带毒猪是主要的传染源，本病的传播方式以空气飞沫传播为主。在病猪打喷嚏、咳嗽时病毒随呼吸系统分泌物排出，易感猪吸入后即可感染。

本病多发生在寒冷季节，以深秋季节、冬季及早春多发。阴雨、潮湿、寒冷、运输、拥挤、密集饲养、营养不良及体内寄生虫侵袭均可促进本病的发生和流行。本病发病率几乎高达100%，而死亡率则小于1%，继发感染和并发感染使本病复杂化。

（二）诊断

1. 临床症状诊断 本病潜伏期很短，几小时到数天，自然发病时平均为4d。突然发病，几乎全群同时感染，病猪体温突然升高至40.3～41.5℃，食欲减退甚至废绝，精神委顿。常卧地不起，打堆，呼吸急促，腹式呼吸，结膜炎，流鼻液，体重减轻并很快恢复，极少致死。母猪在怀孕期感染，可使其出生仔猪存活率下降。本病病程较短，如无并发症，多数可于6～7d后康复。如有继发感染，则病势加重，发生纤维素性出血性肺炎或肠炎；个别可转为慢性，持续咳嗽，消化不良，瘦弱，可拖延一月以上，常引起死亡。

2. 病理剖检诊断　主要在呼吸器官，鼻、咽、喉、气管、支气管黏膜充血、出血，表面有大量泡沫状黏液，有时含有血液而呈棕色或红色。肺病变区与正常区域界限分明，病变部呈紫红色似鲜牛肉状。肺膨胀不全，稍凹陷，周围组织有气肿，呈苍白色。病变部位通常限于尖叶、心叶、中间叶，呈不规则的对称。切面有大量白色或棕红色泡沫样液体流出。纵隔淋巴结肿大，充血，水肿。胃肠有卡他性炎症。

3. 实验室诊断

（1）病原分离鉴定　采发热初期的鼻咽分泌物，加双抗后，接种于9～11日龄鸡胚或其他细胞上，33～37℃培养3～5d。取羊水或细胞培养物作血凝试验。如阳性，则进一步做补体结合试验以确定病毒型，做血凝抑制试验以确定亚型；如连传3～5代无血凝特性，则可判为阴性。

（2）血清学试验　采用中和试验、琼脂扩散试验与对流免疫电泳、神经氨酸酶及其抑制试验、病毒RNA凝胶电泳、ELISA等检查病原，也可采集急性期和恢复期双份血清，作补体结合试验、血凝抑制试验、单向琼脂扩散试验以确诊。

（三）防控

1. 预防措施　本病目前尚无特异性的疫苗和疗法。因为A型流感病毒在自然界中亚型很多，经常发生变异且各亚型之间无交叉免疫力或交叉免疫力很弱，依靠少数几个亚型疫苗往往不能起作用，所以对本病的防控以科学饲养管理和常规兽医卫生管理最为重要。如避风，保暖，消毒，保持猪舍清洁，干燥，尽量减少各种应激。

2. 治疗措施

①应用抗生素控制继发感染；

②给予充足饮水并补充维生素、电解质，防止脱水，平衡体液；

③可以应用清热解毒、化痰止咳类中药缓解症状；

④依据情况采取其他对症治疗。

六、猪伪狂犬病

猪伪狂犬病（PR）是由伪狂犬病病毒引起的一种急性传染病。其特征为体温升高，呼吸系统症状，仔猪神经系统症状，妊娠母猪流产、产死胎和木乃伊胎，无奇痒。

（一）流行特点

病猪、带毒猪以及带毒鼠类为本病重要传染源。健康猪与病猪、带毒猪直接接触可感染本病，本病也可经空气传播。妊娠母猪感染后可垂直传播，流产的胎儿、子宫分泌物中含有大量病毒，污染环境。本病多发生在寒冷的季节。哺乳仔猪日龄小，发病率和病死率高，随着日龄增长而下降。

（二）诊断

1. 临床症状诊断　潜伏期一般为3～6d，短者36h，长者达10d。2周龄以内的哺乳仔猪，病初发热、呕吐、下痢、精神不振，有的见眼球上翻、视力减退、呼吸困难、呈腹式呼吸，继而出现神经症状，发抖、运动障碍（彩图1－14）、间歇性痉挛、角弓反张，有的后驱麻痹呈犬坐姿势，有的作前进或后退运动，有的倒地作划水运动常伴有癫痫样发作或昏睡，触摸时肌肉抽搐，最后衰竭而死亡。有中枢神经症状的猪，一般在症状出现24～36h死亡。哺乳仔猪的病死率可达100%。

3~9周龄猪主要症状同上，但比较轻微，多便秘，病程略长。少数猪出现严重的中枢神经症状，导致休克和死亡。病死率可达40%~60%。部分耐过猪常有后遗症，如偏瘫和发育受阻，如果能精心护理，及时治疗，无继发感染，病死率通常不会超过10%。这些猪出栏时间比其他猪长1~2个月。

2月龄以上猪以呼吸道症状为特征，表现轻微或隐性感染，一过性发热，咳嗽，便秘，发病率很高，达100%，但无并发症时，病死率低，为1%~2%。有的病猪呕吐，多在3~4d恢复。如体温继续升高，病猪又会出现神经症状：震颤、共济失调，头向上抬，背拱起，倒地，四肢痉挛，间歇性发作。呼吸道症状严重时，可发展至肺炎，剧烈咳嗽，呼吸困难。如果继发细菌感染，则病情明显加重。

妊娠母猪感染后，体温升高，精神不振，食欲减退或废绝，咳嗽，腹式呼吸，便秘。发生流产、产死胎和木乃伊胎，且以产死胎为主。妊娠后期感染时，虽然可产出活的胎儿，但通常胎儿在出生后1~2d内出现神经症状而死亡。

2. 病理剖检诊断 一般无特征性病变。但经常可见浆液性到纤维素性、坏死性扁桃体炎，口腔和上呼吸道局部淋巴结肿胀或出血。有时可见肺水肿以及肺散在有小坏死灶，肾表面有出血点和灰白色坏死灶，肝、脾表面可见到灰白色坏死灶（彩图1-15），胃肠卡他性出血性炎症等。如有神经症状，脑膜明显充血和水肿，脑脊髓液增多。公猪有的表现为阴囊水肿。

3. 实验室诊断

（1）病原分离鉴定 采取流产胎儿、脑炎病例的鼻咽分泌物、脑、扁桃体、肺组织和潜伏感染者的三叉神经节，经处理后接种敏感细胞，在24~72h内细胞折光性增强，聚集成葡萄串状，形成合胞体。可通过免疫荧光、免疫过氧化物酶或病毒中和试验鉴定病毒。初次分离若没有可见的细胞病变，可盲传一代再次进行观察。无条件进行细胞培养时，可用疑似病料皮下接种家兔，PRV可引起注射部位的瘙痒，并于2~5d后死亡。亦可接种小鼠，但小鼠不如兔敏感。

（2）血清学试验 应用最广泛的有微量病毒中和试验、酶联免疫吸附试验、乳胶凝集试验（LA）、补体结合试验、间接免疫荧光等。微量病毒中和试验的结果较为可靠，因而被作为标准的血清学诊断方法，该法主要用于检测动物血清中的抗病毒抗体。ELISA可快速检测大量样品，因敏感性、特异性高而逐渐取代病毒中和试验，3~4h内即可对大量血清样品检测完毕。另外，乳胶凝集试验也已被用于该病的诊断，而且是三种常用诊断方法中最为简单、快速的一种，但特异性稍差。

对血清学检测结果的分析应谨慎，特别是对免疫猪和幼龄猪。仔猪的母源抗体可以持续存在到4周龄，对免疫母猪所生小猪的检测过早可能会误诊。

（3）动物试验 采取病猪扁桃体、嗅球、脑桥和肺，用生理盐水或PBS液制成10%悬液，反复冻融3次后离心取上清液接种于家兔皮下或者小鼠脑内（用于接种的家兔和小白鼠必须事先用ELISA检测，伪狂犬病病毒抗体阴性者才能使用）。家兔经2~5d或者小鼠经2~10d发病死亡，死亡前注射部位出现奇痒和四肢麻痹。家兔发病时先用舌舔接种部位，以后用力撕咬接种部位，使接种部位被咬伤，鲜红、出血，持续4~6h，病兔衰竭，痉挛，呼吸困难而死亡。小鼠不如家兔敏感，但明显表现兴奋不安，神经症状，奇痒和四肢麻痹而死亡。

4. 类症鉴别 本病应与李氏杆菌病、猪脑脊髓炎、狂犬病等相区别。

（三）防控

1. 预防措施

（1）加强检疫 引进动物时进行严格的检疫，防止将野毒引入健康动物群是控制伪狂犬病的一个非常重要和必要的措施。严格灭鼠，控制犬、猫、鸟类和其他禽类进入猪场，禁止牛、羊和猪混养，控制人员来往，搞好消毒及血清监测对该病的防控都有积极的作用。

（2）免疫接种 猪伪狂犬病疫苗包括灭活疫苗和基因缺失弱毒疫苗。我国在猪伪狂犬病的控制过程中没有规定使用疫苗的种类，但从长远考虑最好只用灭活疫苗。在已发病猪场或伪狂犬病阳性猪场，建议所有的猪群都进行免疫，其原因是免疫后可减少排毒和散毒的危险，且接种疫苗后可促进育肥猪群的生长和增重。

使用灭活疫苗免疫时，种猪初次免疫后间隔4～6周加强免疫1次，以后每胎配种前注射免疫1次，产前1个月左右加强免疫1次，即可获得较好的免疫效果，并可使哺乳仔猪的保护力维持到断奶。留作种用的断奶仔猪在断奶时免疫1次，间隔4～6周后加强免疫1次，以后即可按种猪免疫程序进行。育肥仔猪在断奶时接种一次可维持到出栏。应用弱毒疫苗免疫时，种猪第一次接种后间隔4～6周加强免疫1次，以后每隔6个月进行一次免疫。

2. 扑灭措施 本病尚无有效药物治疗，紧急情况下用高免血清治疗，可降低病死率，但对已发病到了晚期的仔猪效果较差。猪干扰素用于同窝仔猪的紧急预防和治疗，有较好的效果。利用白细胞介素和伪狂犬基因缺失弱毒疫苗配合对发病猪群进行紧急接种，可在较短的时间内控制病情的发展。

七、猪细小病毒病

猪细小病毒病（PPD）是由猪细小病毒引起猪的一种繁殖障碍性传染病。特征为感染母猪，特别是初产母猪产死胎、畸形胎、木乃伊胎、流产；母猪本身无其他明显症状。

（一）流行特点

猪是唯一的易感动物。不同年龄、品种、性别的家猪和野猪均可感染。一般在初产猪常见。本病呈地方流行性或散发。病猪和带毒猪是传染源。主要通过直接接触或接触被污染的饲料、饮水、用具、环境等经消化道感染，也可经配种传播，妊娠母猪可通过胎盘传给胎儿，通过呼吸道感染也是非常重要的途径。

本病多发生于产仔旺季，以头胎妊娠母猪发生流产和产死胎的较多。本病在世界各地的猪群中广泛存在，几乎没有母猪免于感染。本病一旦传入猪场则连续几年不断地出现母猪繁殖障碍。大部分母猪怀孕前已受到自然感染，而产生了主动免疫，甚至可能终生免疫。血清学阴性的怀孕母猪群一旦感染病毒，损失惨重。

（二）诊断

1. 临床症状诊断 细小病毒感染主要的临床表现为母猪的繁殖障碍，但取决于发生病毒感染母猪的妊娠时期。在妊娠30d以前感染，胚胎死亡被母体吸收，母猪可能再度发情；妊娠30～70d感染，主要产木乃伊胎、死胎、流产；妊娠70d后感染，母猪多能正常生产，但产出的仔猪带毒，有的甚至终生带毒而成为重要的传染源。本病还可引起母猪发情不正常、返情率明显升高、新生仔猪死亡、产出弱仔、妊娠期和产仔间隔延长等现象。病毒感染对公猪的受精率或性欲没有明显的影响。

2. 病理剖检诊断 妊娠母猪感染后，缺乏特异性的眼观病变，仅见母猪轻度子宫内膜炎，胎盘部分钙化，胎儿在子宫内有被溶解吸收的现象。受感染的胎儿可见不同程度的发育障碍和生长不良，胎儿充血、水肿、出血、胸腹腔有淡红色或淡黄色渗出液、脱水（木乃伊胎）及坏死等病变。

3. 实验室诊断

（1）病原分离鉴定 取妊娠70d前流产的木乃伊化胎儿、死亡胎儿的脑、肾、肺、肝、睾丸、胎盘、肠系膜淋巴结作为分离病毒的材料，其中以肠系膜淋巴结和肝脏分离率较高。将病料研磨成（1∶5）~（1∶10）的乳剂，加双抗处理，离心后取上清液接种尚未长成单层的猪原代或传代肾细胞。接种后2~3d可出现细胞病变，如果无细胞病变或细胞病变不明显，可盲传3代，同时设立空白对照。通过观察细胞病变、电镜检查病毒粒子、免疫荧光检查细胞中病毒、HA和HI测定感染细胞病毒等方法进一步鉴定。妊娠70d后的木乃伊化胎儿、死亡仔猪和初生仔猪则不宜送检，因其中可能还有干扰检验的抗体。该方法需时较长，不适合作为常规的诊断方法。

（2）血清学试验 包括血清中和试验、血凝抑制试验、乳胶凝集试验、酶联免疫吸附试验、琼脂扩散试验和补体结合试验等，其中最常用的方法是乳胶凝集试验和血凝抑制试验。但血清样品采集时应根据免疫接种情况，采集发病母猪和健康母猪血清同时检测，或对发病期和发病后10~14d的相同病猪采血检测。

4. 类症鉴别 本病应与流行性乙型脑炎、蓝耳病、布鲁氏菌病等相区别。

（三）防控

本病目前尚无有效治疗方法，应在免疫预防的基础上，采取综合性防控措施。

（1）免疫预防 由于猪细小病毒血清型单一，并具有高免疫原性，接种已成为控制感染的一种行之有效的方法，目前常用的疫苗主要有灭活疫苗和弱毒疫苗。初产母猪配种前2~3周肌肉接种1头份。种公猪于8月龄首次免疫注射，以后每年注射1次，每次肌肉注射1头份。但应注意免疫母猪哺乳的仔猪从初乳中可获得高滴度的母源抗体，经过3~6个月才能降低到血凝抑制试验检测不出的程度，这种被动性抗体可以干扰猪群主动免疫力的产生，因此免疫接种1个月后最好进行血清学检测，以评价免疫的效果。

（2）严防传入 坚持自繁自养的原则，如果必须引进种猪，应从未发生过本病的猪场引进。引进种猪后应隔离饲养半个月，经过两次血清学检查，HI效价在1∶256以下或为阴性时，才合群饲养。

（3）加强种公猪检疫 种公猪血清学检查阴性，方可作为种用。

在本病流行地区，将母猪配种时间推迟到9月龄后，因为此时大多数母猪已建立起主动免疫，若早于9月龄时配种，需进行HI检查，只有具有高滴度的抗体时才能进行配种。

八、猪流行性乙型脑炎

流行性乙型脑炎又称日本乙型脑炎（JE），简称乙脑，是由日本乙型脑炎病毒引起的一种虫媒传播的急性传染病，临床表现为妊娠母猪流产和产死胎、公猪睾丸炎、育肥猪持续高热和新生仔猪呈现典型脑炎症状。我国将其列为二类动物疫病。

（一）流行特点

不同品种、性别、年龄的猪均可感染，初产母猪发病率高，流产、产死胎等症状也严重，幼猪也可发病。病猪、带毒猪和带毒动物是主要传染源。本病主要通过蚊子叮咬而传染，公猪精液带毒，也可通过交配传播。

本病发生具有明显的季节性，与当地蚊虫的活动性有关。在北方蚊子猖獗的夏秋季节（7～9月）发病严重，南方则常年发生。本病具有高度散发的特点，但局部流行也时有发生。

突然发病，体温升高，呈稽留热，沉郁，减食，饮水增加，粪便干硬，尿呈黄色，有的后肢轻度麻痹，也有的后肢关节肿胀而跛行。个别表现神经症状。

（二）诊断

1. 临床症状诊断　妊娠母猪突然发生早产、流产，木乃伊胎、死胎大小不等，小的如人的大拇指，大的与正常胎儿相差无几。弱仔产下后几天内出现痉挛症状，抽搐死亡。母猪流产后，症状很快减轻，体温、食欲慢慢恢复。也有部分母猪流产后，胎衣滞留，发生子宫炎，发烧不退，并影响下次发情和怀孕。

公猪发病体温升高后，可出现睾丸炎，睾丸肿大、发红、发热，手压有痛感，肿胀常呈一侧性，也有两侧睾丸同时肿胀的，肿胀程度不等，一般大于正常0.5～1倍。大多患病2～3d，肿胀消退，逐渐恢复正常。少数患猪睾丸逐渐萎缩变硬，性欲减退，精子活力下降，失去配种能力而淘汰。病猪可以通过精液排出病毒。

2. 病理剖检诊断　流产母猪子宫内膜充血、水肿，并覆有黏稠的分泌物，少数有出血点。发生高烧或死胎的母猪子宫黏膜下组织水肿，胎盘呈现炎性浸润。早产或产出的死胎根据感染的阶段不同而大小不一。部分死胎干缩，颜色变暗称为木乃伊胎。产下的死胎皮下多有出血性胶样浸润，有些头部肿大，腹水增加，各实质器官变性，有散在出血点，血凝不良。公猪睾丸肿大，切面潮红充血、出血和坏死，萎缩的睾丸多硬化并与阴囊粘连。临床出现神经症状的病猪，可见到脑膜充血、出血、水肿，脑实质有点状出血或不同大小的软化灶。

3. 实验室诊断

（1）病原分离鉴定　取流行初期濒死或死后病例的脑组织（大脑皮质、海马角和丘脑等）或发热期的血液接种鸡胚卵黄囊或脑内接种1～5日龄乳鼠（硬脑膜下），也可将病料样品接种鸡胚原代细胞、仓鼠肾细胞或白纹伊蚊C6/36克隆细胞系以进行病毒分离。分离的病毒可通过血清中和试验进行鉴定。

（2）血清学试验

①中和试验　动物感染后7d左右出现中和抗体。该抗体在动物体内存在时间较长，可达1年以上。因此，通常采取发病初期和后期血清各一份进行检验。本试验可在小鼠、鸡胚或组织培养细胞上进行。

②血凝抑制试验　动物体内的血凝抑制抗体出现较早，一般在发病后3～4d。本法可以用于早期诊断。一般按双份血清反应结果判定，即恢复血清的血凝抑制效价为急性期的4倍以上才具有诊断意义。

③补体结合试验　特异性高，是流行病学上确诊本病的一种常用方法。但因补体结合

抗体出现较晚，大多于发病1周以后才呈阳性反应，一般只作为回顾性诊断。

（三）防控

1. 预防措施

（1）免疫接种　在该病流行地区，每年于蚊虫活动前1~2个月，对后备和生产种猪进行乙型脑炎弱毒疫苗或灭活疫苗的免疫接种，第一年以2周的间隔注射2次，以后每年注射1次，可有效地防止母猪和公猪的繁殖障碍。

（2）消灭蚊虫　在蚊虫活动季节，注意饲养场的环境卫生，经常进行沟渠疏通以排除积水、铲除蚊虫滋养地，同时进行药物灭蚊，冬季还应设法消灭越冬蚊虫。

2. 扑灭措施　发生乙脑疫病时，按《中华人民共和国动物防疫法》及有关规定，采取严格控制、扑灭措施，防止疫病扩散。患病动物予以扑杀并进行无害化处理；死猪、流产胎儿、胎衣、羊水等，均须无害化处理；污染场所及用具应彻底消毒。本病无特效疗法，用抗菌类药物防止继发感染可提高自愈率。但在治疗的同时要做好工作人员防护工作。

（四）公共卫生

带毒猪是人乙型脑炎的主要传染源，往往在猪乙型脑炎流行高峰过后1个月便出现人乙型脑炎的发病高峰。病人表现高热、头痛、昏迷、呕吐、抽搐、口吐白沫、共济失调、颈部强直，儿童发病率较高，幸存者常常留有神经系统后遗症。在流行季节到来之前，加强人体防护、做好卫生防疫工作对防止人感染乙型脑炎特别重要。

九、猪痘

猪痘是由猪痘病毒、痘苗病毒引起的一种急性、发热性、接触性传染病，其特征是皮肤和黏膜发生特殊的红斑、丘疹和结痂。

（一）流行特点

猪痘病毒只能使猪感染发病，其他动物不发病，以4~6周龄的仔猪多发，断乳仔猪亦敏感，成年猪有抵抗力。由痘苗病毒引起的猪痘，各种年龄的猪都可感染发病，呈地方流行性。本病的传播方式一般认为不能由猪直接传染给猪，而主要由猪血虱、蚊、蝇等昆虫传播。本病可发生于任何季节，在春秋天气阴雨寒冷、猪舍潮湿污秽以及卫生差、营养不良等情况下，流行比较严重，发病率很高，病死率不高。

（二）诊断

1. 临床症状诊断　潜伏期平均4~7d，病猪体温升高，精神、食欲不振，行动呆滞，鼻黏膜和眼结膜潮红、肿胀，并有黏液性分泌物。痘疹主要发生于躯干的下腹部和四肢内侧、鼻镜、眼睑、面部皱褶等无毛或少毛部位，也有发生于身体两侧和背部的。典型的猪痘病灶，开始为深红色的硬结节（彩图1-16），突出于皮肤的表面，略呈半球状，表面平整，直径达8mm左右，临床观察中见不到水疱阶段即转为脓疱，病变中央凹陷，而周围组织膨胀，局部贫血呈黄色，脓疱很快结痂，呈棕黄色痂块，痂块脱落后变成无色的小白斑并痊愈。

皮肤病变出现1~2d，腹股沟淋巴结变大，并容易触摸到，病理发展到脓疱期结束时，淋巴结已接近正常。

患猪病变部位常由于擦痒使痘疤破裂，皮肤增厚呈皮革状。另外在口、咽、气管、支气管等处发生痘疹时，常引起败血症而最终导致死亡。本病多为良性经过，病死率不高，但在饲养管理不善或继发感染时，病死率增高，尤其是幼龄猪。

2. 病理剖检诊断 痘疹病变主要发生于鼻镜、鼻孔、唇、齿龈、颊部、乳头、齿板、腹下、体侧和四肢内侧的皮肤等处，也可发生在背部皮肤。死亡猪的咽、口腔、胃和气管常发生痘疹。

3. 实验室诊断 组织学以上皮细胞核的空泡具有特征性的诊断意义。如果要确定本病，原则上必须进行病毒的分离和鉴定，其中以中和试验、血凝抑制试验、动物接种试验比较简便易行。

（三）防控

1. 预防措施 本病尚无有效疫苗，加强饲养管理，改善畜舍环境，加强猪本身抵抗力，一般不会引起较大损失。动物康复后可获得坚强的免疫力。为了防止引入本病，在引进新猪时，必须对猪场的病情进行详细的了解，并在新猪入场前检查皮肤上是否存在痘样病变。平时加强饲养管理，注意消灭体外寄生虫和吸血昆虫，对于本病的预防是可取的。

2. 治疗措施 发生痘疹后，局部可用0.1%高锰酸钾溶液洗涤，擦干后涂抹紫药水或碘甘油等。康复血清有一定的防治作用，预防量每头5～10ml，治疗量加倍，皮下注射。如用免疫血清，效果更好。抗菌药物对猪痘无效，但可防止并发感染，可根据实际情况合理应用。对病猪污染的环境及用具要彻底消毒，垫草焚毁。

十、猪传染性胃肠炎

猪传染性胃肠炎（TGE）是由冠状病毒属的猪传染性胃肠炎病毒引起的一种急性、高度接触性传染病。临床上以呕吐、严重腹泻、脱水和以2周龄内仔猪高死亡率为特征。该病在我国时有发生，给养猪业造成较大损失。

（一）流行特点

各种年龄的公、母猪、肥育猪及断奶仔猪均可感染发病，以10日龄以下的哺乳仔猪发病率和病死率最高，其他动物无易感性。病猪和带毒猪是本病的主要传染源。病毒通过消化道和呼吸道感染。本病于冬春寒冷季节多发，在产仔旺季发生较多。在新发病猪群，呈流行性发生，在老疫区则呈地方流行。

（二）诊断

1. 临床症状诊断 本病潜伏期较短，随感染猪的年龄不同而有差异，仔猪为12～24h，大猪2～4d。

仔猪突然发生呕吐，接着发生急剧的水样腹泻（彩图1－17），粪便为黄绿色或灰色，有时呈白色，并含凝乳块（彩图1－18）。部分病猪体温先短期升高，发生腹泻后体温下降。病猪迅速脱水，很快消瘦，严重口渴，食欲减退或废绝。一般经2～7d死亡，10日龄以内的仔猪有较高的病死率，随着日龄的增长病死率降低，病愈仔猪生长发育缓慢。

架子猪、肥育猪和成年猪的症状较轻，发生一至数日的减食，腹泻，体重减轻，有时出现呕吐，母猪泌乳减少或停止。一般3～7d恢复，极少发生死亡。

2. 病理剖检诊断 主要病变在胃和小肠。仔猪胃内充满凝乳块，胃底部黏膜轻度充血，有时在黏膜下有出血斑（彩图1－19）。小肠内充满黄绿色或灰白色液状物，含有泡沫和未消化的小乳块，小肠壁变薄，弹性降低，以致肠管扩张，呈半透明状。肠系膜血管扩张，淋巴结肿胀，肠系膜淋巴管内见不到乳糜。将空肠纵向剪开，用生理盐水将肠内容物冲掉，在玻璃平皿内铺平，加入少量生理盐水，在低倍显微镜下或放大镜下观察，可见到空肠绒毛显著缩短（彩图 1－20）。

3. 实验室诊断 病原检查可用免疫荧光技术，在小肠上皮细胞浆内，发现亮绿色荧光判为阳性。血清学检查常用中和试验、酶联免疫吸附试验等。必要时，可检查空肠绒毛萎缩的情况，如果呈弥散无边际性的萎缩，可诊断为本病。

4. 类症鉴别 应与猪的流行性腹泻、猪的轮状病毒腹泻、猪大肠杆菌病、仔猪副伤寒和猪痢疾等相区别。

（三）防控

1. 预防措施

①坚持常规兽医卫生措施。

②免疫接种：母猪产前 20～30d，后海穴注射或新生仔猪未吃初乳前后海穴注射猪传染性胃肠炎弱毒疫苗。

2. 治疗措施

①口服补液盐或静脉输液，防止脱水，平衡体液。

②给予抗生素防止继发感染，如诺氟沙星、氟苯尼考等，全群投药。

③采取保护黏膜、对症治疗措施。

④给予易消化饲料，饮温水，保证舍温，也可投与微生态制剂平衡肠道菌群。

十一、猪流行性腹泻

猪流行性腹泻（PED）是由冠状病毒属的猪流行性腹泻病毒引起的一种肠道传染病，以排水样稀便、呕吐、脱水为特征。临床上与猪传染性胃肠炎难以区别。

（一）流行特点

病猪是主要传染源，在肠绒毛上皮和肠系膜淋巴结内存在的病毒随粪便排出，污染周围环境和饲养用具而发生传播。本病主要经消化道传染，各种年龄猪均易感，哺乳仔猪、断奶仔猪和育肥猪感染发病率达 100%，成年母猪为 15%～90%。本病的发生有一定季节性，多发生于冬季，我国多在 12 月至来年 2 月寒冬季节发生流行。

（二）诊断

1. 临床症状诊断 病猪呕吐、腹泻和脱水。粪稀如水、灰黄色或灰色，在吃食或吸乳后发生呕吐；体温稍高或正常，精神、食欲变差。不同的年龄症状有差异，年龄越小，症状越重。一周龄以内仔猪发生腹泻后 2～4d 脱水死亡，死亡率平均为 50%；断奶仔猪、肥育猪及母猪常呈厌食、腹泻，4～7d 恢复正常；成年猪仅发生厌食和呕吐。

2. 病理剖检诊断 尸体消瘦脱水，皮下干燥，胃内有多量黄白色的乳凝块，小肠病变具有特征性，通常肠管扩张，充满黄色液体，肠壁变薄，肠系膜充血，肠系膜淋巴结水肿。

3. 病理组织学诊断 小肠绒毛显著缩短，至腹泻 12h，绒毛变得最短。肠上皮细胞核浓缩、破碎，胞浆呈强嗜酸性变性。

4. 实验室诊断

（1）酶联免疫吸附试验 病猪出现腹泻时，可采集粪便，应用双抗体夹心酶联免疫吸附试验可检出粪便中的病毒抗原。病猪痊愈2周以上的，可用间接酶联免疫吸附试验检查血清中的抗体。猪感染后1～2周，即可测出抗体，3～5周后抗体滴度达高峰，抗体持续时间最短为18周，最长可达22周以上。

（2）免疫荧光染色检查　本法具有特异性，范围广泛。方法是取病猪小肠作冰冻切片或小肠黏膜抹片，风干后丙酮固定，加荧光抗体染色，充分水洗，封盖镜检，1～2h即可做出诊断。

（3）人工感染试验　选用2～3日龄不喂初乳的仔猪作为试验猪，喂以消毒牛乳，将病猪小肠组织及肠内容物做成悬液。每毫升加青霉素2 000IU和链霉素2 000μg，在室温放置1h，再接种试验仔猪，如果试验猪发病，再取小肠组织做免疫荧光检查。

（三）防控

1. 预防措施　平时特别是冬季要加强防疫工作，防止本病传入，禁止从疫区购入仔猪，防止狗、猫等进入猪场，应严格执行进出猪场的消毒制度。

2. 扑灭措施　一旦发生本病，应立即封锁，限制人员参观，严格消毒猪舍用具、车轮及通道。将未感染的预产期20d以内的怀孕母猪和哺乳母猪连同仔猪隔离到安全地区饲养。对健康猪进行紧急接种中国农科院哈尔滨兽医研究所研制的猪流行性腹泻氢氧化铝灭活苗，妊娠母猪于产前30d接种3ml，仔猪10～25kg接种1ml、25～50kg接种3ml，接种后15d产生免疫力，免疫期母猪为1年，其他猪6个月。

3. 治疗措施　通常采用对症疗法以减少仔猪死亡率，促进康复。病猪群每日口服补液盐溶液（常用配方：氯化钠3.5g，氯化钾1.55g，碳酸氢钠2.5g，葡萄糖20g，常水1 000ml）。猪舍应保持清洁、干燥和温暖。对2～5周龄病猪可用抗生素治疗，防止继发感染。试用康复母猪抗凝血或高免血清每日口服10ml，连用3d，对新生仔猪有一定的治疗和预防作用。

十二、猪轮状病毒病

猪轮状病毒病是由轮状病毒引起的猪肠道传染病，其特征为急性腹泻。

（一）流行特点

轮状病毒病分布广泛，仔猪感染率高，发病率高。患病猪及隐性感染的带毒猪是重要的传染源。病毒存在于肠道，随粪便排到外界，经消化道传染。痊愈猪经粪便排毒的持续时间至少为3周。本病传播迅速，多发生于晚冬至早春的寒冷季节。卫生条件不良，致病性大肠杆菌和冠状病毒、慢病毒等合并感染，可使病情加剧，病死率增高。

（二）诊断

1. 临床症状诊断　潜伏期12～24h，病初表现沉郁、食欲不振和不愿活动，常有呕吐。迅速发生严重腹泻，粪便水样或糊状（彩图1－21），色黄白或暗黑。一般在腹泻后3～7d脱水严重，体重可丧失30%。症状轻重部分取决于小猪日龄和环境，当环境温度下降并继发大肠杆菌病，使症状加重，病死率增高。一般普通饲养的小猪在出生几天之内，由于母猪奶中缺少特异性轮状病毒抗体，感染发病症状严重，病死率高达100%，如果有母源抗体保护，则1周龄以内仔猪一般不易感染发病。10～21日龄哺乳仔猪症状轻，腹泻一两天即迅速痊愈，病死率低；3～8周龄的仔猪，病死率一般在10%～30%，严重时可达50%。

2. 病理剖检诊断　病变主要限于消化道。胃内充满凝乳块和乳汁。小肠壁菲薄，半透明；肠内容物为浆液性或水样（彩图 1－22），灰黄色或灰黑色；有时小肠广泛出血；小肠绒毛短缩扁平（彩图 1－23），有时肉眼也可看出。肠系膜淋巴结肿大。

3. 实验室诊断 进行病毒抗原检查，一般在腹泻开始 24h 内采取小肠及内容物或粪便。病料切片或涂片，感染细胞培养物可进行荧光抗体检查。小肠内容物和粪便经超速离心等处理后，可作电镜检查。酶联免疫吸附试验双抗体夹心法，已被世界卫生组织列为轮状病毒的标准诊断方法。其他方法有免疫电泳法、琼脂扩散试验和放射免疫试验等。进行回归性诊断时，应于病的急性期和恢复后各采 1 份血清，用酶联免疫吸附试验、间接免疫荧光试验进行血清抗体的检测。

4. 类症鉴别 猪轮状病毒病应与猪传染性胃肠炎、猪流行性腹泻和仔猪黄痢、白痢相区别。

（三）防控

1. 预防措施 由于发病多为 1～10 日龄的仔猪，主动免疫很难在短时间内产生坚强的免疫力，因此采用被动免疫是一个方向。免疫母猪，仔猪吃到初乳产生被动免疫，在疫区要做到新生仔畜及早吃到初乳，接受母源抗体的保护以减少和减轻发病。新生仔猪口服抗血清，也能得到保护。另外，应加强饲养管理，认真执行一般的兽医卫生防疫措施，增强母畜和仔畜的抵抗力。

2. 扑灭措施 发现病猪，立即停止哺乳，隔离到清洁、干燥和温暖的猪舍，加强护理，尽量减少应激因素，避免猪群密度过大，清除粪便及其污染的垫草，消毒被污染的环境和器械。

3. 治疗措施 本病的治疗主要采用对症疗法，有内服收敛剂止泻，静脉注射 5% 葡萄糖盐水和 5% 碳酸氢钠溶液防止脱水和酸中毒。用葡萄糖盐水给病畜自由饮用效果良好，配方为氯化钠 3.5g、碳酸氢钠 2.5g、氯化钾 1.5g、葡萄糖 20g、常水 1 000ml 混合溶解，每千克体重口服此液 30～40ml，每日 2 次。使用抗生素和磺胺药物，可防止继发感染。

十三、猪圆环病毒感染

猪圆环病毒感染是由猪圆环病毒（PCV）引起猪的一种新的传染病，主要感染 8～13 周龄猪，其特征为体质下降、消瘦、腹泻、呼吸困难。PCV 分为 PCV1 和 PCV2 两个血清型。PCV1 对猪无致病性。PCV2 对猪具有致病性，主要引起断奶仔猪多系统衰弱综合征（PMWS），还可能与仔猪先天性震颤（CT）、怀孕母猪的繁殖障碍、猪皮炎肾病综合征（PDNS）、猪呼吸道病综合征（PRDC）有关。

（一）流行特点

PCV 分布很广，猪群血清阳性率达 20%～80%，主要感染 8～13 周龄的断奶后仔猪，经呼吸道、消化道、精液及胎盘传染。本病流行以散发为主，有时可呈现暴发。饲养条件差、通风不良、饲养密度高、不同日龄猪混养等应激因素，均可加重病情。

（二）诊断

1. 临床症状和病理剖检诊断

（1）断奶仔猪多系统衰弱综合征　是断奶仔猪发生的一种慢性消耗性疾病。1991 年加拿大首次暴发该病，随后世界上许多国家和地区都有该病的报道。目前我国的很多猪场均有该病存在，给我国的养猪业造成严重的经济损失。本病主要发生于断奶仔猪，而哺乳仔猪很少发病；病猪的年龄为5～16周龄，以5～8周龄多见。猪舍拥挤、穿堂风、不同日龄的猪混养等应激因素，均可促使本病的发生。本病的发病率和死亡率不定，如呈地方性流行时，发病率和死亡率均较低，但急性暴发时发病率可达50%，死亡率可达20%。

病猪主要表现体温升高，精神沉郁，食欲不振，进行性消瘦，发育障碍；呼吸困难，咳嗽，气喘；贫血，皮肤苍白，体表淋巴结肿大；有的皮肤与可视黏膜黄染。

剖检可见间质性肺炎和黏液脓性支气管炎变化；肺肿胀，间质增宽，质地坚硬似橡皮样，表面散在有大小不等的褐色实变区；肝变硬，发暗；肾脏肿大、呈灰白色，皮质部有白色病灶；全身淋巴结肿大4～5倍，切面为灰黄色，可见出血。

（2）猪皮炎和肾病综合征　主要发生于保育仔猪和育肥猪。该病在感染的猪群中发病率较低，一般不到2%，但有时也很高，超过10%，死亡率一般在30%～40%，混合感染后死亡率显著提高。

病猪体温一般正常或者轻度发热，食欲减退或废绝、精神沉郁，步态僵直、不愿运动。特征性症状是在会阴部、四肢、胸腹部及耳朵等处的皮肤上出现圆形或不规则形的红紫色病变斑点或斑块。随着病程的延长，损伤部位的皮肤上会出现黑色痂皮，接着痂皮逐渐脱落，有时留有瘢痕。有时这些斑块相互融合成条带状，不易消失。严重的急性病例在出现临床症状后几天内死亡。有些猪可以被治愈。耐过的猪逐渐康复，在发病7～10d后体重开始增加。

病变主要是出血性坏死性皮炎和动脉炎以及渗出性肾小球肾炎和间质性肾炎。在皮肤表面可见有红色或者是暗红色的斑点和丘疹。肾肿大、苍白，表面覆盖有出血小点。脾脏轻度肿大，有出血点。通常情况下，病猪的皮肤和肾脏会同时出现损伤；但是，有少数病例肾脏和皮肤的损伤不同时出现。心包积液，胸腔和腹腔积液。有时会出现脾脏梗塞，这是由脾脏动脉和微动脉的坏死性脉管炎造成的。

（3）仔猪先天性震颤　仅见于新生仔猪，受感染母猪怀孕期间不显示临床症状，成年猪多为隐性感染。本病由母猪经胎盘传给仔猪，未发现仔猪之间相互传播现象。公猪可能通过交配传给母猪。母猪若生过一窝发病仔猪，则以后出生的几窝仔猪都不发病。

仔猪出生后即出现震颤，震颤呈双侧性，主要侵害骨骼肌，一般表现在头部、四肢和尾部。轻的仅见于耳、尾，重的可见全身抖动，表现剧烈的有节奏的阵发性痉挛。由于严重震颤，仔猪行动困难，无法吃奶，常饥饿而死。有的全窝仔猪发病，有的一窝仔猪中部分发病。若全窝发病则症状往往严重，若部分发病，则症状较轻。仔猪如能活一周，一般不死，通常于3周内震颤逐渐减轻以至消失。症状轻微的病猪可在数日内恢复，症状严重者耐过后仍有可能长期遗留轻微的震颤，影响生长发育。

本病无明显肉眼可见的病变，组织学检查可见脑血管及脑膜有充血、出血性变化。

（4）猪间质性肺炎　多见于保育期和育肥期的猪，临床上主要表现为猪呼吸道病综合征。病猪咳嗽、流鼻涕、呼吸加快、精神沉郁、食欲不振、生长缓慢。

（5）繁殖障碍　妊娠母猪感染后可出现流产、死胎、弱仔现象。公猪精子活力差，配种能力降低。

2. 实验室诊断　确诊依赖病毒分离和鉴定，还可应用间接免疫荧光技术、多聚酶链反应（PCR）和ELISA等方法。间接免疫荧光技术可检出病变组织及细胞中的病毒抗原，检出率达97.14%。PCR技术可检出组织、呼吸道分泌物及粪便中的病毒抗原，是一种快速、简便、特异的诊断方法。竞争 ELISA 方法用于检查血清中的病毒抗体，检出率为99.58%。

（三）防控

1. 预防措施

①购入种猪要严格检疫，隔离观察。应用 ELISA 与 PCR 技术对购入种猪进行检疫，隔离饲养 1 个月，健康者方可进入猪场生产区。

②严格实行全进全出制度，落实各项生物安全措施。猪舍要清洁卫生，保温，通风良好，降低氨气等有害气体的浓度；饲养密度要适中，不同日龄的猪只分群饲养；减少各种应激因素，创造一个良好的饲养环境。

③定期消毒，杀死病原体，切断传播途径。建立独立的粪尿排放系统，粪尿发酵处理。生产中应用3%火碱、0.3%过氧乙酸及0.5%强力消毒灵和抗毒威进行消毒。

④药物预防，控制原发病及继发感染。

妊娠母猪：产前7d与产后7d，每吨饲粮中加入80%支原净125g、15%金霉素2.5kg、阿莫西林200g；或80%支原净125g、强力霉素150g、阿莫西林200g，拌料混匀，连喂2周。

哺乳仔猪：定期肌肉注射免疫球蛋白或口服微生态制剂提高免疫力，依据情况肌肉注射或口服恩诺沙星等药物预防细菌感染。

断奶仔猪：每吨饲粮中加80%支原净100g、5%金霉素300g（或强力霉素120g）、阿莫西林150g，拌料混匀，于断奶前后各饲喂7d。体重较小者也可在每千克饲粮中添加支原净50mg、强力霉素50mg、阿莫西林50mg，拌匀后饲喂，连用7d。同时在饲粮中适当添加电解质、维生素 B_{12} 和维生素 C 等。

仔猪断奶时易发生心理应激、环境应激和营养应激，所以仔猪 28 日龄断奶时，母猪下床，仔猪应在原产床上停留 3～5d，并给予优质全价饲料，料中拌入药物，以降低应激反应。断奶时以原窝仔猪组群，不要与其他窝仔猪混群、合栏，以免仔猪相互咬架、打斗，造成应激。保育猪舍要保温通风，温度不能与产房舍温相差过大，否则易造成仔猪发病死亡。

⑤做好其他疫病的免疫接种，特别是猪瘟、伪狂犬病、蓝耳病的免疫接种。同时做好预测、预报工作，对猪群进行疫病监测，每季度监测 1 次。

2. 扑灭措施 发生本病时要清除病猪，全群检疫，淘汰阳性猪。饲料中添加药物，控制疫情。全面消毒，改善饲养环境、空气质量和温度，减少各种应激因素。加强饲养管理，防止继发其他疫病。

3. 治疗措施 本病目前尚无特效的治疗方法，应早发现、早确诊、早治疗。根据不同的临床症状对症治疗，用抗生素等控制继发感染，减少死亡。临床上应用支原净、氟苯尼考、卡那霉素、强力霉素、庆大霉素、磺胺嘧啶钠等抗菌药物，肌注维生素 B_{12}、维生素 C 及肌苷和静注葡萄糖注射液等有一定效果。

十四、猪传染性脑脊髓炎

猪传染性脑脊髓炎（HE）是由猪血凝性脑脊髓炎病毒（HEV）引起猪的一种急性传染病。临床特征为呕吐、消瘦和中枢神经系统障碍，病死率很高。

（一）流行特点

猪是本病病原唯一的自然宿主。病猪和带毒猪是本病的传染源，病毒通常存在于上呼吸道和脑桥、延脑，通过鼻液经呼吸道传播，也可经消化道传播。1～3周龄的哺乳仔猪最易感染发病。成年猪一般为隐性感染，并可向外排毒。据报道，有些地区猪血清阳性率较高，但出现症状的病猪并不多。发病多数在新引进种猪之后，一窝或几窝乳猪首先受到侵害，以后由于猪群产生了免疫应答而停止发病。

（二）诊断

1. 临床症状诊断 根据本病的临床表现可分为两种病型。

呕吐消瘦型：仔猪出生后几天就可发病，病初短期体温升高，喷嚏，咳嗽，几天后则出现不停顿的剧烈呕吐，导致营养不良，呕吐物恶臭。仔猪聚堆，弓背，精神委顿。有些病例呕吐不明显，主要表现不食，喜喝水，常发生便秘。较小的仔猪几天后发生严重脱水，结膜发绀，昏迷而死亡。较大的仔猪症状较轻，表现不食、消瘦、呕吐等症状。耐过猪成为永久性侏儒。

脑脊髓炎型：多发生于2周龄以内的仔猪。某些病例可能是从呕吐消瘦型发展而来的，首先表现厌食，继而发生昏睡、呕吐和便秘，四肢发绀。有的病猪呈现喷嚏，咳嗽，磨牙。经过1～3d，大多数猪出现中枢神经系统障碍，知觉过敏，肌肉颤抖，步态不协调，后肢逐渐麻痹呈犬坐姿势，最后病猪卧地，四肢作游泳状划动，呼吸困难，眼球震颤，失明，昏迷死亡。病程约10d，病死率高达100%。

2. 病理剖检诊断 病变不明显。脑脊髓炎型可见轻度卡他性鼻炎，呕吐消瘦型仅见有胃肠炎变化。

3. 病理组织学诊断 脑脊髓炎型常有非化脓性脑炎病变。呕吐消瘦型猪中，有20%～60%的脑组织也可见此种病变。病变主要见于间脑、延脑及脊髓，且仅限于灰质部分。

4. 实验室诊断

（1）病原分离鉴定 无菌采取病猪的呼吸道分泌物、后脑或脊髓等病料样品，处理后接种于猪胎肾原代细胞培养物。接毒后12h起，注意观察细胞培养物内有无多核巨细胞（融合细胞）形成。多核巨细胞的形成是该病毒的特征性细胞病变，一般在接毒后12～16h即可见到。早期多核巨细胞像小的蚀斑，形态不定，通常略呈圆形，含有许多折光体，这些折光体就是细胞核。幼龄多核巨细胞，胞浆十分清晰。随着培养时间的延长细胞增大，一个细胞可含有几个至40个以上核聚集于细胞的中心区。多核巨细胞的发生很快，出现退行性变化也快，一般在48h内结束。多核巨细胞形成后数小时，胞浆内即可形成空泡，核浓缩致密化，继而变得不透明，最后蜷缩形成不规则的细胞块，并从细胞层脱落漂浮于培养液中。因此，应在接毒后的适当时间收集细胞，通过中和试验或血凝及血凝抑制试验检测病毒抗原。

（2）血清学试验 猪感染病毒后可产生抗体，2～3周抗体效价达到最高。因此，从发病仔猪的母体或同窝存活的仔猪采取血清，进行血凝抑制试验、血细胞吸附抑制试验或血清中和试验常可达到诊断的目的。

5. 类症鉴别 脑脊髓炎型应与其他表现神经症状的猪病，如仔猪伪狂犬病、仔猪猪瘟等相区别；呕吐消瘦型应与猪传染性胃肠炎相区别。

（三）防控

因为HEV普遍存在，大多数仔猪均能从母体获得母源抗体的保护，临床症状通常只发生在那些未感染HEV母猪所生的仔猪。所以使后备母猪在配种前获得轻度感染，使仔猪得到保护，是防控本病的有效措施。

本病目前尚无特效疗法，也无有效的疫苗用于免疫接种，因此控制本病主要依靠综合性的兽医防控措施，加强口岸检疫，防止引入病猪。一旦发生本病，必须及早确诊，并对病猪进行严格隔离、就地扑杀并进行无害化处理，防止疫情蔓延扩大。

十五、猪脑心肌炎

猪脑心肌炎（PEMC）是由脑心肌炎病毒（EMCV）引起的猪和多种动物的一种急性、致死性传染病。该病的临床特征是感染仔猪出现脑炎、心肌炎，病死率很高；妊娠母猪感染后出现流产、死胎、木乃伊胎和产后仔猪的死亡率增加。

（一）流行特点

脑心肌炎病毒的宿主范围很广。猪、啮齿类动物、猴、牛、马、大象及人均对本病敏感，但多数呈隐性感染，其中以哺乳仔猪的易感性最高。鼠和其他啮齿类动物是主要的传染源。健康猪主要由于摄食被宿主、病畜的排泄物污染的饲料和饮水而感染。种母猪感染后，可经胎盘垂直传播给仔猪，也能通过哺乳传播给仔猪。

本病一旦发生，同窝和同圈的猪都可能感染死亡，病死率较高。感染猪病情的严重程度与病毒的毒力和猪的年龄有关，断奶前仔猪的病死率可高达100%，而断奶后到成年猪则多呈隐性感染，偶尔引起死亡。

（二）诊断

1. 临床症状诊断 本病对仔猪有较高致死率，并导致母猪繁殖障碍。

人工感染潜伏期2～4d。病初出现短暂体温升高（达41℃左右），持续24h左右，出现急性心脏病的症状。大部分病猪无任何临床症状而死亡。有时见到短暂的精神沉郁、食欲减少、震颤、步态蹒跚、麻痹、呕吐和呼吸困难等。各种促使猪兴奋的应激因素，如喂料、抓猪、运动都可导致病猪当场死亡。

在种母猪群中，可能是无症状感染，也可能出现严重的繁殖障碍。感染母猪早期症状包括精神沉郁、食欲减少和发热，随后表现出流产、死胎和木乃伊胎等，哺乳仔猪的死淘率明显增加。

2. 病理剖检诊断 胸腹腔积水。肝脏肿大。肺和肠系膜水肿。心包积水；心脏表现纤维素性心外膜炎、心肌炎等病变，可见增大，变软，苍白，右心室扩张，有灰白色坏死灶或大而不规则的白色斑点。死亡胎儿出血、水肿或木乃伊化。

3. 实验室诊断

（1）病原分离鉴定 取病猪的心脏、脾脏或流产胎儿及子宫分泌物等样品，处理后接种鼠胚成纤维细胞培养物或初生仓鼠肾（BHK）细胞系，EMCV野外分离物可使上述细胞迅速、完全溶解。然后，用特异性免疫血清通过中和试验鉴定分离物。

（2）血清学试验 可用中和试验和血凝抑制试验来检测血清中EMCV抗体。有些分离株的血凝性可能很难检测，因此有必要选择一株有高度血凝性的毒株制备HI抗原。

（三）防控

该病目前还没有特效的治疗方法。加强管理和检疫，防止从有病猪场引进种猪。减少应激因素可降低猪群的死亡率。严格控制养殖场内的鼠害，尽量避免啮齿类动物与猪群或其饲料、饮水的接触。发病猪只应及时扑杀，并进行无害化处理。发病猪场可以使用灭活疫苗防控，免疫效果较好。美国已有灭活疫苗可供使用，免疫过的猪能产生高水平的体液免疫力。

十六、猪蓝眼病

猪蓝眼病（BED）是由蓝眼病副黏病毒引起的一种传染病，其临床特征为中枢神经紊乱、角膜浑浊、母猪繁殖障碍和公猪暂时性不育。由于角膜浑浊而导致瞳孔呈淡蓝色，故称猪蓝眼病。

（一）流行特点

猪是唯一感染蓝眼病副黏病毒后出现临床症状的动物，各种年龄均可感染，但以 2 ~ 15 日龄仔猪最易感。病猪和亚临床感染猪是主要传染源。本病主要经呼吸道感染，可以经鸟类和风传播，人和用具也是本病的传播媒介之一。

本病在商品猪首发于产房，而且表现中枢神经临床症状和高死亡率。在连续生产的猪场中，可周期性地出现病例。猪自然感染产生的抗体一般持续终生。

（二）诊断

1. 临床症状诊断 临床症状差异较大，主要取决于猪的年龄。

感染仔猪病初发热，厌食，弓背，常有便秘和腹泻。随之共济失调，肌肉震颤，受到惊动时异常亢奋，发生尖叫，划水样移动。由于呼吸不畅，往往呈犬坐姿势或倒伏。有的病猪眼睑肿胀，流泪，有 1% ~ 10% 病例有单侧或双侧的角膜浑浊，一般会自然康复，严重者可能失明。先发病的仔猪出现症状后 48h 死亡，后发病的经 4 ~ 6d 死亡。

30 日龄以上的猪表现中度或一过性临床症状，如发热、厌食、咳嗽和喷嚏，个别猪可出现运动失调、转圈等神经症状，感染率仅 1% ~ 4%，很少死亡。与仔猪相似，单侧或双侧的角膜浑浊，持续 1 个月。

母猪大多数无临床症状，怀孕母猪繁殖障碍持续 2 ~ 11 个月。母猪返情增多，产仔数下降，有的母猪表现为死产、木乃伊胎，个别母猪角膜浑浊。

公猪被感染后除少数有厌食和角膜浑浊外，不表现临床症状。

2. 病理剖检诊断 眼结膜水肿和不同程度的角膜浑浊。在肺前叶有肺炎，气管内有渗出物。偶尔发现心包和肾脏有出血点。仔猪大脑充血，脑脊髓液增多。公猪发生睾丸肿胀和附睾炎，通常为单侧。

3. 实验室诊断 常用中和试验、HI 试验和阻断 ELISA 等方法检查抗体阳性猪。

（三）防控

目前本病无特效疗法。严格的生物安全措施是防止蓝眼病副黏病毒侵入猪场的可靠手段。在引进猪种时必须经血清学检测防止引进阳性猪，并群前实行隔离，控制人员流动。在发病猪场主要采取净化措施，同时加强消毒，采取全进全出的饲养方法。用细胞和鸡胚培养蓝眼病副黏病毒，制备油苗和氢氧化铝佐剂苗，可用于该病的预防。

十七、猪尼帕病毒感染

猪尼帕病毒感染是一种以脑炎为特征的病毒性传染病，在感染猪群和与猪接触的人之间流行，引起许多人和猪死亡。该病的病原最初被认为是流行性乙型脑炎病毒，但经病毒学和血清学试验证明是一种未曾报道过的新病毒——尼帕（Nipah）病毒，属于副黏病毒科、副黏病毒属，为有囊膜的 RNA 病毒。尼帕是马来西亚森美兰州的一个村庄名，因病毒从该地的患者分离到，故而命名为尼帕病毒。

（一）流行特点

尼帕病毒的自然宿主十分广泛，包括猪、人、马、犬、羊、猫、果蝙蝠、鼠类等。

猪尼帕病毒的感染最初可能是接触过果蝙蝠、鼠、野猪等野生动物或是掠鸟、八哥、九官等掠鸟科动物的传播而使猪感染，猪群中尼帕病毒的感染主要是通过猪唾液、鼻和气管分泌物、汗液以及粪和尿等直接接触感染。

猪群发病率较高，但病死率较低。病毒对初生仔猪的致死率高达40%，而对成猪的致死率仅有5%。

（二）诊断

1. 临床症状诊断 病猪多呈温和型或亚临床症状，不同年龄的猪感染后症状有所不同。潜伏期一般为7～14d。

哺乳仔猪感染后，多表现为呼吸困难，后肢软弱无力并伴有肌肉震颤、惊厥等症状，死亡率约为40%。

断奶仔猪和育肥猪通常表现为急性高热，体温达39℃以上，出现呼吸困难、呼吸粗厉等不同程度的呼吸系统症状。除此之外，通常伴有颤抖，肌肉痉挛，惊厥，后肢无力，步履蹒跚，甚至麻痹。感染率高达100%，死亡率较低，多在5%以下。

种猪感染后可突然死亡，常伴有呼吸困难，流涎，鼻腔分泌物增多，多呈黏液性、脓性或血性。还伴有精神亢奋，头部僵直，痉挛，眼球震颤，口腔用力咀嚼，因咽喉部肌肉麻痹而出现吞咽困难，口吐白沫或舌外伸。

2. 病理剖检诊断 猪的病变主要见于呼吸道，表现为不同程度的肺部病变，肺水肿、实变，有淤血斑和出血点，小叶间结缔组织增生；气管和支气管内充满泡沫样的液体，有时为血水样。肾充血、水肿。少部分病猪的中枢神经系统有明显的脑膜脑炎病变。

3. 实验室诊断 目前采用的诊断方法主要有：病毒的分离鉴定，电镜检测、核磁共振（MRI）和 RT－PCR 检测，此外可采用免疫组化法进行病毒的组织定位。

（三）防控

猪尼帕病是一种新的人兽共患传染病，危害巨大。目前我国还没有该病发生的报道，因此，建立有效的检疫方法，加强进口动物特别是进口猪的检疫，对于预防该病传入我国具有重要意义。

马来西亚对暴发的疫情采取的强制控制措施包括：严格检疫；在流行区 5km 范围内淘汰猪群；在国内禁止运输猪只；建立全国调查和控制系统以发现和淘汰受传染的动物。

（四）公共卫生

人的尼帕病毒感染与密切接触患病猪有关，如猪场的兽医、饲养人员、污物处理人员及屠宰场工人为易感人群。人接触的患病狗、猫等也是人的尼帕病毒感染的传染源。

尼帕病毒对人的致死率大约为38%。人发病后主要表现为神经系统症状，发热（可持续3～14d），头痛，嗜睡，呕吐，咳嗽，精神错乱，痉挛，颤抖，严重的昏迷死亡。耐过昏迷的患者都有不同程度的脑损伤。

十八、猪盖他病毒感染

猪盖他病毒感染是引起母猪繁殖障碍的一种传染病，怀孕母猪感染猪盖他病毒后，病毒可通过胎盘感染胎儿，造成胎儿死亡和仔猪发病。猪盖他病毒发现于许多国家和地区，包括马来西亚、柬埔寨、菲律宾、澳大利亚、日本、俄罗斯以及我国台湾、香港和大陆很多地区。

（一）流行特点

猪对猪盖他病毒甚为易感。除猪外，从人和马、牛的血清中检出了血凝抑制抗体，但未发现临床疾病。禽类可能是猪盖他病毒的天然宿主。常用的啮齿类实验动物，包括兔、豚鼠、仓鼠、大鼠，腹腔或皮下接种盖他病毒均能导致病毒症和血凝抑制抗体的产生，但无症状。乳鼠非常易感，1～4日龄乳鼠脑内接种病毒后8d显示后肢麻痹，2～3d后病死，成年小鼠则无症状。

蚊子是猪盖他病毒的主要传播媒介。猪盖他病毒还可通过胎盘传播，将病毒接种孕鼠，可导致初生乳鼠全部死亡或者产仔数减少。

猪的感染具有明显的季节性，阳性病例在4月份开始升高，7～9月份达到高峰。

（二）诊断

1. 临床症状诊断　成年猪感染后不显示症状，但妊娠初期的母猪感染后病毒可经胎盘感染胎儿，导致胎儿死亡并被吸收，从而使产仔数减少。在有些病例中，母猪分娩的大多数乳猪呈现精神抑郁、颤抖和排棕黄色腹泻物，在生后3～5d病死，少数耐过而康复的猪短时间内发育不良。

将猪盖他病毒肌肉接种5日龄新生猪，20h后显示厌食，精神沉郁，颤抖，皮肤潮红，舌抖动，后腿行动不稳，2～3d后垂死或死亡。个别乳猪能耐过而康复。口服接种时，仅显示轻微病症。

2. 病理剖检诊断　病死乳猪经剖检无肉眼可见病理变化。

3. 实验室诊断

（1）病原分离鉴定　采集病死乳猪的适宜组织，制备1∶10悬液，离心取上清液，接种BHK－21、猪胚肾、猪肾任何一种细胞进行培养，经1～2d看到清晰的致细胞病变作用可判为阳性。如有怀疑可以盲传2代，再无致细胞病变作用即判为阴性。

（2）血清学试验

①血凝抑制试验　按常规做微量血凝抑制试验。试验前待检血清需除去非特异因素，方法是将血清先用丙酮处理，再用鹅红细胞吸附，最后在56℃灭活30min。抗原与血清混合后在4℃过夜，加0.33%鹅红细胞混合，37℃作用1h观察结果，血清的血凝抑制滴度在1∶10以上，即判为阳性。

②酶联免疫吸附试验　猪盖他病毒感染的细胞培养液经浓缩和纯化后制成抗原，检测方法按常规进行，检测的敏感性与血凝抑制试验基本一致。

（三）防控

日本已经采用疫苗控制本病，早先使用灭活疫苗，现已研制成功弱毒疫苗。此外，还有商品化的猪脑炎、猪细小病毒病和猪盖他病毒病三联弱毒疫苗。疫苗应在传播媒介出现的季节前接种，以达到免疫预防的目的。

十九、猪肠病毒感染

猪肠病毒感染的病原为猪肠病毒，因感染毒株血清型不同，可引起肺炎、心包炎和心肌炎、腹泻和脑脊髓炎等多种症候群。母猪表现繁殖障碍，如不孕、木乃伊胎、死胎以及新生胎儿畸形和水肿。大多数猪感染后不表现症状。

（一）流行特点

猪是猪肠病毒的唯一自然宿主。血清Ⅰ型的强毒株主要存在于中欧和非洲，引起猪脑脊髓炎。致病力较弱的毒株和其他血清群分布广泛。有几个血清群在一般猪群中呈地方性流行。病毒可能存在于断奶猪中，感染常发生在断奶后不久。成年猪很少排毒。对以前未感染的血清型，任何年龄的猪都是完全易感的。怀孕母猪带毒期为 3 个月，可经胎盘感染胎儿。未怀孕母猪感染后，带毒也可达 2 个月。多数猪感染后无症状，但某些血清型可引起猪的多种症候群。

猪肠病毒主要通过粪便排出，经消化道途径传播。因病毒抵抗力较强，所以通过飞沫间接传播也极有可能。

（二）诊断

1. 临床症状诊断 脑脊髓灰质炎：最严重的脑脊髓灰质炎是由血清Ⅰ型强毒株引起的捷申（Teschen）病，发病率和死亡率都很高，各年龄的猪均可感染。早期症状表现为发热、厌食和乏力，随后很快出现运动失调，严重病例则出现眼球震颤，角弓反张和昏迷，最后病猪麻痹，呈犬坐姿势，或卧于一侧，一般在发病后 3～4d 内死亡。毒力较弱的血清Ⅰ型毒株和其他血清型毒株引起的脑脊髓灰质炎，发病率和死亡率较低，感染者以幼龄仔猪为主，很少发展为完全瘫痪。

繁殖障碍：病毒感染母猪后可引起胚胎死亡、死产、木乃伊胎和不孕等。

腹泻：人工感染可引起腹泻，但症状缓和而短暂。猪肠病毒虽从腹泻猪的粪便中经常分离到，但也可从正常猪分离到，所以并不是引起腹泻的唯一病原体。

肺炎、心包炎和心肌炎：猪肠病毒作为呼吸道病原体的作用尚未肯定，也许它们单独难以引起呼吸道疾病，产生肺炎通常是亚临床症状。试验证明有两个血清型的毒株人工感染可产生心包炎和心肌炎。

2. 病理剖检诊断 猪肠病毒的肠道感染不产生肠道的特异性病理变化。脑脊髓灰质炎除慢性病例有肌肉萎缩外，也无眼观变化。肺炎病变主要在前叶腹侧，出现灰红色实变区。血清Ⅲ型的毒株可引起浆液纤维素性心包炎，在严重病例有心肌局灶性坏死。

3. 病理组织学诊断 脑脊髓灰质炎组织学变化以脊髓腹侧、小脑皮质和脑干损害最显著，表现为神经元进行性、弥漫性染色质溶解，神经胶质细胞局灶性增生和淋巴细胞性血管周围套。

4. 实验室诊断 病毒分离须从有早期神经症状的仔猪取病料，已麻痹几天的猪神经系统中可能不再含有病毒。取脊髓、脑干、小脑的组织悬液接种猪肾细胞培养，然后通过免疫荧光或免疫酶染色法进行病毒鉴定。

流产或死产胎儿可从肺组织分离病毒，肺炎和腹泻可从呼吸道或肠道分离病毒，但一般很难对结果做出正确解释，因为健康猪的肠病毒感染亦很常见。

（三）防控

猪肠道病毒感染无有效治疗药物，温和的脑脊髓灰质炎，在暂时性偏瘫期间护理良好可促进康复。

严重的脑脊髓灰质炎可接种弱毒或灭活的细胞培养苗预防，并禁止从有 Teschen 病的地区进口猪和猪肉制品，以防止血清Ⅰ型强毒的引入。温和的脑脊髓炎和其他临床类型还没有采用疫苗预防。

目前控制由肠病毒感染引起的繁殖障碍的方法，是在配种之前至少 1 个月使后备母猪暴露于地方流行的猪肠病毒，可采取不同窝的新断奶仔猪的粪便混入后备母猪饲料使其感染。

第二节　细菌性传染病

一、猪丹毒

猪丹毒是由猪丹毒杆菌引起的一种急性、热性传染病，主要侵害架子猪。临床上主要分为急性的败血型；亚急性的疹块型，俗称“打火印”；慢性的心内膜炎、关节炎和皮肤坏死。本病广泛流行于世界各地，对养猪业危害很大。

（一）流行特点

本病主要发生于架子猪，其他动物也有发病的报道。人经伤口感染呈良性经过，称类丹毒。病猪和带菌猪是本病的传染源，约 35%~50% 健康猪的扁桃体和淋巴组织中存在此菌。本病通过含菌分泌物、排泄物等污染饲料、饮水、土壤、用具和猪舍，经消化道传染给易感猪。本病也可经损伤的皮肤以及蚊、蝇、虱、蜱等吸血昆虫传播。屠宰场、肉食品加工厂的废料、废水、食堂泔水、动物性蛋白饲料等喂猪常引起本病。

本病一年四季均可发生，但以夏秋季多发，呈散发或地方性流行。

（二）诊断

1. 临床症状诊断　潜伏期一般为 3 ~ 5d，最短的为 1d，最长的为 8d。根据病程的长短和临床表现的不同可分为急性败血型、亚急性疹块型和慢性型。

（1）急性败血型　本型多见于流行的初期，有一头或几头猪不表现任何症状而突然死亡，其他的猪相继发病。病猪表现为体温升高，高达 42 ~ 43℃，稽留不退。病猪不愿走动，虚弱，卧地不食，有时呕吐。粪便干硬呈球状，附有黏液。严重的呼吸加快，黏膜发绀。部分病猪皮肤潮红，继而发紫。病程 3 ~ 4d，死亡率 80% 左右。急性的不死转入亚急性或慢性。

（2）亚急性疹块型　本型临床上多见，其特征是皮肤表面出现疹块。病猪表现为食欲减退，精神不振，体温略有升高。发病后 1 ~ 3d 在病猪的背、胸、腹、颈、耳、四肢等处皮肤出现方形、菱形大小不同的疹块，并稍突起于皮肤表面。初期疹块充血，指压褪色；后期淤血，指压不褪色（彩图 1 – 24）。疹块形成后体温随之下降，病势也减轻，病猪经数天后能自行恢复健康。

(3) 慢性型 本型多由急性或亚急性转变而来。

心内膜炎型：病猪表现为消瘦，贫血，体质虚弱，喜卧不愿走动，听诊心脏有杂音，心跳加快，心律不齐，呼吸急促，有时由于心脏麻痹而突然死亡。

关节炎型：病猪表现为四肢关节（腕、跗关节）的炎性肿胀，疼痛，病程长者关节变形，出现跛行，病猪生长缓慢，消瘦，病程数周到数月。

皮肤坏死型：病猪表现为背、肩、耳、蹄和尾等部位的皮肤出现肿胀、隆起、坏死，干硬似皮革，经2～3个月坏死皮肤脱落，形成瘢痕组织而痊愈。如有继发感染则病情复杂且病程延长。

2. 病理剖检诊断

急性败血型：主要变化是全身性败血症，在各个组织器官可见到弥漫性的出血。胃肠道有卡他性出血性炎症变化，尤其是胃底部黏膜有点状和弥漫性出血，十二指肠和回肠有轻重不等的充血和出血。全身淋巴结充血、肿胀、切面多汁，呈浆液性出血性炎症。脾脏充血、肿胀，呈樱桃红色，切面可见“白髓周围红晕”现象。肾脏淤血、肿大，呈暗红色，皮质部有出血点，有“大红肾”之称（彩图1－25）。肺充血、水肿。肝脏充血、肿大。

亚急性疹块型：以皮肤疹块为特征性变化。

慢性心内膜炎型：多见于二尖瓣膜上有灰白色菜花状赘生物（彩图1－26）。

慢性关节炎型：为慢性、增生性、非化脓性关节炎。

3. 实验室诊断

(1) 细菌学检查 急性败血型病例生前耳静脉采血，死后取肾、肝、脾、心血；亚急性疹块型取疹块边缘皮肤处血液；慢性型取心内赘生物、关节液、皮肤坏死与健康交界处的血液，直接涂片或触片，革兰氏染色，镜检。同时，上述病料接种血琼脂，37℃培养48h后，长出表面光滑的小菌落，挑取菌落革纸涂色镜检。如发现革兰氏阳性，菌体呈单个或成V形、小丛状、不分枝的长丝状或短链状的纤细小杆菌，大小为（0.2～0.4）μm×（0.8～2.0）μm，可作出初步诊断。在感染动物组织触片或血片中，呈单个、成对或小丛状。从心脏瓣膜疣状物中分离的常呈不分枝的长丝状或短链状。

(2) 血清学试验 常用的方法是凝集试验，主要用于血清抗体的测定及免疫效果的评价；SPA协同凝集试验，主要用于菌体的鉴定和菌株的分型；琼扩试验主要用于菌株血清型鉴定；荧光抗体主要用于快速诊断，直接检查病料中的猪丹毒杆菌。

(3) 动物接种 取24h的肉汤培养物分别给小白鼠、鸽子、豚鼠注射，剂量分别是0.1ml、1ml、1ml，72h后小白鼠和鸽子死亡、而豚鼠不死亡，则注射的培养物含有猪丹毒杆菌。

（三）防控

1. 预防措施 每年有计划地进行免疫接种是预防本病最有效的方法，每年春、秋季各免疫一次。目前使用的疫苗有猪丹毒 GC_{42} 或CT（10）弱毒菌苗、猪丹毒氢氧化铝甲醛菌苗、猪瘟－猪丹毒二联苗、猪瘟－猪丹毒－猪肺疫三联苗等。如仔猪在哺乳期免疫则应在断乳后再补免一次。在免疫接种前3d和后7d，不能给猪投服抗生素类药物，否则造成免疫失败。同时对农贸市场、屠宰场等要严格检验。发现病猪或带菌产品时，应立即采取隔离、消毒、产品无害化处理等措施，防止病原体扩散。另外应加强饲养管理，提高猪群的抗病力。购入种猪时，必须先隔离观察2～4周，确认健康后，方可混群饲养。对用具、运动场及猪舍等定期进行消毒。食堂泔水、下脚料喂猪时，必须事先煮沸。

2. 扑灭措施 对全群猪进行检查，发现病猪立即隔离治疗。对猪舍、用具、运动场等认真消毒，常用的消毒药为3%来苏尔溶液、2%氢氧化钠溶液、2%甲醛溶液、5%石灰乳、1%漂白粉溶液等。粪便和垫料最好烧毁或堆肥发酵处理。病猪尸体、急宰病猪的血液和割除的病变组织器官化制和深埋。对同群未发病的猪只，注射青霉素或四环素，2～3次/d，连续3～4d，可收到控制疫情的效果。

3. 治疗措施 应用青霉素和猪丹毒免疫血清同时注射效果最好，单独使用也有效。应用免疫血清按0.5ml/kg肌肉注射，青霉素按2万~3万IU/kg肌肉注射，3次/d，连续2～3d。体温恢复正常，症状好转后，再坚持注射2～3次，以免复发或转为慢性型。若发现有的病猪用青霉素无效时，可改用四环素按1万~2万IU/kg肌肉注射，2次/d，直到痊愈为止。

二、猪肺疫

猪肺疫又称猪巴氏杆菌病，是由多杀性巴氏杆菌引起的一种急性、热性、出血性败血症。其特征为最急性呈败血症变化，咽喉部急性肿胀，呼吸极度困难，又称“锁喉风”；急性型呈纤维素性胸膜肺炎；慢性型主要表现慢性肺炎或慢性胃肠炎。

（一）流行特点

多杀性巴氏杆菌对人和多种动物均有致病性，猪以中、小猪多发。病猪和带菌猪是主要的传染源。许多健康猪的呼吸道深处、喉头和扁桃体内带菌，正常猪的带菌率达30%以上。当猪受到不良的应激，如运输、气候突变、通风不良、寒冷、潮湿等，可发生内源性感染。侵入门户主要是呼吸道、损伤的皮肤和黏膜。传播途径主要是易感动物直接接触病畜和病畜的污染物，或外来人员、管理人员的带入。昆虫的叮咬也能使健康猪感染。本病一般无明显季节性，但卫生条件不好、营养不良、气候异常变化、闷热、多雨季节时多呈地方性流行。

（二）诊断

1. 临床症状诊断 潜伏期一般1～5d。根据病程和临床症状可分为最急性、急性和慢性型。

最急性型：呈急性败血症症状，常突然死亡。病程稍长的，体温升高至41～42℃，食欲废绝，全身衰弱，卧地不起。咽喉部发热、红肿、坚硬，严重的蔓延至颈部和耳根，俗称“锁喉风”。病猪呼吸极度困难，脖颈前伸，犬坐、喘鸣。口鼻流出泡沫样液体，可视黏膜发绀。临死前，耳根、颈部、下腹部等处皮肤出现紫红色或蓝紫色斑点。病程1～2d，病死率100%。

急性型：临床上最常见，主要表现纤维素性胸膜肺炎。病初体温升高，一般在40～41℃，病初发生痉挛性干咳，后转为痛性湿咳。有脓性结膜炎。病猪呼吸困难，流出黏稠的鼻液，有时混有血液。触诊胸部敏感，听诊胸部有啰音或摩擦音。初期便秘，后期腹泻。后期皮肤出现紫斑或小出血点，病程5～8d，耐过的转为慢性。

慢性型：多见于流行后期，主要表现慢性肺炎和慢性胃肠炎症状。病猪持续性咳嗽，呼吸困难，鼻流少量黏液性或脓性分泌物。精神沉郁，食欲减退，逐渐消瘦，有时关节肿胀，皮肤发生痂样湿疹，常发生腹泻。如治疗不及时，衰竭死亡。病程约 2 周，病死率 60%~70%。

2. 病理剖检诊断

最急性型：呈败血症变化。皮肤、浆膜、黏膜和皮下组织有大量出血点。咽喉部及其周围组织有出血性浆液浸润。切开颈部皮肤可见大量淡黄色或灰青色胶冻样的液体。全身淋巴结出血。心外膜和心包膜有小出血点。肺急性水肿、充血。脾脏出血。

急性型：特征病变是纤维素性胸膜肺炎。肺有紫红色或灰黄色的肝变，并伴有水肿和气肿。病程长的肺肝变区内常见大小不等坏死灶，肺小叶间浆液浸润，切面呈大理石样花纹。胸膜有纤维素样附着物，严重的胸膜与肺发生粘连。心包及胸腔积液。气管及支气管内有大量红色泡沫样的液体，气管黏膜发炎。

慢性型：肺肝变区进一步扩大，并有黄色或灰色坏死灶，外有结缔组织包囊，内含干酪样物质，有的形成空洞，与支气管相通。心包及胸腔积液，胸腔内有纤维素沉着。胸膜肥厚，常与病肺粘连。有时在扁桃体、关节、皮下组织、支气管周围淋巴结及纵隔淋巴结见有坏死灶。

3. 实验室诊断

（1）细菌学检查　取渗出液、胸腔积液、心血、淋巴结等，制成涂片或触片，碱性美蓝染色，镜检，可以看到两极浓染、两端钝圆、中央稍凸的革兰氏阴性短杆菌，大小为（0.4~0.8）μm×（0.2~0.4）μm。用印度墨汁染色可见清晰的荚膜。将上述病料接种于血液琼脂培养基，置于 37℃ 培养箱 24h，形成灰白色、中等大小、圆形、隆起、光滑、湿润、边缘整齐的菌落。

（2）动物试验　将上述病料研磨后，用生理盐水制成 1∶10 悬液，取上清液 0.2ml 接种于小白鼠，接种后小白鼠常在 1~2d 死亡，剖检呈败血症变化，用血液涂片，染色，镜检。如发现大量两极着色的细菌，即可确诊。

（三）防控

1. 预防措施　应加强饲养管理，增强猪的抗病力。引入种猪时应隔离观察 1 个月，检疫后确认无病方可合群。疫苗接种是预防本病的重要措施，目前常用的菌苗有猪肺疫活疫苗、猪肺疫灭活苗、口服猪肺疫活疫苗。猪肺疫活疫苗适用于各生长期的健康猪，使用时要按瓶签规定头份数，加入 20% 氢氧化铝生理盐水稀释，皮下或肌肉注射 1ml，本苗在注射前 7d 及注射后 10d 内，不能使用抗生素及磺胺类药物，此菌苗在稀释后 4h 内用完。猪肺疫灭活苗适用于各生长期的健康猪，使用时各种猪不论大小每头皮下或肌肉注射 5ml，疫苗在注射前应充分振摇。口服猪肺疫活疫苗适用于各生长期的健康猪，使用时要按瓶签规定头份数，用冷开水稀释后与饲料充分搅拌均匀，让猪食用即可，疫苗只能口服，不能注射，临产母猪不能免疫，疫苗不得与发酵饲料、酸碱过强的饲料、含抗菌饲料及 37℃ 以上的饲料搅拌，免疫前后 3~5d，猪只禁用抗生素与磺胺类药物。

2. 扑灭措施　本病发生后，应对猪进行测温，病猪和可疑猪进行严格的隔离，加强饲养管理，消除发病诱因，积极进行治疗，同时作好消毒工作，常用消毒药为 2%~4% 火碱、3%~5% 来苏尔、10% 漂白粉等。病死猪及内脏污物等进行无害化处理，以免病菌的扩散。疫情过后一周，全群猪注射菌苗，以提高猪群的免疫力。

3. 治疗措施　对本病的治疗可用高免血清和抗生素。高免血清小猪 20~30ml，中猪

40～60ml，大猪60～80ml。链霉素按1万IU/kg肌肉注射，2次/d，连用3d；盐酸环丙沙星按2.5mg/kg，2次/d，连用2～3d。

三、猪传染性胸膜肺炎

猪传染性胸膜肺炎是由胸膜肺炎放线杆菌引起猪的一种接触性呼吸道传染病。其特征是典型肺炎和胸膜炎的临床症状和剖检变化。急性者大多死亡；慢性者常能耐过，但影响猪的生长发育。

（一）流行特点

各种年龄、性别的猪都有易感性，但以3月龄仔猪最易感。病猪和带菌猪是主要的传染源，病菌主要存在于病猪呼吸道，尤以坏死的肺部病变组织和扁桃体中含量最多。感染主要通过飞沫和猪与猪之间的直接接触。人员和用具被污染也可造成间接的感染。本病在猪群之间的传播主要由引进带菌猪所致。拥挤、气温剧变、湿度过大和通风不良等可促进本病的发生和传播，从而使发病率和死亡率升高。

（二）诊断

1. 临床症状诊断 潜伏期因菌株毒力和感染量而定，自然感染1～2d，人工感染24h。根据猪的免疫状态、不良的环境和病原的毒力等，可分为最急性型、急性型和慢性型。

最急性型：多见于断乳仔猪，在同一猪群中有1头或几头仔猪突然发病，表现为体温升高达41.5℃，精神沉郁，食欲减退，有时出现短期轻度的腹泻和呕吐。有明显的呼吸症状，心跳加快，并逐渐出现循环和呼吸衰竭，鼻、耳、四肢，甚至全身的皮肤发绀，最后出现严重的呼吸困难，呈犬坐姿势，张口呼吸，口、鼻流出大量带血的泡沫，一般于24～36h死亡。也有不出现任何临床症状就突然死亡的。

急性型：主要表现为体温升高达40.5～41℃，精神沉郁，少食，呼吸困难，咳嗽，有时可见张口呼吸。病程的长短主要取决于肺病变的程度和治疗的方法。

慢性型：多数由急性型转化而来。病猪表现为偶尔咳嗽，食欲减退，消瘦，很少有体温升高。

2. 病理剖检诊断 剖检变化主要在呼吸道，肺炎病变大多为两侧性。

最急性型：以纤维素性出血性胸膜肺炎为主要特征，有败血症变化。肺肿大、充血、出血，呈暗红色，切面易碎（彩图1－27），间质充满血色胶样液体，病变部位与正常组织界限明显。胸腔内有大量血色液体。

急性型：表现为明显的纤维素性胸膜肺炎；肺呈暗红色，肿胀实变；气管和支气管内充满泡沫样血色黏液分泌物；胸腔有带血积液。

慢性型：常见肺叶上有不同大小的坏死结节，周围包有结缔组织形成的厚包囊，并与胸膜或心包粘连。

3. 实验室诊断

（1）细菌学检查 取病猪的鼻腔、支气管分泌物或肺炎病变部位组织制成涂片或触片，革兰氏染色，镜检，如发现有革兰氏阴性、两极着色的球杆菌，结合流行病学特点、临床症状、剖检变化，即可初步诊断。将病料接种于含50%小牛血液琼脂上，用葡萄球菌与病料交叉划线，在CO_2条件下，培养24h后，可见在葡萄球菌生长线周围有β溶血小菌落，挑取菌落涂中镜检观察，细菌形态可作出诊断。

（2）血清学试验　以荧光抗体染色鼻腔、支气管分泌物涂片或肺炎病变部位触片，能作出快速诊断，并可区别血清型特异性抗原。用间接血凝试验、琼脂扩散试验和酶联免疫吸附试验可对肺组织提取物中的特异性抗原进行检测。

（三）防控

1. 预防措施　无本病的猪场，应采取严格的防疫措施防止病原体的传入；引入种猪时应进行严格的隔离饲养和血清学检查，以避免引入病猪。免疫接种是预防本病发生的最好方法。用灭活菌苗对后备种猪进行免疫，6 月龄首免，3 周后加强免疫 1 次；仔猪断奶前首免，2 ~ 3 周后再加强免疫 1 次，均肌肉注射 2ml。

2. 扑灭措施　有本病的猪场应及时隔离病猪，对污染场所和猪舍进行严格的、经常性的消毒。同时对病猪应用抗生素进行治疗以降低病死率。青霉素、四环素、土霉素、环丙沙星、恩诺沙星、卡那霉素、庆大霉素及磺胺类药都具有良好的疗效。对未发病猪可在饲料中添加土霉素，每 1 000kg 饲料 400g 作预防性给药。

四、猪链球菌病

猪链球菌病是由多种致病性链球菌引起猪的多种传染病。急性型表现为出血性败血症和脑炎；慢性型表现为关节炎、心内膜炎及组织化脓等。

（一）流行特点

本病可发生于各种年龄的猪，但以仔猪最敏感，架子猪和怀孕母猪的发病率也比较高。病猪和带菌猪是本病的主要传染源，其分泌物、排泄物中均含有病原体。病死猪肉、内脏及废弃物处理不当是本病散播的主要原因。本病主要经呼吸道、消化道和伤口感染。新生仔猪常因断脐、阉割、注射等消毒不严而发生感染。

本病一年四季均可发生，但夏秋季发病较多，常呈散发或地方性流行。新疫区及流行初期多为急性败血型和脑炎型；老疫区及流行后期多为关节炎或组织化脓型。本病易与猪传染性萎缩性鼻炎、猪接触传染性胸膜肺炎和猪繁殖与呼吸综合征发生混合感染。

（二）诊断

1. 临床症状诊断　潜伏期为 7d，根据临床表现分为败血型、脑膜炎型、淋巴结脓肿型和关节炎型等类型。

败血型：①最急性型：发病急、病程短，常无任何症状即突然死亡。体温高达 41 ~ 43℃，呼吸迫促，多在 24h 内死于败血症。②急性型：多突然发生，体温升高 40 ~ 43℃，呈稽留热。呼吸迫促，鼻镜干燥，从鼻腔中流出浆液性或脓性分泌物。结膜潮红，流泪。颈部、耳廓、腹下及四肢下端皮肤呈紫红色，并有出血点。多在 1 ~ 3d 死亡。

脑膜炎型：以脑膜炎为主，多见于仔猪。主要表现为神经症状，如磨牙，口吐白沫，转圈运动，抽搐，倒地四肢划动似游泳状，最后麻痹而死。病程短的几小时，长的 1 ~ 5d，病死率极高。

淋巴结脓肿型：颌下、咽部、颈部等处淋巴结发炎肿胀，化脓破溃。

慢性型：关节炎型表现为关节肿胀，跛行或瘫痪，最后因衰弱、麻痹而死亡。心内膜炎型通常不表现临床症状，常常突然倒地死亡。

2. 病理剖检诊断

败血型：剖检可见鼻黏膜呈紫红色、充血及出血，喉头、气管充血，常有大量泡沫。

肺充血肿胀。全身淋巴结有不同程度的肿大、充血和出血。心肌出血（彩图 1－28），心包液增加，严重病例发生纤维素性心包炎（彩图 1－29）。脾肿大 1～3 倍，呈暗红色，表面有出血丘（彩图 1－30）。胃和小肠黏膜、浆膜有不同程度的充血和出血（彩图 1－31）。肾肿大、充血和出血。脑膜充血和出血，有的脑切面可见针尖大的出血点。

脑膜炎型：剖检可见脑膜充血、出血甚至溢血，个别脑膜下积液，脑组织切面有点状出血。其他病变与败血型相同。

淋巴结脓肿型：以淋巴结化脓和形成脓肿为特征。

慢性型：关节炎型患病关节多有浆液性纤维素性炎症，有时关节周围皮下有胶样水肿，严重时肌肉组织化脓，坏死。心内膜炎型可见心瓣膜上有菜花样赘生物。

3. 实验室诊断

（1）显微镜检查　取发病或病死猪的脓汁、关节液、肝、脾、心血、淋巴结等，制成涂片或触片，革兰氏染色，镜检，如发现有革兰氏阳性，呈球形或卵圆形，大小为 0.5～2.0μm，单个、成对或以长短不一的链状存在的细菌，可作出初步诊断。

（2）培养检查　选上述病料，接种于含血液琼脂培养基，置于 37℃培养 24h。可见到无色、透明、湿润、黏稠、露珠状小菌落，菌落周围出现 β 型溶血环。

（3）动物接种　用肝脏、脾脏或血液制成 1∶10 悬液，小白鼠皮下接种 0.1～0.2ml，2～3d 死亡。剖检取肝脏或脾脏制成触片，革兰氏染色，镜检，若发现大量链球菌，即可确诊。

（三）防控

1. 预防措施　加强饲养管理和卫生消毒。对新生仔猪进行断脐、阉割、注射时应注意消毒，防止感染。目前应用的疫苗有猪链球菌弱毒冻干苗和氢氧化铝甲醛苗。免疫程序是种猪每年注射 2 次，仔猪断奶后注射 1 次。

2. 扑灭措施

（1）疫情报告　①任何单位和个人发现患有本病或疑似本病的猪，都应当及时向当地动物防疫监督机构报告。②当地动物防疫监督机构接到疫情报告后，按国家动物疫情报告管理的有关规定上报。③疫情确诊后，动物防疫监督机构应及时上报同级兽医行政主管部门，由兽医行政主管部门通报同级卫生部门。

（2）疫情处理　根据流行病学、临床症状、剖检病变，结合实验室检验做出的诊断结果可作为疫情处理的依据。

①发现疑似猪链球菌病疫情时，当地动物防疫监督机构要及时派人员到现场进行流行病学调查、临床症状检查等，并采样送检。确认为疑似猪链球菌病疫情时，应立即采取隔离、限制移动等防控措施。

②当确诊发生猪链球菌病疫情时，按下列要求处理。

第一，本病呈零星散发时，应对病猪作无血扑杀处理，对同群猪立即进行强制免疫接种或用药物预防，并隔离观察 14d。必要时对同群猪进行扑杀处理。对被扑杀的猪、病死猪及排泄物、可能被污染的饲料、污水等按有关规定进行无害化处理；对可能被污染的物品、交通工具、用具、畜舍进行严格彻底的消毒。对疫区、受威胁区所有易感动物进行紧急免疫接种。

第二，本病呈暴发流行时（一个乡镇 30d 内发现 50 头以上病猪、或者 2 个以上乡镇发生），由省级动物防疫监督机构用 PCR 方法进行菌型鉴定，同时报请县级人民政府对疫区实行封锁；县级人民政府在接到封锁报告后，应在 24h 内发布封锁令，并对疫区实施封锁。疫点、疫区和受威胁区采取的处理措施如下。

疫点：出入口必须设立消毒设施。限制人、畜、车辆进出和动物产品及可能受污染的物品运出。对疫点内畜舍、场地以及所有运载工具、饮水用具等进行严格彻底的消毒。对病猪作无血扑杀处理，对同群猪立即进行强制免疫接种或用药物预防，并隔离观察 14d。必要时对同群猪进行扑杀处理。对病死猪及排泄物、可能被污染的饲料、污水等按规定进行无害化处理；对可能被污染的物品、交通工具、用具、畜舍进行严格彻底的消毒。

疫区：交通要道建立动物防疫监督检查站，派专人监管动物及其产品的流动，对进出人员、车辆进行消毒。停止疫区内生猪的交易、屠宰、运输和移动。对畜舍、道路等可能污染的场所进行消毒。对疫区内的所有易感动物进行紧急免疫接种。

受威胁区：对受威胁区内的所有易感动物进行紧急免疫接种。对猪舍、场地以及所有运载工具、饮水用具等进行严格彻底的消毒。

第三，无害化处理：对所有病死猪、被扑杀猪及可能被污染的产品（包括猪肉、内脏、骨、血、皮、毛等）按照 GB 16548—2006《病害动物和病害动物产品生物安全处理规程》执行；对猪的排泄物和被污染或可能被污染的垫料、饲料等物品均需进行无害化处理。猪尸体需要运送时，应使用防漏容器，并在动物防疫监督机构的监督下实施。

第四，紧急预防：对疫点内的同群健康猪和疫区内的猪，可使用高敏抗菌药物进行紧急预防性给药。对疫区和受威胁区内的所有猪按使用说明进行紧急免疫接种，建立免疫档案。

第五，对本次疫情进行疫源分析和流行病学调查。

第六，封锁令的解除：疫点内所有猪及其产品按规定处理后，在动物防疫监督机构的监督指导下，对有关场所和物品进行彻底消毒。最后一头病猪扑杀 14d 后，经动物防疫监督机构审验合格，由当地兽医行政管理部门向原发布封锁令的同级人民政府申请解除封锁。

第七，处理记录：对处理疫情的全过程必须做好完整的详细记录，以备检查。参与处理疫情的有关人员，应穿防护服、胶鞋，戴口罩和手套，做好自身防护。

五、仔猪副伤寒

仔猪副伤寒是由沙门氏菌引起的仔猪的一种肠道传染病，多发生于 1～4 月龄的小猪，6 月龄以上的猪很少发病。本病分急性型和慢性型，急性型猪表现败血症变化，慢性型表现弥漫性纤维素性坏死性肠炎。本病是对仔猪威胁很大的一种传染病，严重影响猪的生长发育。

（一）流行特点

本病主要发生于 6 月龄以下的猪，但以 1～4 月龄的猪最易感，哺乳仔猪一般不发病。病猪和带菌猪是本病的主要传染源，通过粪便排出病菌污染环境、饲料和饮水，主要经消化道传染。本病一年四季均可发生，一般呈散发或地方流行。猪舍潮湿、拥挤、粪便堆积，长途运输，饥饿等可促进本病的发生。

（二）诊断

1. 临床症状诊断　潜伏期2d至数周。根据病程长短分急性型和慢性型两种。

急性型（败血型）：多见于断奶前后的仔猪。病猪呈败血症症状，体温突然升高至41～42℃，精神不振，食欲废绝，呼吸困难，后期下痢。耳根、胸腹部皮肤出现紫红色斑点。病程一般2～4d。病死率很高。

慢性型：病猪体温升高至40.5～41.5℃，精神不振，食欲减退，寒战，眼有黏性或脓性分泌物。初期便秘后期下痢，粪便淡黄色或灰绿色，混有血液和坏死组织，恶臭。有些病猪于中、后期皮肤出现弥漫性湿疹，有些病猪还发生咳嗽。病程2～3周或更长，最后衰竭死亡。病死率25%～50%。耐过猪生长发育不良。

2. 病理剖检诊断

急性型：主要呈败血症变化。脾常肿大，色暗带有蓝色，坚实似橡皮，切面蓝红色，脾髓质不软化。全身淋巴结，尤其是肠系膜淋巴结充血、肿胀。肝表面和实质内有大小不等灰白色坏死灶。全身黏膜、浆膜均有不同程度的出血斑点，胃肠黏膜有急性卡他性炎症（彩图1－32）。

慢性型：特征性病变为弥漫性纤维素性坏死性肠炎，主要发生在盲肠、结肠和回肠。肠壁淋巴小结先肿胀隆起，以后发生坏死和溃疡，溃疡周边隆起，中央稍凹陷，表面被覆有灰黄色或淡绿色麸皮样物质，以后许多小病灶融合在一起，形成弥漫性坏死，肠壁增厚。肝、脾及肠系膜淋巴结有针尖大的灰黄色坏死灶或灰白色增生性结节。肺常见有卡他性肺炎。

3. 实验室诊断

（1）细菌学检查　无菌取血液、肝、脾、肺、淋巴结等，制成涂片、触片，革兰氏染色，镜检，可见革兰氏阴性短小杆菌，大小在（1～3）μm×（0.4～0.6）μm。取病猪肠淋巴结、肝脏，分别接种于麦康凯琼脂和SS琼脂平板上，置于37℃培养箱中24h，可见麦康凯琼脂上形成无色、圆形、光滑、湿润、微隆起、半透明的灰白色菌落，菌落边缘整齐；SS琼脂平板上形成淡黄色、圆形、光滑、湿润的小菌落。常规制片，经革兰氏染色，在油镜下镜检可见两端钝圆的革兰氏阴性小杆菌。取可疑菌落在三糖铁斜面上划线和底层穿刺，37℃培养24h后，可见斜面底层呈黄色，表层为红色。

（2）辣根过氧化物酶标葡萄球菌A蛋白（HRP－SPA）染色　应用HRP－SPA染色能快速检查沙门氏菌，一般10～12h可获得结果，比常规方法提高工作效率10倍，特异性高，重复性好，与常规方法符合率为100%。

（三）防控

1. 预防措施　加强饲养管理，执行严格的卫生防疫制度。对常发地区应定期做好免疫接种工作。目前普遍使用的疫苗是仔猪副伤寒弱毒冻干苗，断奶后的健康仔猪应空腹口服免疫，如断奶前免疫，断奶后再免疫1次。

2. 扑灭措施　猪群发病后，病猪应隔离治疗或淘汰。治疗可用抗生素，如盐酸土霉素、盐酸强力霉素、硫酸新霉素等；也可用磺胺类药物，如口服复方磺胺嘧啶片或肌注磺胺嘧啶注射液。被污染的猪舍、场地、用具应用10%～20%的石灰乳彻底消毒。耐过猪多数带菌，应隔离育肥。病死猪尸体应销毁处理。病猪禁止宰杀食用，以防食物中毒。

六、猪大肠杆菌病

猪大肠杆菌病是由大肠杆菌引起的一类仔猪肠道传染病的总称，包括仔猪黄痢、仔猪白痢、猪水肿病。本病在我国广泛存在，对仔猪的健康构成严重的威胁，对养猪生产危害极大。

仔猪黄痢

仔猪黄痢是出生后几小时到 1 周龄仔猪的一种急性高度致死性肠道传染病，以剧烈腹泻，排出黄色或黄白色浆状粪便以及迅速脱水死亡为特征。

（一）流行特点

本病主要发生于 1 周龄以内的仔猪，以 1～3 日龄多见，随日龄的增长而逐渐减少，7 日龄以上很少发生。同窝仔猪发病率常在 90% 以上，病死率几乎达 100%。传染源主要是带菌母猪，由粪便排出大量病原性大肠杆菌，污染母猪乳头和体表皮肤，仔猪吮乳或舔舐母猪皮肤时被感染。感染仔猪和母猪的粪便可污染猪床、饲料、用具和饮水。本病主要通过消化道感染，无明显季节性。猪群一旦发病，如不采取适当的措施，将造成严重的经济损失。

（二）诊断

1. 临床症状诊断　潜伏期 1～3d，最短 12h。同一窝仔猪中突然有 1～2 头仔猪表现全身衰弱死亡，其他仔猪相继发生腹泻，排出黄色浆状粪便（彩图 1－33），内含凝乳片。病猪迅速消瘦、脱水、昏迷而死亡。

2. 病理剖检诊断　尸体脱水严重，常见颈、腹部皮下水肿。肠管膨胀，肠道内有大量黄色液状内容物，肠黏膜呈急性卡他性炎症，尤以十二指肠最为严重。肠系膜淋巴结有弥漫性小出血点。肝、肾有小的坏死灶。

3. 细菌学检查

（1）显微镜检查　取小肠内容物或黏膜刮取物以及相应肠段的肠系膜淋巴结，也可取新鲜粪便，制成涂片或触片，干燥，固定，作革兰氏染色或瑞氏染色后镜检，可见到革兰氏阴性，大小为（1～3）μm×（0.4～0.7）μm，钝圆、单在的杆菌，散布于细胞间。

（2）培养检查　将病料接种于普通琼脂培养基或麦康凯琼脂培养基上，置于 37℃ 培养箱中 18～24h。在普通琼脂培养基上形成圆形、隆起、光滑、湿润、半透明、淡灰色的菌落；在麦康凯琼脂培养基上形成红色的菌落。

（3）生化试验

①糖发酵试验。取纯培养物分别接种葡萄糖、麦芽糖和甘露醇发酵管，37℃ 培养 2～3d，观察结果。大肠杆菌能分解葡萄糖、麦芽糖和甘露醇，产酸产气。

②吲哚试验。取纯培养物接种蛋白胨水，37℃ 培养 2～3d，加入吲哚指示剂，观察结果。阳性者在培养物与试剂的接触面处产生一红色的环状物；阴性者培养物仍为淡黄色。

③MR 试验和 VP 试验。取纯培养物接种葡萄糖蛋白胨水，37℃ 培养 2～3d，分别加入 MR 和 VP 指示剂，观察结果。凡培养液变红色者为阳性；黄色者为阴性。

④枸橼酸盐试验。取纯培养物接种于枸橼酸盐培养基，37℃ 培养 18～24h，观察结果。细菌在培养基上生长并使培养基转变为深蓝色者为阳性；没有细菌生长，培养基仍为原来

颜色者为阴性。

⑤硫化氢试验。取纯培养物接种醋酸铅琼脂，37℃培养 18～24h，观察结果。沿穿刺线或穿刺线周围呈黑色者为阳性；不变者为阴性。

大肠杆菌吲哚试验、MR 试验呈阳性，VP 试验、枸橼酸盐试验、硫化氢试验为阴性。

（三）防控

1. 预防措施　平时要加强对母猪的饲养管理，给予优质的饲料。圈舍要经常消毒，母猪产仔前应对产房进行彻底清扫、消毒，对母猪乳头及体表皮肤用 0.1% 高锰酸钾擦洗。母猪产仔前 15～30d 应用大肠杆菌 K_{88ac} – LTB 双价基因工程菌苗、大肠杆菌 K_{88} – K_{99} 双价基因工程菌苗或 K_{88} – K_{99} – 987P 三价灭活苗进行免疫接种，仔猪可通过初乳获得被动免疫力。此外，也可用微生态制剂如促菌生、乳康生、调利生等，均有较好的预防效果。

2. 治疗措施　仔猪发病时应全窝给药，内服盐酸土霉素、磺胺脒等药物，也可肌注多粘菌素 B 硫酸盐。最好分离出病原菌株做药敏试验，选抑菌作用最强的药物，提高治疗效果。

仔猪白痢

仔猪白痢是 10～30 日龄仔猪多发的一种肠道传染病，以排腥臭的灰白色黏稠稀粪为特征。

（一）流行特点

本病发生于 10～30 日龄仔猪，以 10～20 日龄仔猪较多发，1 月龄以上仔猪很少发病。本病发病率约 50%，而病死率较低。本病主要由内源性感染引起，其诱发因素主要有猪舍卫生条件差、阴冷潮湿、气候骤变、母猪的乳汁不足或过浓等。

（二）诊断

1. 临床症状诊断　病猪突然发生腹泻，排出乳白色或灰白色浆糊样粪便，黏腻腥臭，排便次数不等。病猪消瘦，拱背，行动缓慢，被毛粗乱无光泽，发育迟缓。体温、食欲无明显变化。病程短的 2～3d，长的可达 1 周。绝大多数病猪能够康复。

2. 病理剖检诊断　尸体外表苍白、消瘦。肠内容物灰白色油膏状，肠黏膜呈出血性卡他性炎症（彩图 1 – 34），肠系膜淋巴结轻度肿胀。

3. 细菌学检查　同仔猪黄痢。

（三）防控

1. 预防措施　参照仔猪黄痢。此外，仔猪应及早开食，为促进仔猪胃肠消化机能的完善，可在仔猪运动场撒少许炒熟的玉米粒或烧糊的玉米棒供仔猪嚼食。给母猪使用抗贫血药不仅可以防止仔猪贫血，还可显著减少本病的发生。

2. 治疗措施　仔猪发病后要早期给药。可在饲料内添加适宜的抗生素，如盐酸土霉素、强力霉素、硫酸新霉素等，也可口服促菌生、痢菌净、磺胺脒、次硝酸铋等药物，一般连用 2～3d。同时给予鞣酸蛋白、活性炭等收剑止泻药，可提高疗效。

猪水肿病

猪水肿病是断奶前后仔猪多发的一种急性肠毒血症。本病以突然发病，头部水肿，共济失调，惊厥和麻痹，胃壁和肠系膜显著水肿为特征。

（一）流行特点

本病主要发生于断奶后的仔猪，尤以体况健壮、生长快的仔猪最为多见，育肥猪和10日龄以下仔猪很少见。本病常散发，有时呈地方流行性，多发生于春、秋两季。本病的发生与饲喂方法的改变、饲料单一、气候骤变等因素有关。本病发病率不高，一般为10%～35%，但病死率很高，可达90%以上。

（二）诊断

1. 临床症状诊断 突然发病，精神沉郁，食欲减少或废绝，口流泡沫，呼吸、心跳加快。初期轻度腹泻，后期便泌。病猪静卧时肌肉震颤，有时倒地抽搐，四肢划动如游泳状，触之敏感，发出呻吟声和嘶哑鸣叫声；站立时背拱起，全身发抖，站立不稳，行走时四肢无力，共济失调，盲目前进或作圆圈运动。其特征症状是眼睑、面部发生水肿（彩图1－35），有的蔓延至颈下。有些病猪水肿不明显。病程一般1～2d，少数达7d，多数以死亡为终结。

2. 病理剖检诊断 主要病变为水肿，以胃壁和肠系膜水肿最常见。胃壁水肿，胃大弯部和贲门部的黏膜层和肌层之间的厚度可达2～3cm（彩图1－36），切开有淡黄色的水肿液体流出。肠系膜、肺水肿（彩图1－37）。有些病例胆囊、喉头、肾包膜、直肠也发生水肿。有的病例无水肿变化，但内脏器官出血明显，常见出血性胃肠炎。

3. 细菌学检查 同仔猪黄痢。

（三）防控

1. 预防措施 应加强断奶仔猪的饲养管理。不要突然更换饲料和改变饲养方法，饲料配比要合理，适当增加饲料中维生素的含量。

2. 治疗措施 发现病猪时，可肌注亚硒酸钠、盐酸土霉素、硫酸新霉素等，也可用仙鹤草、龙胆草、车前子等中草药煎服。

七、猪梭菌性肠炎

猪梭菌性肠炎亦称仔猪红痢，是由C型产气荚膜梭菌引起的新生仔猪的高度致死性肠道传染病。本病的特征是排红色粪便，肠黏膜坏死，病程短，死亡率高，主要发生于3日龄以内的仔猪。

（一）流行特点

本病主要感染1～3日龄新生仔猪，1周龄以上仔猪发病很少。病猪和带菌猪是主要传染源，病原菌随粪便排出体外，污染饲料、饮水、用具和周围环境等。初生仔猪常因接触被污染的母猪体表如乳头等，经口通过消化道而感染发病。本病发生快，病程短，死亡率一般为20%～70%。

（二）诊断

1. 临床症状诊断 仔猪红痢按病程可分为最急性型、急性型、亚急性型和慢性型。

最急性型：仔猪出生后1d内就可发病，突然出现血痢，污染后躯。病猪喜卧，出生后12～36h死亡。也有不发生腹泻而死亡的。

急性型：本型最多见。发病仔猪排出含有灰色组织碎片的红褐色液状稀粪。病猪脱水、消瘦、衰竭，一般在第3d死亡。

亚急性型：病猪呈持续性腹泻，病初排出黄色或黄褐色软便，内含坏死组织碎片，呈米粥样。病猪消瘦、脱水，一般 5～7d 死亡。

慢性型：病猪呈现间歇性或持续性腹泻，达 1 周至数周，粪便呈灰黄色黏液样。病猪逐渐消瘦，生长停滞，于数周后死亡或成为僵猪。

2. 病理剖检诊断　主要病变位于小肠和肠系膜淋巴结，以空肠病变最为明显。

最急性型：最显著的变化是小肠严重出血及腹腔内有血样液体。肠黏膜弥漫性出血，肠腔内充满含血的液体。肠系膜淋巴结呈鲜红色。

急性型：肠道可见局灶性淡红色区。肠壁增厚，肠黏膜呈黄色或淡灰色，表面松散地附着坏死组织碎片，肠内容物有时呈血样，含有坏死组织碎片。

亚急性型：肠壁增厚、易碎，肠黏膜表面覆盖一层紧密附着的坏死膜，从浆膜表面观察似一条灰黄色的纵带。

慢性型：肠壁局灶性增厚，肠黏膜表面的坏死膜呈局灶性分布，且界限清楚。

3. 细菌学检查

（1）泡沫肝试验　取分离菌肉汤培养物 3ml 给家兔静脉注射，1h 后将家兔处死，放 37℃恒温 8h，剖检可见肝脏充满气体，出现泡沫肝现象。肝脏涂片镜检可见革兰氏阳性大杆菌，其荚膜清晰。

（2）肠毒素试验　取刚死亡的急性病猪空肠内容物或腹腔积液，加等量生理盐水搅拌均匀，3 000r/min 离心 30～60min，取上清液静脉注射体重 18～20g 的小白鼠 5 只，每只注射 0.2ml；同时以上述液体与魏氏梭菌抗毒素混合，作用 40min 后，注射于另一组小白鼠以作对照。如注射上清液的一组小白鼠迅速死亡，而对照组不死，则可确诊为本病。

（三）防控

1. 预防措施　预防本病最有效的方法是给怀孕母猪注射仔猪红痢氢氧化铝菌苗，在临产前 1 个月肌肉注射 5ml，2 周后再肌肉注射 8ml，使母猪获得免疫，仔猪出生后吃初乳可获被动免疫。或仔猪出生后注射抗猪红痢血清，每千克体重 3ml，肌肉注射，可获得充分保护，注射要早，否则效果不佳。平时应加强饲养管理，搞好猪舍卫生和消毒工作，特别是产房和哺乳母猪的乳头消毒，以减少本病的发生和传播。

2. 治疗措施　发病时，可应用青霉素按 5 万 IU/kg 肌肉注射，3 次/d，连用 3d；土霉素按 5～10mg/kg 肌肉注射，1～2 次/d，连用 3d。由于本病发展迅速，病程短，用药治疗效果往往不佳。

八、猪传染性萎缩性鼻炎

猪传染性萎缩性鼻炎是由支气管败血波氏杆菌引起猪的一种慢性接触性呼吸道传染病。其特征是鼻甲骨萎缩。临床上主要表现为打喷嚏、鼻塞等鼻炎症状和颜面部变形或歪斜。本病可导致猪生长迟缓，饲料转化率降低，用药开支增加，从而给集约化养猪生产造成巨大的经济损失。

（一）流行特点

各种年龄的猪均可感染，但以仔猪的易感性最强。发病率一般随年龄的增长而下降。1 月龄以内仔猪感染，常发生鼻炎，并出现鼻甲骨萎缩；1 月龄以上的猪感染，一般症状轻微。病猪和带菌猪是主要的传染源，其他动物和人可带菌，也可能是本病的传染源。本病主要通过飞沫传播，经呼吸道感染健康猪。仔猪常因接触带菌母猪而感染，不同日龄猪再通过水平传播扩大到全群。

本病在猪群内传播比较缓慢，多为散发或地方性流行。饲养管理不良可促进本病的发生。

（二）诊断

1. 临床症状诊断 多见于6～8周龄仔猪，表现打喷嚏，吸气困难。打喷嚏之后，从鼻孔中流出带有少量血液的浆液性、黏液性或脓性的鼻液，鼻黏膜潮红充血。病猪表现不安，如摇头、拱地、搔扒或在饲槽边缘、墙角等处摩擦鼻部，导致鼻部皮肤出血。在出现上述症状的同时，鼻泪管阻塞，不能排出分泌物，眼结膜发炎，出现流泪，眼角下的湿润区因尘土污染粘结而呈半月形的灰黑色斑块，称为泪斑（彩图1－38）。

随着病程的发展，鼻甲骨发生萎缩，致使面部变形。如为两侧同时变化，则鼻腔长度减小形成短鼻猪；如一侧变化严重，则鼻腔常向严重一侧弯曲形成歪鼻猪（彩图1－39），以至上下颌咬合不全。由于鼻甲骨萎缩，额窦不能正常发育，使两眼宽度变小和头部轮廓发生变形。有的病例，由于病原微生物的作用或炎症的蔓延，常出现脑炎或肺炎，使病情恶化。病猪生长发育停滞，多数成为僵猪，严重的影响育肥和繁殖。

2. 病理剖检诊断 本病特征的变化是鼻甲骨萎缩，在两侧第一、第二对前臼齿间的连线上将鼻腔横断锯开，观察鼻甲骨的形状和变化。最为常见的是下鼻甲骨萎缩，鼻中隔弯曲或消失，鼻腔变成一个鼻道。鼻黏膜充血、水肿，有黏液性渗出物。

3. 细菌学检查 对病猪进行保定，清洗鼻的外部并擦干。用长柄（长约30cm）棉拭子插入鼻腔深处，轻轻旋转，取出后直接制成涂片，革兰氏染色，镜检，如发现革兰氏阴性小杆菌，呈两极染色，即可初步诊断。确诊需用改良麦康凯琼脂或5%马血琼脂或胰蛋白脂琼脂分离培养后，对菌落涂色镜检和生化试验作出诊断。

（三）防控

1. 预防措施 免疫接种是预防本病最有效的措施。目前应用的疫苗有两种，即支气管败血波氏杆菌灭活菌苗和支气管败血波氏杆菌－产毒性多杀性巴氏杆菌二联灭活菌苗。母猪于产前2个月和1个月分别接种，皮下注射2ml。如母猪不免疫，仔猪在1周龄和4周龄分别免疫1次。同时应加强饲养管理，引进种猪时严格进行检疫，以防止带菌猪的引入。

2. 扑灭措施 本病发生后应及时做好隔离、封锁、治疗和消毒。猪舍每天用2%苛性钠溶液消毒1次，对有临床症状的猪用链霉素每千克体重10mg或卡那霉素每千克体重10～15mg进行治疗，肌肉注射，每天2次，连用3～5d，病死猪及污染物进行无害化处理。对无临床症状的猪用土霉素每吨饲料400g进行全群预防。

九、猪布氏杆菌病

布氏杆菌病简称布病，是由布氏杆菌引起的人畜共患的传染病。本病主要侵害生殖器官，引起胎膜发炎，流产，不育，睾丸炎及各种组织的局部病灶。本病广泛分布于世界各地，目前在我国人畜中仍有存在，给畜牧业生产和人类健康带来严重危害。

（一）流行特点

多种动物对本病易感，但羊、牛、猪最易感。患病动物和带菌动物是主要传染源。感染母畜流产的胎儿、胎衣、羊水和阴道分泌物中含有大量的布氏杆菌，乳汁中也含有病原菌。感染公畜的精液带菌。病原菌有时可通过粪便排出。易感动物主要通过摄食被污染的饲料和饮水经消化道感染，其次是通过损伤的皮肤、黏膜和交配感染，也可因吸血昆虫的叮咬而感染。本病多发于牧区和农牧区，以产仔季节多发。母畜感染后一般第一胎流产的多，以后多不再流产（带菌免疫）。新疫区流产率高。

（二）诊断

1. 临床症状诊断 妊娠母猪流产可发生在妊娠的任何时期，有的在妊娠的 2～3 周即流产；有的则接近妊娠期满而早产；但流产最多发生在妊娠的 4～12 周。病猪流产前的主要征兆是精神沉郁，食欲减退，阴唇和乳房肿胀，有时从阴道流出黏性红色分泌物。流产时胎衣不下的情况很少。少数病例因胎衣滞留造成子宫内膜炎，引起不孕。流产后一般经过 8～16d 方可自愈，但排毒时间较长，需经 30d 以上才能停止。

种公猪表现为睾丸炎，可单侧也可双侧发病。睾丸肿大（彩图 1－40）、疼痛，有时可波及附睾及尿道，后期出现睾丸萎缩，失去种用价值。

不论公、母猪，有的还可能出现后肢跛行，关节肿大，甚至瘫痪。

2. 病理剖检诊断 母猪腹股沟淋巴结、乳房淋巴结肿大，切面多汁，有时有脓肿和灰黄色坏死灶；子宫黏膜呈化脓性或卡他性炎症，并有小米粒大的灰黄色结节；胎膜由于水肿而增厚，表面覆盖有纤维蛋白和脓汁。胎儿多呈败血症变化，浆膜、黏膜有出血点，皮下组织发生炎性水肿，脾脏明显肿大。

公猪睾丸肿大，出现化脓性或坏死性炎症，后期病灶可发生钙化，睾丸萎缩。切开睾丸，呈灰白色，结缔组织增生，常见出血及坏死灶。附睾、精囊、前列腺和尿道球腺等均可发生相同性质的炎症。

3. 实验室诊断

（1）细菌学检查 取胎儿、胎衣、阴道分泌物、乳汁、血液或病变的淋巴结等，制成涂片或触片。用改良柯氏法染色镜检时，背景为蓝色，布氏杆菌被染成橙红色；用改良萋尼氏染色法染色镜检时，背景为蓝色，布氏杆菌被染成红色。

（2）虎红平板凝集试验 采取被检猪血液，待凝固后，分离血清作为被检材料。准备 0.2ml 吸管和洁净的玻璃板以及虎红平板凝集反应抗原。先用蜡笔在玻板上画成 $4cm^2$ 的方格，每一方格中放置 1 份 0.03ml 的被检血清，摇动抗原瓶使抗原均匀悬浮，用 0.2ml 吸管吸取抗原，在每一方格的血清样品旁加入 0.03ml 抗原，用牙签搅拌血清和抗原，使其均匀混合，于 4min 内判定结果，出现凝集现象者为阳性，否则判为阴性。

（三）防控

1. 预防措施 控制本病传入的最好方法是自繁自养。引进种猪时，要严格执行检疫，即将引入的种猪隔离饲养两个月，同时进行布氏杆菌病的检查，两次检查全为阴性者，才能混群饲养。即便是清净的猪群，每年还应定期检疫，一般情况下是一年一次，一旦发现病猪或疑似猪，应立刻坚决予以淘汰。每年应用猪布氏杆菌 2 号弱毒活苗（简称 S2 苗）进行免疫接种。

2. 扑灭措施 当猪群发生本病时，应及时隔离病猪，深埋胎衣、胎儿和阴道分泌物，对环境进行彻底消毒。用凝集试验对猪群进行检疫，检出的阳性猪一律淘汰；凝集试验阴性猪群，用猪布氏杆菌 2 号弱毒活苗进行免疫接种两次，间隔 30～45d，每次剂量为 200

亿活菌。若猪群头数不多，而感染患病率很高时，最好全部淘汰，重新建立猪群。

在疫区消灭本病的基本措施有：检疫、隔离以控制传染源、切断传播途径，培养健康猪群和定期进行免疫接种。另外，种公猪在配种前也进行检疫，以防隐性感染种猪对猪群的持续性传染。

十、猪炭疽

炭疽是由炭疽杆菌引起的人畜共患的传染病。猪炭疽在临床上很少见，以形成局部炭疽为特征，通常呈慢性经过，常不表现任何临床症状。

（一）流行特点

炭疽主要侵害牛、羊、马等草食动物，猪的抵抗力较强。猪炭疽主要经消化道感染，常因采食污染的饲料（如骨粉）而引起，有时也可能发生土壤性感染。当感染动物将炭疽杆菌排到外界环境中，或病畜尸体处理不当，会形成芽孢，污染土壤、水源、牧地，从而形成长久的疫源地。本病多发生于夏季，常呈散发，有时呈地方流行。

（二）诊断

1. 临床症状诊断 本病潜伏期一般为1～3d，个别可达14d，根据侵害部位，分为咽型、肠型、败血型和隐性型四种。

咽型：主要侵害咽喉部和颈部淋巴结以及邻近组织，引起炎性水肿。肿胀先从咽喉部开始，随后蔓延到头、颈部，甚至胸下与前肢内侧，影响呼吸和采食。病猪表现精神沉郁，食欲不振，咳嗽，呕吐，体温升高，颈部活动不灵活。症状严重时，呼吸困难，可见口鼻黏膜发绀，最后因窒息而死亡，临死前体温下降。部分病猪肿胀会逐渐消失，最后甚至完全康复。

肠型：主要侵害肠黏膜及其附近的淋巴结。病猪常有消化紊乱现象，表现体温升高，呕吐，停食，便秘或腹泻，粪便中混有血液。症状严重者会发生死亡，较轻者可能康复。

败血型：临床上较为少见，病猪死亡率高。发病时，体温升高，食欲消失，精神委顿，呼吸困难，全身痉挛，临死前头、颈、下腹等部位皮肤发绀，天然孔流出暗黑色带泡沫的血液。死后尸僵不全，尸体明显膨胀，肛门外翻。

隐性型：生前无症状，可在宰后检验中发现。

2. 病理剖检诊断 从控制本病的角度考虑，应严格禁止剖检，但由于猪炭疽较少发生，也无特征性的症状和病变，未剖检根本无法发现。

咽型：切开肿胀部位后，可见有广泛的组织液渗出，通常为草莓样色，有时可见胶冻样浸润。颌下、咽后和颈浅淋巴结严重肿大，出血，切面颜色从粉红色至深红色不等，病部与健部界限明显。扁桃体肿胀，出血或坏死，常有一层黄色假膜覆盖。多数慢性病例的淋巴结坏死，切面致密，发硬发脆，呈砖红色，并有散在黑色凹陷坏死灶。

肠型：主要病变为出血性肠炎，有的形成痈，可见肠管呈暗红色，肿胀，肠黏膜表面有纤维蛋白样物附着，有时出现黏膜坏死或溃疡，炭疽痈呈黑红色、蚕豆大、突出于黏膜表面。肠系膜淋巴结的病变多见十二指肠和空肠前段的少数淋巴结，出现肿大、出血或坏死，常伴有肠系膜水肿。

败血型：天然孔出血。血液凝固不良，呈暗黑色的煤焦油样。咽喉、颈部、胸前部的皮下组织有黄色胶样浸润。各脏器出血明显，实质器官变性。脾脏肿大变黑，脾髓软化如糊状。

隐性型：颌下淋巴结常见损害，少见于颈浅淋巴结、咽后淋巴结和肠系膜淋巴结。淋巴结有不同程度的增大，刀切时有硬脆感，切面呈砖红色，散布有细小、灰黄色坏死病灶或暗红色凹陷小病灶。周围的结缔组织可能有水肿性浸润，呈鲜红色。扁桃体坏死并形成溃疡，有时扁桃体的黏膜脱落，呈灰白色。

3. 实验室诊断

（1）细菌学检查

①病料采集。疑似炭疽病猪，应严禁剖检。对于败血型病例，检验材料可从耳部采取血液，必要时，在严格控制的条件下，从尸体左侧最后一根肋骨后缘，切开腹壁，采取脾脏，然后用浸透碘酊的棉花把切口填满。对咽部肿胀的病例，可用注射器穿刺病变部，抽取水肿液或渗出物。肠炭疽可采取粪便。隐性病例，可采取病变淋巴结。

②涂片镜查。病料涂片以碱性美蓝或瑞氏染色，发现有荚膜、两端平直的粗大细菌，菌体有弯曲或部分膨大，单在或二三相连。当病料不新鲜时，炭疽杆菌就会崩解，一般不易检出典型的菌体。

③分离培养。炭疽杆菌对营养要求不高，可用普通平板分离，但为了抑制杂菌生长，可选用戊烷脒多粘菌素血平板。未污染的新鲜病料如血液、渗出液可直接进行分离培养。如为污染病料，则制成悬液，65℃水浴30min，再接种平板进行分离。37℃培养24～48h后，炭疽杆菌在普通平板上形成扁平、灰白色、毛玻璃样、粗糙、表面干燥、边缘不整齐、直径为3～5mm的火焰状大菌落；用放大镜观察菌落边缘，呈卷发状；用接种针探触，有黏滞感，挑取菌落时，可拉起长丝。在戊烷脒多粘菌素血平板上，炭疽杆菌生长受到轻度抑制，菌落生长缓慢，15～24h形成较小的毛玻璃样粗糙型菌落，其边缘仍保持卷发样，不溶血，当培养超过24h时，发生轻度不完全溶血；其他需氧芽孢杆菌不生长。（详见NY/T561—2002）

④青霉素串珠试验和青霉素抑制试验。取新鲜肉汤培养物涂布于2%兔血清平板，中央贴青霉素（50～100IU/ml）药敏试纸，37℃培养3～4h后，用低倍及高倍显微镜观察培养物，炭疽杆菌出现的反应分三层，内层炭疽杆菌不生长；中层呈链状排列的炭疽杆菌菌体膨胀，形成串珠状；外层炭疽杆菌生长，仍呈链条状。继续培养8～12h，纸片周围的抑菌圈可达20mm左右。

⑤噬菌体裂解试验。取新鲜肉汤培养物作圆形涂布于普通平板，干燥后，用接种环取炭疽噬菌体一满环，点种于圆形中央，37℃培养3～5h，在培养物中央出现明显而清亮的噬菌斑，为裂解阳性反应。为防止错判，可将培养时间延长到18h，再观察一次。（详见NY/T561—2002）

⑥动物接种。将病料或培养物用生理盐水制成1∶5悬液，给3只小鼠各皮下注射0.05～0.1ml。小鼠通常于注射后24～26h死于败血症，剖检可见注射部位胶样浸润及脾脏肿大等病理变化，取血液、肝脏、脾脏等进行细菌学检查，可检出有荚膜竹节状的大杆菌，分离培养可得到粗糙型毛玻璃样菌落。（详见NY/T561—2002）

（2）血清学试验

①Ascoli沉淀试验。该法是诊断炭疽最经典的方法，是用已知炭疽抗体来检查炭疽菌体多糖抗原，可用于检验各种病料，特别是腐败病料。炭疽菌体多糖抗原性质非常稳定，

能够耐腐败和高温。将病料用 5～10 倍的 0.5% 石炭酸生理盐水制成混悬液，经煮沸或高压灭菌处理后，过滤得待检抗原，然后在反应管中加入 0.1～0.2ml 炭疽沉淀素血清，其上部叠加等量的待检抗原，若在两液面交界处出现清晰明显的白色沉淀环，则为阳性反应。（详见 NY/T 561—2002）

②荧光抗体试验。该法主要用于检查病料中的炭疽杆菌。将病料制成涂片后，用炭疽荧光抗体染色，荧光显微镜观察，若视野中有黄绿色荧光，菌体呈橙红色，周围有肥厚的荚膜，即为炭疽杆菌。（详见 NY/T 561—2002）

（3）聚合酶链反应（PCR） 荚膜和炭疽毒素是炭疽杆菌的致病因子。炭疽毒素有三种成分构成，即水肿因子、致死因子和保护性抗原。以水肿因子基因、保护性抗原基因或荚膜基因为模板，进行聚合酶链反应（PCR），可以检测出炭疽杆菌有毒株。该法灵敏度高，特异性好。

（三）防控

1. 预防措施 对炭疽常发地区的猪群，每年进行预防注射，以增强猪体的特异性抵抗力。常用疫苗有无毒炭疽芽孢苗和Ⅱ号炭疽芽孢苗，接种后 14d 产生免疫力，免疫持续期为 1 年。另外，应严格执行兽医卫生防疫制度。

2. 扑灭措施 发生本病时，应立即上报疫情，封锁发病场所，实施一系列防疫措施。

（1）治疗 抗炭疽血清是治疗病猪的特效制剂，病初应用有很好的效果，皮下或静脉注射，大猪 50～100ml，小猪 30～80ml，必要时于 12h 后再注射 1 次。使用异源血清时，为了防止过敏，应先注射 0.5～1.0ml 脱敏，经 0.5h 后再注射其余剂量。药物治疗猪炭疽也有较好的效果，可首选青霉素类抗生素，也可用土霉素等抗生素，磺胺药以磺胺嘧啶较好。药物与抗炭疽血清同时应用，效果更好。肠炭疽还需配合口服克辽林（臭药水），每日 3 次，每次为 2～5ml。可疑猪也使用抗血清或药物进行防治。

（2）紧急预防 对假定健康猪群，用药物进行预防，或接种炭疽疫苗。

（3）消毒 对猪场进行全面彻底消毒。病死猪躺过的地面，如若为土地，应铲除表土 15～20cm，与 20% 漂白粉混合后再进行深埋，水泥地用 20% 漂白粉、0.1% 碘溶液或 0.5% 过氧乙酸喷洒消毒。受污染的猪舍用消毒药连续喷洒 3 次，每次间隔 1h。污染的饲料、垫草、粪便及尸体应焚烧处理，深埋时不得浅于 2m，尸体底部与表面应撒上厚层漂白粉，与尸体接触的车及用具用完后要消毒。

（4）封锁 禁止动物出入疫区，禁止疫区内畜产品的输出。最后一只病猪死亡或治愈后 15d，未再发现新病猪时，应彻底消毒后解除封锁。

（四）公共卫生

畜牧兽医工作人员及屠宰场职工，常因接触病猪尸体或产品，经皮肤伤口感染。临床表现是感染处先有蚤咬样红肿小块，后为无痛性麻木丘疹，再变成浆液性或血性水疱，以后结成暗红色痂皮。周围组织红肿，绕有多数水疱，附近淋巴结肿大，疼痛。并伴有头痛，发热，关节痛，呕吐，乏力等症状。严重时可引发败血症。因此，相关人员必须进行自身防护，必要时及时接种炭疽疫苗。

十一、猪破伤风

猪破伤风又称“强直症”，是由破伤风梭菌引起的人畜共患的急性、中毒性传染病。

猪破伤风的临床特征为肌肉持续性的强直痉挛和对外界刺激的兴奋性增高。

（一）流行特点

破伤风可发生于各种家畜，猪的易感性较高。本病经伤口感染，当机体出现外伤时，广泛存在于外界环境中的破伤风梭菌会污染伤口部位，在创伤较深、空气少或缺氧等适宜条件下，破伤风梭菌大量繁殖，产生破伤风痉挛毒素，刺激中枢神经系统而发生本病。猪发生本病常因阉割、剖腹产或断脐等手术时，消毒不严所致。在临床上，有不少病例常查不到伤口所在，可能是因为潜伏期中伤口已经愈合或经子宫、消化道黏膜损伤感染。本病通常表现为散发。

（二）诊断

1. 临床症状诊断　本病临床症状比较典型，结合创伤病史，可以作出较为准确的诊断。

潜伏期一般为7～20d，短的1d即可发病，长的可达数月。病猪常从头部开始表现强直性痉挛，采食、咀嚼和吞咽均缓慢而不自然，随后全身肌肉呈现强直性痉挛，呈木猪状，表现有四肢僵直，行走困难，牙关紧闭，耳紧尾直，瞬膜突出，流涎，颈伸直，头向前伸，腹部蜷缩，背僵直，严重时角弓反张，卧地不起呈强直状态，呼吸困难，最后窒息死亡。病猪的体温通常无变化，外界的声音、光线等刺激可使症状加剧。病猪多在1～3d内死亡，死亡率较高，少数可自愈。

2. 病理剖检诊断　病猪死后无特殊有诊断价值的病理变化。

3. 细菌学检查　在临床表现不明显的情况下进行。

（1）病料采集　无菌采取创伤部位的分泌物或坏死组织作为待检病料。

（2）涂片镜查　病料涂片经革兰氏染色后镜检，破伤风梭菌呈细长杆形，散在，革兰氏阳性，有的在菌体一端形成圆形芽孢，直径显著大于菌体，使得整个芽孢体呈鼓槌状。

（3）分离培养　破伤风梭菌为严格厌氧菌。用接种环取病料在血平板上划线，37℃厌氧培养72h，可见灰色、半透明、边缘有羽毛状细丝的不规则圆形菌落，呈小蜘蛛状，菌落周围有轻度的溶血环。取菌落涂片，革兰氏染色，镜检，可见典型的细菌。

（4）毒素检查　将病料接种厌气肉肝汤培养4～7d，滤过，取滤液，或直接将病料制成悬液，于小鼠尾根部皮下注射0.2ml，观察24h，如果小鼠出现尾部和后腿或全身痉挛等症状，或不久发生死亡即可诊断为破伤风。也可取病猪全血0.5ml，对小鼠进行肌肉注射，一般18h后表现典型症状。

（三）防控

1. 预防措施　平时要注意饲养管理的卫生，清除猪圈内易造成猪体外伤的铁钉与刺状异物，防止猪遭受外伤。在进行阉割或剖腹产等手术时，要做好器械和术部的消毒工作，为预防感染，可在手术的同时，给猪注射破伤风抗毒素。

2. 治疗措施

（1）加强护理　将病猪置于光线较暗，整洁干燥的圈舍中，并保持环境的安静，冬季应注意保暖，尽量减少或避免各种刺激。

（2）伤口处理　若感染伤口中有脓汁、坏死组织或异物，应进行清创和扩创术，用3%双氧水或1%高锰酸钾清洗伤口，并撒涂消炎药物，用青霉素作创周注射，以消除感染。

（3）药物治疗　①特异疗法。注射破伤风抗毒素，在疾病早期使用可起到很好的疗效。②对症治疗。根据病猪的临床症状，实施对症疗法。强烈兴奋和强直痉挛时，使用镇静解痉药物，如25%硫酸镁缓慢静脉注射或水合氯醛灌肠；长时间不能采食和饮水，应每天进行适量的补液，如复方氯化钠和口服补液盐等；出现酸中毒症状时，可用5%碳酸氢钠静脉注射；消化不良时，可适当给予健胃剂等。③抗继发感染。当病猪出现体温升高或肺炎等继发感染症状时，选用抗生素或磺胺类药物等进行治疗。④中药治疗。可用加减千金散、防风散等。

十二、猪李氏杆菌病

猪李氏杆菌病是由单核细胞增生李氏杆菌引起的人及多种动物共患的传染病。猪的表现有脑脊髓炎、败血症和妊娠流产，血液中单核细胞增多。

（一）流行特点

本病可发生于多种家畜，自然发病在家畜中以猪、牛、羊、家兔较多，许多野兽、野禽、啮齿动物，特别是鼠类都有易感性，并且是重要的贮存宿主。患病动物和带菌动物是本病的传染源，可通过粪、尿、乳汁、精液以及眼、鼻、生殖道分泌物排出细菌。

本病主要经消化道传播，也可经呼吸道、眼结膜或皮肤伤口感染。健康猪常因食用被污染的饲料或饮水而感染，各种年龄的猪均可感染发病，但仔猪最易感，妊娠母猪的易感性也较高。本病多发于早春、秋、冬或气候突变的时节，通常呈散发，发病率很低，但病死率很高。寄生虫或沙门氏菌感染可成为本病发生的诱因。

（二）诊断

1. 临床症状诊断　潜伏期从1d到2个月不等，病猪的临床症状差异很大。

哺乳仔猪：以败血症为主，表现有体温显著升高，精神高度沉郁，食欲减少或废绝，口渴。有的表现咳嗽，腹泻，皮疹，呼吸困难，耳部和腹部皮肤发绀。有的病猪出现脑脊髓炎症状。病程1～3d，病死率高。

断奶仔猪：以脑脊髓炎为主。病初有的轻度发热，病后期降至正常以下。病猪共济失调，作转圈运动，或无目的行走，或不自主后退，或以头抵地不动。有的头颈后仰，前肢或四肢张开，呈典型的“观星”姿势，肌肉震颤、强硬，以颈部和颊部尤为明显。有的出现阵发性痉挛。有的则发生两前肢或四肢麻痹，横卧在地，四肢呈游泳状划动，口吐白沫。一般经1～4d死亡，长的可达7～9d。

育肥猪：身体摇摆，共济失调，有的后肢麻痹，不能站立，拖地而行，特别严重者可四肢瘫痪，伏地不起。病程可达1个月以上。耐过者成为带菌猪。

妊娠母猪：一般在无症状的情况下发生流产。

2. 病理剖检诊断　有神经症状的病猪，可见脑及脑膜充血、水肿，脑脊液增多且浑浊。脑实质变软，脑干部有细小脓灶。败血症病猪，可见心外膜、心内膜、肾包膜、肋膜、腹膜及肠黏膜出血，胃肠黏膜充血、肿胀，肠系膜淋巴结肿大、多汁，脾脏肿大，肝脏有坏死灶。流产的母猪可见子宫内膜充血以及广泛坏死，胎盘子叶常见出血和坏死。

3. 实验室诊断

（1）细菌学检查

①病料采集。脑脊髓炎病例的病灶分布局限于脑干部，所以应采集此部位的脑实质或

脑脊液。败血症病例可采集血液、肝脏、脾脏、肾脏。流产病例可采集流产胎儿消化器官内容物及母猪的子宫及阴道分泌物。

②涂片镜查。将采集的病料做成涂片或触片，革兰氏染色，镜检，单核细胞增生李氏杆菌为革兰氏阳性菌，呈细小短杆形，两端钝圆，单在、“V”形或栅状排列。

③分离培养。将病料研磨，制成5～10倍的肉汤乳剂，接种于血平板，37℃培养24h，单核细胞增生李氏杆菌可形成露滴状小菌落，菌落周围有狭窄的透明溶血环，在白炽灯45°角斜射光线下观察，菌落发蓝灰色荧光。取典型菌落，涂片，革兰氏染色，镜检可见单在、“V”形或栅状排列的革兰氏阳性小杆菌。若为污染病料，可将病料乳剂分别接种EB增菌液和李氏增菌液（LB_1，LB_2），30℃增菌培养48h后，取培养液分别接种选择培养基MMA平板，30℃培养48h，用白炽灯45°角斜光照射平板，单核细胞增生李氏杆菌的菌落为蓝灰色，圆形小菌落。若初次分离结果为阴性，可将上述乳剂在4℃放置一周后，再进行培养。

④分离菌的鉴定（参考GB 4789.30—2010）。取5个以上的可疑菌落进行三糖铁（TSI）斜面穿刺和表面划线，30℃培养24h，单核细胞增生李氏杆菌会导致整个培养基变黄。同时，取可疑菌落进行SIM动力培养基穿刺，25℃培养2～5d，单核细胞增生李氏杆菌沿穿刺线呈伞状或月牙状生长。经TSI斜面和SIM培养基证明符合性状者，接种含0.6%酵母浸膏的酪蛋白胰酶消化大豆琼脂（TSA－YE）平板进行纯培养。培养物做革兰氏染色并做湿片检查，单核细胞增生李氏杆菌为革兰氏阳性小杆菌；用生理盐水制成菌悬液，在油镜或相差显微镜下观察，该菌出现轻微旋转或翻滚样运动。该菌应注意与猪丹毒杆菌进行鉴别（表1－2）。

表1－2 李氏杆菌与猪丹毒杆菌的鉴别试验

菌名	革兰氏染色	运动性	过氧化氢酶	乙型溶血	硫化氢	杨苷发酵	豚鼠感染
李氏杆菌	+	+（25℃以下）	+	+	－	+	+
猪丹毒杆菌	+	－	－	－	+	－	－

⑤动物接种。取病料乳剂，对豚鼠和家兔进行点眼，可使之发生化脓性结膜炎和角膜炎，动物死于败血症，剖检可见肝脏、脾脏有坏死灶。

（2）血清学试验

①凝集试验。该法用已知抗原检查病猪血清中的抗体。被检血清必须新鲜，无明显蛋白凝固，无溶血现象和腐败气味。试管法，凝集价高于1∶320以上时，判为特异性阳性反应。但由于实际当中，许多临床症状明显的猪无抗体反应，故该法有一定的局限性。

②荧光抗体试验。该法可以用于检查病料中的细菌，或对培养物进行鉴定。病料涂片经荧光抗体直接染色后，镜检，呈有荧光的球菌和双球菌性状者为阳性。

（3）聚合酶链反应（PCR） 采用PCR技术扩增与单核细胞增生李氏杆菌的侵袭相关联的P_{60}蛋白基因和LLO基因，具有高度的敏感性和准确性。实时荧光PCR技术也用于该菌的检测当中。

（三）防控

1. 预防措施 本病尚无疫苗预防。平时应加强饲养管理，搞好环境卫生，注意驱除鼠类和其他啮齿动物，驱除体内外寄生虫，定期对猪圈舍进行消毒，不要由疫区引进畜禽。

2. 扑灭措施 一旦发现可疑病猪，应立即隔离，对污染的环境和用具进行彻底消毒。如怀疑青贮饲料存在问题时，则改用其他饲料。有条件的猪场可采取自家灭活苗进行紧急接种。本病的治疗可选用磺胺类药物、金霉素、红霉素等，病初大剂量使用可获得满意的效果，但有神经症状的病猪，治疗难以奏效。

（四）公共卫生

人对李氏杆菌有易感性，感染后症状不一，以脑膜炎较为多见。凡与病猪接触的人员应注意防护。病猪的肉和其他产品经无害化处理后才可以利用。

十三、猪结核病

猪结核病是由结核分枝杆菌引起的一种人畜及禽类共患的慢性传染病。特点是在多种组织器官形成结核性肉芽肿（结核结节），继而结节中心干酪样坏死或钙化。

（一）流行特点

本病可侵害多种动物，其中以牛、猪、鸡较为易感。结核分枝杆菌的三个型即人型、牛型及禽型结核分枝杆菌均可感染猪。猪对禽型菌的易感性比其他哺乳动物高。

结核病患畜禽和人是本病的传染源，特别是通过各种途径向外排菌的开放性结核病患畜禽和人。肺结核病例分泌的痰，乳腺结核病例分泌的乳汁，肠结核病例排泄的粪便等污染空气、厩舍、饲料和饮水而成为重要的传播途径。

猪主要通过消化道感染，也可经呼吸道感染。给猪饲喂结核病畜的内脏或未煮熟的下脚料、来自结核病人的泔水、结核病牛未经消毒的牛奶和其他副产品等均可使猪发病。在饲养过结核病鸡的场地上养猪，用患结核病的鸡、牛粪便及剩料喂猪同样是危险的。

本病多为散发，呈慢性经过，发病率和病死率不高，无明显的季节性和地区性。

（二）诊断

1. 临床症状诊断 本病潜伏期长短不一，短者十几天，长者数月甚至数年。

淋巴结核：猪经消化道感染结核分枝杆菌后，多表现为此种类型。最常发病部位为扁桃体和颌下淋巴结，呈拇指大至拳头大的硬块，表现凸凹不平，有的破溃排出脓块或干酪样物，常形成瘘管不易愈合，但很少出现临床症状。

肠道结核：病猪表现有消化不良，食欲不振，顽固性下痢，逐渐消瘦。

全身结核：此型由牛型结核分枝杆菌侵害多个组织器官引起。病猪常发生短而干的咳嗽，随着病情的发展，咳嗽逐渐加重、频繁，呼吸次数增加，严重时发生气喘，听诊肺部有异常。此外还表现有慢性乳房炎，体表淋巴结慢性肿胀，顽固性下痢，渐进性消瘦等，最后常因恶病质而死亡。

2. 病理剖检诊断 常局限在咽、颈部和腹腔淋巴结，形成结核结节是本病的特征性病变。单个结核结节从针尖大至粟粒大不等，半透明或不透明，灰白色或微黄色，圆形，有的质地坚硬，切开后可见干酪样坏死、化脓或钙化灶，钙化者刀切有砂砾感。结核结节也可能继续增长变大，或几个相互融合而成外形和大小不一的结节。牛型结核分枝杆菌所致病症，可在肝脏、肺、脾脏、肾脏等多个器官及其相应淋巴结形成数量不等、大小不一的结节性病变，尤其在肺和脾脏较为多见。结节与周围组织分界清楚，有灰白色结缔组织包绕。有的在病变部位形成灰红色，多汁，半透明，软而韧的绒毛状肉芽肿。

3. 实验室诊断

（1）细菌学检查 适用于开放性结核病例。

①病料采集。病猪生前可根据症状采集痰、尿、粪便或其他分泌物，死后采集病变部位的结核结节。病料在检查前通常要用硫酸消化法、氢氧化钠消化法或安替福民沉淀浓缩法进行处理。（详见 GB/T 18645—2002）

②涂片镜查。用抗酸染色法对病料涂片进行染色。Ziehl - Neelson 染色法是最常用的方法，先滴加石炭酸复红液，并微加温染色 5min，再用 3% 盐酸酒精脱色 0.5 ~ 1min，最后用碱性美蓝液复染 1min。结核分枝杆菌为抗酸菌，能抵抗含酸酒精的脱色作用。镜检可见蓝色背景中被染成红色的结核分枝杆菌，菌体细长，平直或微弯，并有分枝。（详见 GB/T 18645—2002）

③分离培养。初次分离最好同时选用两种或两种以上的固体培养基。常用的固体培养基有 L - J 培养基、青霉素血液琼脂等。每个标本同时接种 4 ~ 6 支试管，37℃ 培养，试管先斜放 2 ~ 3d，然后加软木塞或胶帽，以防干燥，一星期后将试管直立培养。每星期检查 1 ~ 2 次，观察有无细菌生长，同时将软木塞轻轻放松数分钟通氧，以利于结核分枝杆菌的生长。结核分枝杆菌生长较慢，牛型菌经 5 ~ 8 周方可出现菌落，菌落湿润，略显粗糙并发脆；禽型菌生长需 2 ~ 3 周，形成湿润、光滑的弥漫星光状菌落；人型菌经 3 ~ 4 周形成干燥，呈白色、黄色或橙色的粗糙型菌落。三型结核分枝杆菌的生化特性差异见表 1 - 3。（详见 GB/T 18645—2002）

表 1 - 3 牛型、禽型和人型结核分枝杆菌的生化试验特性

	烟酸试验	Tween - 80 水解试验	耐热接触酶试验	硝酸盐还原试验	尿素酶试验	T_2H 抗性试验
牛型菌	-	-	+	-	+	-
禽型菌	-	-	+	-	-	+
人型菌	+	+	-	+	+	+

（2）动物接种 本试验可选用豚鼠和家兔进行，是确诊结核病的重要依据。豚鼠对牛型和人型结核分枝杆菌敏感，对禽型菌有抵抗力，常只能形成局部病灶。家兔对禽型和牛型结核分枝杆菌敏感，对人型菌虽可在肺部形成少量病灶，但可趋于痊愈。具体方法为将培养用病料同时接种至少 2 只同种动物，腹腔或皮下或肌肉注射 1 ~ 3ml，接种后 30d 左右，用禽型和牛型提纯结核菌素在背部脱毛处作皮内变态反应试验，出现红肿硬结时为阳性反应。如有阳性反应，可剖检其中半数动物进行病变观察、细菌培养和涂片镜检，另一半继续观察至 3 个月再剖检。如为阴性反应，可于 40d 左右剖检其中的半数，另一半继续观察至 3 个月再剖检。如病料中有结核分枝杆菌，可见脏器上有结核病灶。（详见 GB/T 18645—2002）

（3）变态反应 用牛型、禽型两种提纯结核菌素进行诊断。一侧耳根皮内注射牛型提纯结核菌素，另一侧耳根皮内注射禽型提纯结核菌素，注射量为 0.1ml，72h 后判定结果，任何一侧注射处出现炎性反应，肿胀≥2mm，即为阳性。如无禽型提纯结核菌素，仅用牛型提纯结核菌素亦可。此法是目前隐性猪结核病例主要的检验方法。

（4）荧光抗体检查 此法用于检查病料中的结核分枝杆菌。

（5）聚合酶链反应（PCR） 目前，有学者将 PCR 方法运用到了牛型结核分枝杆菌所致的猪结核病例的诊断中。该法以牛型结核分枝杆菌 16SrRNA 基因和 IS6110 基因为靶序列来设计引物，能快速检出样品中的病原，特异性好，敏感性高。

（三）防控

猪结核病重在预防。目前无商品化疫苗来防止该病。平时应当加强对猪群的检疫，一旦发现阳性猪，应及时作淘汰处理，一般不提倡治疗。被污染的厩舍、场地等可用 20% 石灰乳、10% 漂白粉或 5% 来苏尔进行 2 ~ 3 次彻底消毒，3 ~ 6 个月后猪舍再利用。禁止在猪场内养牛和家禽，禁止结核病人养猪。不用结核病畜禽的产品喂猪。

（四）公共卫生

人型、牛型、禽型结核分枝杆菌均可感染人。猪场工作人员应进行结核病检查，处于传染期或有传染倾向的员工，应在生产场外治疗。

十四、副猪嗜血杆菌病

副猪嗜血杆菌病是由副猪嗜血杆菌（Haemophilus parasuis，HPS）引起猪的多发性浆膜炎、关节炎和脑膜炎等多种病症。该病常表现为散发性和继发性发病，当环境发生变化时或引起免疫抑制的因素存在时，会导致发病。近年来，由于养猪规模扩大、环境应激和多种病原感染等因素，致使该病发生越来越广泛，并多与蓝耳病病毒、圆环病毒 2 型、传染性胸膜肺炎放线杆菌、巴氏杆菌、链球菌等混合感染，已经成为危害养猪业的主要疫病之一。目前，世界各主要养猪国家和地区都有关于该病流行和暴发的报道。该病在国内的发病率越来越高，给养猪业带来严重的危害与经济损失。

（一）流行特点

本病由副猪嗜血杆菌引起，只有猪发生；病猪、隐性感染猪和临床康复猪是本病的主要传染源；本病的传播途径主要是通过空气、猪与猪之间的接触或污染排泄物进行传播，呼吸道、消化道和创伤等途径均可感染；本病可发生于不同性别、年龄和品种的猪，2 周龄到 4 月龄的猪多发；一年四季均可发病，但以早春和深秋季节多发。气温剧烈变化、畜舍环境条件差、营养不足、长途运输等应激因素和感染其他疫病引起猪只抵抗力下降时易发病。

（二）诊断

1. 临床症状诊断

（1）急性型病例 表现体温升高达 40 ~ 42℃，精神沉郁，食欲减退；皮肤发红，耳梢、鼻端和四肢末梢发紫，眼睑皮下水肿；气喘咳嗽，呼吸困难，鼻孔有浆液性及粘液性分泌物；关节肿胀，跛行，步态僵硬，共济失调；身体颤抖，尖叫，临死前侧卧或四肢呈划水样；一般 3d 左右死亡，急性感染病例存活后会留下后遗症，即母猪流产，公猪跛行，仔猪和育肥猪遗留呼吸道症状和神经症状；

（2）慢性型病例 表现消瘦虚弱，被毛粗乱无光；咳嗽，呈腹式呼吸；关节肿大，生长不良；严重时皮肤发红，耳朵发紫，直至衰竭而死亡。仔猪也可突然死亡。

2. 病理学诊断

病理剖检变化表现浆液纤维素性胸膜炎、心包炎、腹膜炎、脑膜炎和关节炎。胸膜、肺脏表面、心包膜、心外膜和腹膜及肝肠等器官表面附有黄白色纤维素性假膜或绒毛；胸腔、心包腔和腹腔内初期有大量的淡红色液体，随后变为混浊含有纤维素性凝块的渗出液；病程较长病例，肺脏表面附有的薄层纤维素性假膜或绒毛可与胸壁、心包粘连；肺脏淤血水肿，有暗红或灰红色实变病灶或肉样变；心包膜与心外膜粘连，心外膜附有厚层纤维素性假膜或绒毛，形成“绒毛心”；心外膜粗糙不平，淤血和出血，心肌因变性可见灰白色斑纹；肝肾表面可见灰白色大小不等的炎性病灶。关节表现浆液纤维素性或纤维素性化脓性炎症，关节囊肿胀，关节面上附有蛋花样纤维素性绒毛或凝块；关节腔内滑液增多，初期为清亮的浆液，逐渐混浊呈黄白色或黄绿色并含有纤维素性凝块的渗出液；脑表现纤维素性化脓性脑膜脑炎；脑软膜混浊增厚，充血、水肿和出血，脑脊液混浊增多；脑回肿胀扁平；全身淋巴结肿大，特别是腹股沟淋巴结肿胀明显；淋巴结表面和切面红白相间，切面隆突、湿润多汁。病理组织学检查可见浆膜、关节、肺、心、肝、脑各器官表现为以纤维素和白细胞渗出为主要特征的间质性炎症，肾脏呈现间质性出血性炎症变化；淋巴结和脾脏表现为纤维素性坏死性出血性炎症。

3. 病原学诊断

（1）细菌学诊断　具体方法按细菌学检验常规方法进行，包括直接涂片染色镜检、分离培养和形态观察、生化试验和动物实验。

① 涂片镜检。无菌操作采取病猪的呼吸道分泌物、胸腹腔或心包腔积液、脑脊液，应用革兰氏染色法染色，显微镜观察；副猪嗜血杆菌为革兰氏阴性多形态细菌，可呈短小杆状、球形、短链或丝状，大小不等，无鞭毛，多数无荚膜，但新分离的强毒株可带有荚膜，不形成芽孢；美兰染色呈两极浓染的球杆状；

② 分离培养和形态观察。将疑似副猪嗜血杆菌病猪的心脏血液、心包液、胸腔积液、脑脊液和关节液划线接种于含烟酰胺腺嘌呤二核苷酸（Nicotinamide Adenine Dnucleotide nad，NAD）的胰蛋白大豆琼脂（Tryptose Soya Agar，TSA）培养基上，或淋巴结、肺脏、心脏、肝脏或脑组织接种于含 NAD 的胰蛋白大豆肉汤（Tryptic Soy Broth，TSB）培养基。在 37℃，体积分数为 5 % 的 CO_2 培养箱中培养 24～48h，观察细菌生长情况。挑取单菌落革兰氏染色镜检，挑取疑似菌落在普通营养琼脂培养基、麦康凯培养基、巧克力培养基和含 V 因子的 LB（Luria-Bertani，LB）培养基进行鉴别培养。在 TSA 和 TSB 培养基上可见圆形、灰白色半透明菌落；革兰氏染色大部分可见革兰氏阴性短小杆菌，无芽孢，美兰染色呈两极浓染的球杆状；在巧克力培养基和含 V 因子 LB 培养基上有露珠状的白色透明或半透明的菌落，边缘整齐、光滑，圆形隆起。在普通营养琼脂培养基和麦康凯培养基上不生长。

③卫星试验。挑取纯培养细菌接种于鲜血琼脂培养基上，并将金黄色葡萄球菌平行划线接种在该培养基上，37 ℃培养 24～48 h，观察有无“卫星现象”及溶血现象。本菌无溶血现象，在金黄色葡萄球菌划线周围呈现出明显的“卫星现象”生长，即离线近的地方有许多较大的针尖大小、圆形、边缘整齐的菌落生长，距离划线处越远菌落越小越少；未接种金黄色葡萄球菌的部分则生长不好，菌落稀少，不见该现象发生。

④ 生化试验。挑取纯培养物单菌落接种于含无菌的 NAD（1μg/ml）的葡萄糖、果糖、麦芽糖、蔗糖、半乳糖、木糖、山梨醇、甘露醇、H_2S、脲酶、硝酸盐及吲哚生化培养基中，置于体积分数为 5 % 的 CO_2 二氧化碳培养箱 37 ℃培养 24～48 h，观察菌株的生

化反应结果。同时进行氧化酶试验和接触酶试验。副猪嗜血杆菌血清4型标准菌株的生化特性为脲酶、吲哚、硫化氢、氧化酶反应呈阴性，硝酸盐还原、接触酶试验阳性，发酵葡萄糖、蔗糖、果糖、半乳糖、核糖和麦芽糖，不发酵乳糖、甘露糖和木糖。

（2）PCR 检测

① 采集被检猪血液，或心包液、胸腹腔渗出液、心血、肝脏、脾脏和淋巴结等病料经 TSA 培养基培养的菌落作为被检病料；根据 GenBank 中 HPS 标准株序列（CP001321.1），参照 Oliveira S 等设计发表的 HPS 16S rRNA 基因引物（北京中美泰和生物有限公司合成）。上游引物 5’ - GTGATGAGGAAGGGTGGTGT - 3’，下游引物 5’ - GGCTTCGTCACCCTCTGT - 3’。预期扩增片段大小约为 822 bp。

② 细菌 DNA 的提取。吸取被检猪血液 50μl 或挑取培养的单菌落置于 1.5 ml 离心管内，然后加 50 μl 双蒸水并混匀；95℃沸水浴 10 min 后，-20℃冰浴 10 min，4℃12 000 r/min 离心 2 min，取上清液于新 EP 管 4 ℃保存，备用。细菌 DNA 的提取也可以使用细菌基因组 DNA 提取试剂盒按说明书要求操作。

③ PCR 反应体系。50μl 反应体系：10 × PCR 缓冲液 5 μl，2.5mmol/LdNTP 4 μL，25mmol/L $MgCl_2$ 2 μl，上、下游引物各 1 μl，模板 4 μl，Taq DNA 聚合酶 1 μl，ddH_2O 补至 50 μl。

④ 反应条件。94℃预变性 4 min，94 ℃变性 30 s，58 ℃ 退火 30 s，72 ℃延伸 45 s，共 30 个循环，72 ℃ 再延伸 10 min。PCR 扩增后的产物在 1% 琼脂糖凝胶电泳，可观察到大小片段在 822bp 的 DNA 片段。PCR 电泳产物于 4 ℃ 保存。

4. 诊断结论

（1）疑似副猪嗜血杆菌病　符合副猪嗜血杆菌病流行病学特点、临床症状和病理变化。

（2）确诊　被检猪符合结果判定 4.5.1，且符合病原学诊断 4.4.1、4.4.2 之一的，确诊为副猪嗜血杆菌病。

（三）防治

1. 预防措施

（1）严格执行生物安全管理措施　生物安全管理措施应按 GB/T 17823—2009（集约化猪场防疫基本要求）和 GB 16548—2006（病害动物和病害动物产品生物安全处理规程）的要求进行。

（2）科学饲养管理　按要求控制好猪场环境条件，包括合理的温度、湿度和猪舍内清新空气的控制，合理分群和密度；提供全价营养和清洁饮水，防止或减少应激因素的发生。饲养管理应参照无公害食品生猪饲养管理准则（NY 5033—2001）、无公害食品畜禽饲料和饲料添加剂使用准则（NY 5032—2006）的规定。

（3）免疫接种　副猪嗜血杆菌病常发地区可接种血清型相对应的多价油乳剂灭活苗。免疫方法一般采用颈部肌肉注射。按瓶签注明头份，不论猪只大小，每次均肌肉注射 1 头份，2ml/头份。推荐免疫程序为：种公猪每半年接种一次；后备母猪在产前 8 ~9 周首免，3 周后二免，以后每胎产前 4 ~5 周免疫一次；仔猪在 2 周龄首免，3 周龄后二免。

2. 治疗措施

①发生本病时，要隔离病猪，并对猪舍、环境、用具等严格消毒处理，死亡病猪和污

染物进行无害化处理；要及早治疗并进行全群连续投药，治愈后，要定期监测，根据需要预防投药，防止复发。消毒方法可参考畜禽养殖场消毒技术规范（DB31/T432—2009），治疗用药应符合无公害食品畜禽饲养兽药使用准则（NY 5030—2006）的规定。

②为获得较好的疗效，应对发病猪群分离细菌进行药物敏感试验，选取敏感药物进行治疗；目前比较有效的药物有头孢噻呋钠、氟苯尼考、替米考星等。对于发病猪应按治疗剂量肌内注射给药，对同群未发病猪按预防剂量口服给药；具体用药剂量和方法参考药物使用说明书确定。

③对症治疗和控制继发感染。如高度呼吸困难可适当肌肉注射地塞米松，心力衰竭病例避免大量输液和挣扎，可通过口服给药治疗。

3. 疫情报告与记录

如果发现有本病发生或具有流行趋势时，应当及时向当地动物疫病预防控制或动物卫生监督机构报告，按有关规定处理。

第三节 其他传染病

一、猪气喘病

猪气喘病又称猪地方流行性肺炎、猪支原体肺炎，是由猪肺炎支原体所引起的猪的一种慢性呼吸道传染病，主要症状是咳嗽和气喘，病变特征是融合性支气管炎，在肺的尖叶、心叶、中间叶和膈叶前缘呈“肉样”实变。

（一）流行特点

本病的自然病例仅见于猪，其他动物不发病。不同年龄、性别与品种的猪均能感染，其中以哺乳仔猪和刚断奶仔猪最易感，发病率和死亡率较高，其次是怀孕后期的母猪和哺乳期的母猪，育肥猪发病较少，病情也轻，成年猪多呈慢性和隐性经过，较少发生症状和死亡。

病猪是本病的传染源，特别是不表现症状的隐性带菌病猪。很多地区和猪场由于从外地引进猪只时，未经严格检疫购入带菌猪，引起本病的暴发。哺乳仔猪常从患病的母猪处受到感染，小猪通常在3～10周龄出现症状。有的猪场连续不断发病是由于病猪在临床症状消失后半年至一年多的时间内仍不断排出病原体，从而感染健康猪。本病一旦传入，如不采取严密措施，很难彻底消灭。

本病经呼吸道感染。病原体分布于病猪的呼吸道及其分泌物中，随病猪咳嗽、气喘和喷嚏的分泌物散布到体外，形成飞沫，邻近健康猪吸入含有病原体的飞沫引起感染。

本病一年四季均可发生，但在冬春寒冷季节多见。阴雨潮湿、气候骤变、饲养管理不良均可诱发本病，加剧病情。若继发感染其他疾病，则病情更重，常见的继发性病原体有多杀性巴氏杆菌、肺炎球菌、猪鼻支原体等。猪场首次发生本病常呈暴发性流行，多为急性经过，怀孕母猪和哺乳仔猪症状较重，病死率高。在老疫区猪场多为慢性或隐性经过，症状不明显，病死率低。

（二）诊断

1. 临床症状诊断 本病潜伏期差异较大，短的1～3d，一般为11～16d，最长的可达

1个月，根据病程经过，可分为急性型、慢性型和隐性型三个类型。

急性型：病猪突然发病，精神不振，呼吸次数剧增，每分钟达60～120次，呼吸困难，严重者张口喘气，口鼻流沫，发出哮喘声，似拉风箱，有明显的腹式呼吸，两前肢张开，呈犬坐姿势。咳嗽次数少而低沉，有时发生持续性甚至痉挛性咳嗽。体温一般正常，有继发感染时则可升高到40℃以上。病程1～2周，病猪常因窒息而死，病死率高。

慢性型：主要症状为咳嗽，在早晚喂食和剧烈运动时最为明显。随着病程的发展，病猪出现不同程度的呼吸困难，表现为呼吸次数增加和腹式呼吸，身体逐渐消瘦，被毛粗乱，仔猪生长停滞。病程可拖延2～3个月，甚至长达半年以上。发病率高，病死率低。

隐性型：可由急性或慢性转变而来，病猪通常无明显的症状表现，偶尔在夜间或驱赶运动后出现轻度的咳嗽和气喘，生长发育一般正常，仅在X线检查和剖检时才发现肺部有相应的病变。

2. 病理剖检诊断 本病的主要病变在肺、肺门淋巴结和纵隔淋巴结，其他脏器一般无特殊变化。急性死亡的病猪肺有不同程度的水肿和气肿。肺两侧的心叶、尖叶、中间叶及部分病例的膈叶前缘出现融合性支气管炎是本病的特征性病变。病变部与健康部分界明显。病变部的颜色多为淡红色或灰红色，半透明状，像鲜嫩的肌肉，俗称“肉样变”（彩图1－41）。切面湿润而致密，并从小支气管流出微浑浊的灰色带泡沫的浆液或黏液性液体。病重的呈淡紫色、深紫色、灰白色或灰黄色，半透明程度减轻，并且坚韧度增加。肺门淋巴结和纵隔淋巴结显著肿大，呈灰白色，切面外翻湿润，有时边缘稍有充血。

3. 病理组织学诊断 早期以间质性肺炎为主，以后演变为支气管性肺炎，支气管和细支气管上皮细胞纤毛数量减少，小支气管周围的肺泡扩大，肺泡腔充满多量炎性渗出物，肺泡间组织有淋巴样细胞增生。在急性病例中，扩张的泡腔内充满浆液性渗出物，混杂有单核细胞、嗜中性粒细胞、少量淋巴细胞和脱落的肺泡上皮细胞。慢性病例，其肺泡腔内的炎性渗出物中液体成分减少，主要是淋巴细胞浸润。

4. X射线检查 X射线检查对本病有重要的诊断价值，可对慢性、隐性或早期病猪进行确诊。在检查时，猪只以直立背胸位为主，侧位或斜位为辅。病猪肺野的内侧区以及心膈角区呈现不规则的云絮状渗出性阴影，密度中等，边缘模糊，肺野的外围区无明显变化。病期不同，病变阴影表现各异。疾病早期背胸位检查，心膈角区肺野呈现轻度的密度较高的阴影，浓淡不均，边缘模糊；侧位或斜位检查，心脏阴影浓淡不均，其后缘的肺野也有絮状阴影出现。疾病严重期背胸位检查，肺野中央区有广泛的弥漫性云絮状渗出性阴影；侧位检查，腹侧部肺野有广泛性高密度阴影，心脏被隐没。

5. 实验室诊断

（1）细菌学检查 猪肺炎支原体虽然可以人工培养，但分离较为困难，所需的时间也较长，因此在十分必要时才进行该项检查。

①病料采集。采取病肺组织或呼吸道分泌物进行检查。肺病料应包括支气管，选择在病健部交界处，因为猪肺炎支原体在猪体内主要寄居在气管、支气管和细支气管的纤毛上。如遇到表面严重污染的肺，可割取大块肺组织放入沸水中煮8～10s，然后再无菌切取病料。分泌物用棉拭子深擦病猪的喉头或鼻腔进行采集。

②分离培养。将病肺组织剪成碎块，洗去血液后，取3～5块放入盛有5mlA26液体培养基的试管中；棉拭子采集的分泌物，挤压于10ml的A26液体培养基中，过滤除菌，取

滤液分装于试管。培养应在37℃进行，环境中含5%~10%的CO_2或用胶塞塞紧管口。因猪肺炎支原体在液体培养基中浑浊度低，不易观察，因此常借其分解葡萄糖产酸的特性，以指示剂颜色变化推断其生长。每天观察，约经3~5d，当培养基pH值下降至6.8~7.0时，取培养物以20%的接种量连续进行移植，直到培养1~2d的培养基pH值降至6.8，此时表明猪肺炎支原体已适度生长。取培养物进行涂片，姬姆萨染色，镜检可见染成淡紫色，小球状、环状等多种形态的菌体。在分离培养的同时，应设厌气肉肝汤、血平板作为细菌检查的对照。如被细菌污染，应通过滤器除菌后再进行培养。若怀疑培养物中混有别种支原体，如常见的猪鼻支原体，可在A26平板上挑取单个菌落移植纯化鉴定。取0.1ml待纯化的培养物，均匀抹于A26平板，放在37℃含5%~10% CO_2的潮湿环境中培养，逐日在低倍镜下观察。猪肺炎支原体生长比较缓慢，培养1~2d时，菌落直径约25μm，培养10d时可达200~300μm，菌落呈圆形、边缘整齐、似露滴状、中央有颗粒、稍隆起，不具典型的“煎荷包蛋”样形态；猪鼻支原体生长迅速，菌落呈典型的“煎荷包蛋”样，直径可达400~600μm。

③分离菌的鉴定。溶血试验—挑取可疑菌落接种于含猪或鸡血液的固体培养基上，培养2~3d，如为猪肺炎支原体，则菌落周围无溶血现象；精氨酸利用试验—挑取可疑菌落接种于含精氨酸和酚红指示剂的液体培养基中，由于猪肺炎支原体不能分解精氨酸产生氨，故指示剂不变色，试验结果为阴性；薄膜和斑点形成试验—挑取可疑菌落接种于含马血清的固体培养基上，由于猪肺炎支原体不能分解其中的脂肪酸，故在菌落的表面和周围不能形成薄膜和斑点；红细胞吸附试验—将0.25%的鸡红细胞滴加于可疑菌落上，静止片刻后弃去红细胞，用生理盐水洗涤2~3次，低倍镜检查，如为猪肺炎支原体，可见菌落表面和周围吸附有大量红细胞。均与以上试验结果相符合者判为猪肺炎支原体。（详见NY/T 1186—2006）

④动物接种。将分离的纯培养物或病料悬液，经呼吸道（气管、肺或鼻腔）接种于健康仔猪，经2周可出现病变或发病。再根据临床症状、X射线透视、病理变化或特异性血清学方法加以确认。

（2）血清学试验

①生长抑制试验。该试验的原理为猪肺炎支原体在相应阳性血清的作用下，生长会受到抑制。制备新鲜的A26平板，厚度不少于4mm，晾干，将对数期的分离菌肉汤培养物稀释100倍，使其浓度为10^3~10^6CFU/ml，取100μl接种于平板上，涂布均匀，放置片刻后，在平板表面贴附抗猪肺炎支原体血清滤纸片（直径6mm），纸片间距1.5~2.0cm，培养7~10d后，在低倍镜下，测量抑菌圈直径。直径大于1mm为猪肺炎支原体阳性，小于0.5mm为阴性，介于两者之间时，可降低培养基中的血清或酵母浸液浓度进行重复试验。

②微量间接血凝试验。该法用已知抗原检查猪血清中的抗体。被检血清需56℃水浴30min进行灭能处理。反应在96孔V形（110°）微量血凝板上进行。被检血清抗体效价≥1∶10时，检验结果判为阳性；血清抗体效价<1∶5判为阴性；介于两者之间判为可疑。将可疑猪隔离饲养1个月后，再作检验，若仍为可疑反应，则判为气喘病阳性猪。（详见NY/T 1186—2006）

③酶联免疫吸附试验（ELISA）。该法通过检查血清抗体对本病进行确诊，是一种简

单、经济、实用、敏感的血清学诊断技术，能检出 X 射线检查不能做出诊断的病变初期猪以及病变吸收后期猪，适用于有关部门对猪气喘病的检疫和净化工作。目前有商品化试剂盒出售，具体操作方法详见试剂盒说明书。

（3）聚合酶链反应（PCR） 采用 PCR 方法扩增猪肺炎支原体的 16SrRNA 基因序列，可以将猪肺炎支原体与其他常见的猪呼吸道疾病有关病原进行有效区分。此种方法诊断疾病具有敏感、快速的优点，具有较强的实践意义。

（三）防控

1. 预防措施 应采取相应措施防止猪气喘病的传入。猪场应当坚持自繁自养，不从外地引进猪只，必须引进种猪时，应了解猪源地有无本病的流行，引进的种猪先隔离 3 个月，确认无病时方可合群饲养。对断奶仔猪、育肥猪、种猪定期进行疫苗免疫，目前商品化疫苗有猪喘气病灭活疫苗和猪气喘病弱毒疫苗两类，种猪每年春秋季节各注射疫苗 1 次，到确定留作种用时再进行第 2 次免疫，育肥猪不做二免。加强对猪群的饲养管理，给予优质全价饲料，做好经常性的卫生防疫及消毒工作，保持栏舍的清洁、干燥和通风。

建立健康猪群，符合以下条件，可视为无气喘病猪群：①观察 3 个月以上，未发现气喘病症状的猪群，同时放入易感健康小猪 2 头同群饲养，也不被感染者。②1 年内整个猪群未发现气喘病症状，检查所宰杀的肥猪、淘汰猪及死亡猪，肺部均无气喘病病变者。③母猪连续生产 2 窝仔猪，在哺乳期、断奶后到架子猪均无气喘病症状，1 年内用 X 射线透视全部仔猪和架子猪，间隔 1 个月左右再进行复查，均无气喘病病变者。

2. 扑灭措施 采用综合性措施逐步建立和扩大健康猪群。对猪群应当实行科学的饲养，对怀孕母猪实行单圈饲养，断奶仔猪按窝集中育肥。猪场定期进行带猪消毒和转群消毒，平时加强对猪群的观察，一旦发现病猪和可疑猪，立即予以隔离，用药物进行治疗并做好消毒工作。给健康猪定期接种猪气喘病疫苗，连续免疫 3 年，可以控制猪气喘病。

3. 治疗措施 利用药物对该病进行预防和治疗时，可供选择的敏感药物有土霉素、卡那霉素、恩诺沙星、林可霉素和泰乐菌素等。土霉素每千克体重 40mg，一般小猪 1～2ml、中猪 1～5ml、大猪 5～8ml，肌肉注射，每隔 3d1 次，5 次为一疗程，重病猪可进行 2～3 个疗程；卡那霉素按 3 万～4 万 IU/kg 肌肉注射，每天 1 次，连续 5d 为一疗程；两药交替使用效果更佳。

二、猪附红细胞体病

猪附红细胞体病是由猪附红细胞体引起的一种猪的传染病，在临床上以黄疸、贫血和发热为特征。

（一）流行特点

猪附红细胞体只感染猪，不感染其他动物。不同性别、年龄和品种的猪均可感染发病，特别是阉割后几天的仔猪最容易被感染。

病猪和带菌猪是本病的传染源。病原体寄生于病猪的红细胞上，主要经体液传播。直接传播是通过交配及摄食血液或含血物质，如舔舐伤口、互相斗殴或喝被血污染的尿液。间接传播与蚊子、螨虫、虱子等吸血节肢动物有关，被污染的注射器、阉割手术器械、耳号钳等也可传播本病。本病还可经胎盘垂直传播。

本病主要发生于温暖季节，夏季发病较多，冬季较少。临床上主要呈隐性经过，隐性感染率可达85%以上。当有圈舍潮湿、饲养密度过大等应激因素以及病毒的感染存在时，可诱导本病的发生。在条件好的猪场，本病流行形式一般为散发。

（二）诊断

1. 临床症状诊断　本病潜伏期为2～45d，按临床表现分为急性型、慢性型和隐性型。

急性型：多见于仔猪，尤其是阉割后几周内的仔猪。病初患猪体温升高达40～42℃，呈稽留热型，厌食，反应迟钝，不愿活动。随后可见鼻腔分泌物增多，咳嗽，呼吸困难，可视黏膜苍白，黄疸。粪便初期干硬并带有黏液和黏膜，有时便秘和腹泻交替发生。耳廓、尾部和四肢末端皮肤发绀，呈暗红色或紫红色。根据贫血的严重程度，经过治疗可能康复，也可能出现皮肤坏死，由于感染猪不能产生免疫力，再次感染可能随时发生，最后可因衰竭而死亡。育肥猪的黄疸性贫血较为少见。母猪急性感染时出现厌食和发热，厌食可长达1～3d之久，发热通常发生于分娩前母猪，持续至分娩后。有时母猪会出现乳房以及阴部水肿。分娩过后，母猪的产乳量降低，母性缺乏，所产仔猪出生后不久即可发病，耐过仔猪生长发育不良。母猪可于分娩3d后自然痊愈。

慢性型：病猪出现渐进性消瘦，衰弱，皮肤苍白，黄疸，常继发感染导致死亡。母猪感染后会出现繁殖机能下降，乏情，受孕率降低或流产，产弱仔等现象。种公猪感染后会出现性欲下降，精液质量下降。

隐性型：感染猪外观健康，带菌状态可保持相当长的时间，当受到应激因素作用时可发病。

2. 病理剖检诊断　本病的特征性病变是贫血和黄疸。血液稀薄，凝固不良。全身性黄疸，皮下组织水肿。多数有胸水或腹水。心包积水，心外膜有出血点，心肌松弛，色淡，质地脆弱。肝脏肿大，呈黄棕色，表面有灰黄色或灰白色坏死灶，胆囊充盈，胆汁浓稠。脾脏肿大，呈蓝灰色，质地柔软。肾脏肿大，有时有出血点。全身淋巴结肿大，切面有灰黄色或灰白色坏死灶。

3. 实验室诊断

（1）病原学检查

①病料采集。由于猪附红细胞体寄生于患猪血液当中，因此取血液作为检查对象，一般进行耳静脉采血。

②涂片镜查。在急性发热期，病猪血液中有大量的病原，进行显微镜检查效果最好。

直接镜检：取新鲜猪血一滴，加等量生理盐水混匀后，用盖玻片压置400～600倍暗视野显微镜下观察，可见球形、杆状、环形、逗点形等多种形态，具强折光性的淡蓝色猪附红细胞体附着在橘黄色红细胞表面或游离于血浆中，红细胞在视野内上下震动或左右运动，呈菠萝状、锯齿状、星状等不规则形状，血浆中的附红细胞体做伸展、收缩、翻滚等运动。

染色镜检：将血液制成涂片，瑞氏染色，油镜观察，猪附红细胞体被染成淡蓝色，多数聚集在红细胞表面。姬姆萨染色，病原体呈紫红色或粉红色。

（2）血清学试验　目前已有荧光抗体试验用于该病病原的检查。对于隐性猪，可用间接血凝试验、补体结合试验或酶联免疫吸附试验（ELISA）来检测其血清中抗体。

（3）DNA探针技术、PCR技术来检测病原　具有快速、准确、敏感等特点，具有良好的实践价值。

（三）防控

1. 预防措施 目前尚无商品化疫苗对本病进行有效控制。平时应当做好节肢动物的驱除工作，消灭环境中的吸血昆虫，清除体表寄生虫。外科手术器械、注射器、针头等要严格消毒。加强饲养管理，给予全价饲料保证营养，增加猪体的抗病能力，减少不良应激因素。

2. 治疗措施 发生本病时，要及早治疗。早期用药是治好本病的关键。

（1）对因治疗 猪附红细胞体对四环素族抗生素（土霉素、四环素）、对氨基苯砷酸钠、血虫净等药物较为敏感。临床上用土霉素和血虫净组合，土霉素每千克体重20mg、血虫净每千克体重4mg，肌肉注射，连用3d可起到明显的疗效。用药时应注意：①全群用药。猪附红细胞体病传染性强，一旦出现易波及全窝、全群。②连续用药。“高热反弹”是本病的特点，也是治疗的难点，如果用药见效就停止用药，等病情再度出现时就增加了治疗难度，也会使治疗失败。③控制复发。治疗该病的药物一般只能杀死血液中的病原体，很难杀死骨髓中的病原体，故有较大的复发概率。所以，治愈后，要定期预防投药，防止复发。

（2）对症治疗 猪附红细胞体对红细胞具有破坏作用，从而造成病猪的贫血，在病猪饲料中适量添加促红细胞生长剂可加快病猪的康复，如硫酸亚铁、右旋糖酐铁，仔猪由于进食量不稳定，可实行肌肉注射。此外，可根据病情辅以强心剂、人工盐缓泻剂等。

三、猪痢疾

猪痢疾是由猪痢疾蛇形螺旋体引起的猪的一种肠道传染病，临床表现为黏液性或黏液出血性下痢。病变特征为大肠黏膜发生卡他性、出血性、纤维素性或坏死性炎症。

（一）流行特点

猪痢疾自然病例仅见于猪，其他畜禽不见发病。不同年龄、品种和性别的猪均易感，但以7～12周龄的幼猪发生最多，断奶后的仔猪发病率约为75%，病死率5%～25%。哺乳仔猪发病较少。

病猪和无症状的带菌猪是本病的传染源，其排出的粪便中含有大量的病原，污染周围环境、饲料、饮水及用具。健康猪经消化道摄入污染的饲料和饮水引起感染。康复猪带菌率很高，带菌时间可达70d以上。蚊蝇、鼠类等动物可较长时间带菌，是本病不可忽视的传播者。

本病的发病季节不明显，一年四季均有发生，但4～5月和9～10月发生较多。运输、拥挤、气候多变、阴雨潮湿、饲养管理不当等应激因素均可促进本病的发生和流行。本病流行经过比较缓慢，持续期长，且可反复发病。本病往往先从一个猪舍开始几头猪出现症状，以后逐渐蔓延开来。在较大的猪群流行时，常常拖延达几个月，直到出售时仍有猪只发病。

（二）诊断

1. 临床症状诊断 潜伏期一般为7～14d，短的2d，长的可达2个月以上。猪群起初暴发本病时，常呈急性，后逐渐缓和转为亚急性和慢性。最常见的症状是不同程度的腹泻。

最急性型：见于流行初期，死亡率很高。个别突然死亡，无症状，多数病例表现食欲废绝，剧烈下痢，开始为黄灰色软便，迅速转为水样，夹杂黏液、血液或血凝块（彩图1-42），随着病程的发展，粪便中混杂脱落的黏膜或纤维素性渗出物形成的碎片，气味腥臭。病猪肛门松弛，排便失禁，弓腰缩腹，眼球下陷，高度脱水，寒颤，抽搐而死。病程12~24h。

急性型：多见于流行初、中期。病猪持续腹泻，排出黄灰色稀粪，粪便带有大量半透明的黏液而呈胶冻状，粪便中还夹杂血液或血凝块及褐色黏膜组织碎片，后期粪便呈棕色、红色或黑红色。同时表现有食欲减退，腹痛并迅速消瘦。有的死亡，有的转为慢性。病程7~10d。

亚急性和慢性：多见于流行的中、后期。下痢时轻时重，反复发生。粪便中黏液和坏死组织碎片较多，血液较少。病猪食欲正常或稍减退，进行性消瘦，生长迟滞，呈恶病质状态。不少病例能自然康复，但在一定的间隔时间内，少数康复猪可能复发，甚至死亡。亚急性病程为2~3周，慢性为4周以上。

2. 病理剖检诊断　主要病变局限于大肠，回盲结合处为其明显分界。最急性和急性病例主要表现为卡他性出血性肠炎，病变肠段黏膜肿胀，充血，出血，表面覆盖有黏液和带血块的纤维素，肠腔内充满黏液和血液，肠内容物呈酱色或巧克力色。当病程稍长时，出现坏死性炎症，黏膜表面可见点状坏死，形成黄色或灰色假膜，呈麸皮样；有时黏膜上只有散在成片的薄而密集的纤维素。剥去假膜可露出浅表糜烂面，肠内容物混有大量黏液和坏死组织碎片，血液相对较少。大肠系膜淋巴结轻度肿胀，充血。其他脏器无明显病变。

3. 实验室诊断

（1）病原学检查

①病料采集。可采集病猪粪便或有病变的大肠作为检样。粪便样品应当选择新鲜并含有黏液的粪便，或大肠内容物及黏膜，也可用棉拭子进行直肠取样。

②涂片镜查（详见NY/T 545—2002）。本法不适用于急性病例后期、慢性或隐性及投药后的病例。

粪便中病原的检查：将新鲜粪便样品直接涂片，以结晶紫或稀释复红染色2~3min，用油镜观察；另外取粪便少许悬于少量生理盐水中，做成悬滴样品，在暗视野（或暗光）400~1 000倍镜头下观察；每片样品至少观察10个视野，猪痢疾蛇形螺旋体典型菌体长6~8.5μm，有2~5个疏松螺旋，两端尖锐，形如双翼状，在暗视野下呈蛇样活泼运动。每个视野中有3条以上的菌体，即可诊断。

大肠组织中病原的检查：将病变大肠制成组织切片，以结晶紫浸染3~5min或10倍稀释的姬姆萨染液浸染8~24h，以400~1 000倍镜头观察，在黏膜表面特别是腺窝内可见到不同数量的猪痢疾蛇形螺旋体聚集，多时密集如网状。

③分离培养（详见NY/T 545—2002）。对于急性后期、慢性及用药后的病例，需进行病原分离培养。病料可直接以划线法接种于酪蛋白胰酶消化大豆琼脂（TSA）血平板；也可先将样品用生理盐水或PBS作5倍稀释，2 000r/min离心10min，取上清液以6 000~8 000r/min离心20min，将沉淀物接种于TSA血平板；或者将原病料或离心后沉淀物作10倍递进稀释后再接种TSA血平板。为提高分离率，可在培养基中加入壮观霉素400μg/ml或多黏菌素B 200μg/ml。划线平板置厌氧罐内，以钯为催化剂，使罐内气体浓度H_2为80%、

CO_2 为20%，37～42℃培养6d，每隔2d观察一次。猪痢疾蛇形螺旋体呈明显的β－溶血，条状溶血区内一般看不见菌落，有时可见到针尖大透明菌落或云雾状菌苔。取溶血区内的物质涂片，染色镜检，看到典型的菌体时，可移取小块琼脂于TSA血平板进行纯培养。

④分离菌的鉴定（详见NY/T 545—2002） 猪的肠道螺旋体除猪痢疾蛇形螺旋体外，还有无害蛇形螺旋体、结肠菌毛样螺旋体等，三者形态较为相似，但溶血程度和致病性有差异。

溶血试验：将猪痢疾蛇形螺旋体、无害蛇形螺旋体、结肠菌毛样螺旋体及分离菌分别划线接种于同一TSA血平板的不同区域，经48h培养后，观察比较其溶血程度。猪痢疾蛇形螺旋体呈强β－溶血，而无害蛇形螺旋体和结肠菌毛样螺旋体呈弱β－溶血。

口服感染试验：取15～25kg幼猪2头，饥饿24～48h后，连续2d投服分离菌各50ml（含菌量1亿/ml），观察30d，若为猪痢疾短螺旋体，则猪有发病。也可用小鼠或豚鼠试验，口服感染后50%出现腹泻和盲肠病变者，则为猪痢疾短螺旋体。无害蛇形螺旋体无致病性。

结肠结扎试验：本试验可根据条件选做。15～25kg试验幼猪2头，停食48h后，外科手术露出结肠襻，排空肠内容物后，每隔5～10cm，间距2cm，进行双重结扎，每段内注入分离菌悬液5ml，其中一段作生理盐水对照。若为猪痢疾短螺旋体，则48～72h后，试验肠段肠腔内渗出液增多，内含有黏液、纤维素或血液，黏膜肿胀、充血或出血，涂片镜检可见到多量的典型菌体，对照肠段无上述变化。无害蛇形螺旋体不引起肠段病变。猪痢疾短螺旋体与无害蛇形螺旋体的区别见表1－4。

表1－4 猪痢疾短螺旋体与无害蛇形螺旋体的主要区别

	溶血型	致病性	发酵果糖	产生靛基质
猪痢疾蛇形螺旋体	强β型	有	－	＋
无害蛇形螺旋体	弱β型	无	＋	－

（2）血清学试验

①凝集试验。该法常用于猪群的检疫。被检猪血清需56℃水浴30min灭活补体。具体操作方法有平板凝集试验和微量凝集试验两种，微量凝集试验在U形微量反应板上进行。血清凝集价大于1∶32判为阳性，小于1∶16判为阴性。

②琼脂扩散试验。该法用已知抗原来检查猪血清中的抗体，根据中央抗原孔与外周被检血清孔之间沉淀线的有无来判定结果。有沉淀线为阳性，无沉淀线为阴性。

③荧光抗体试验。

直接法：该法是检测猪痢疾短螺旋体的传统方法。将病料涂片采用猪痢疾荧光抗体进行染色，荧光显微镜检查，如见有黄绿色螺旋体样菌体，即可确诊。

间接法：该法用于血清抗体的检查。将已知血清型的猪痢疾短螺旋体制成抗原片，分别与2倍递进稀释的灭能被检猪血清进行作用，然后用兔抗猪荧光抗体染色，镜检，间接荧光抗体效价≥1∶8为阳性，抗体效价≤1∶2为阴性，1∶4为可疑。

④酶联免疫吸附试验（ELISA）。该法也为猪群检疫的常用方法。用已知的菌体脂多糖包被固相载体，然后滴加2倍系列梯度稀释的被检血清进行反应，再与兔抗猪IgG抗体作用，终止反应后，测OD值。猪感染后的1～2周，可用本法测出ELISA滴度，感染后3

周达到抗体高峰。

(3) DNA探针技术

该法通过检测核酸来证明病料中是否有猪痢疾短螺旋体存在，具有灵敏而又特异的优点。

(三) 防控

1. 预防措施 本病预防尚无有效疫苗，需采用综合防控措施。猪场实行全进全出饲养制，进猪前按消毒程序与要求对猪舍进行消毒，加强饲养管理，保持圈舍内外清洁干燥，防鼠灭鼠措施严格，定期对蚊蝇孳生场所进行喷杀处理，粪便及时无害化处理，饮水用漂白粉进行处理。有条件的猪场，应当坚持自繁自养，不要从发病猪场引进种猪，外地引进的猪必须进行严格的检疫，并至少隔离观察1个月以上，确定无病方可合群饲养。

2. 扑灭措施 猪场一旦发现本病，最好全群淘汰，进行彻底清扫和消毒，空圈2~3个月后再引进健康猪，粪便用2% NaOH消毒，圈舍用3%来苏尔消毒。当发病猪数量多、流行面广，不能立即做到全群淘汰时，对感染猪群及时隔离，实行药物治疗，无病猪群应用凝集试验或其他方法进行检疫，实行药物预防，经常消毒，严格控制本病的传播。控制本病可选用的抗菌药物有痢菌净、庆大霉素、新霉素、链霉素、红霉素等。用药时，必须采取全群给药，疗程足够，方可达到较好的效果。同时要注意同种药物不能长期使用，以免产生抗药菌株。对剧烈下痢病猪还应采用补液、强心药物进行对症治疗。

3. 猪痢疾药物净化标准 对有本病的猪场使用药物可以净化猪痢疾。利用痢菌净混饲或内服，每千克干饲料加1g痢菌净混合，连服30d，哺乳仔猪灌服0.5%痢菌净溶液，每千克体重0.25ml，每天灌服1次，结合消毒可以起到净化的目的。根据美国家畜保健协会1978年的建议标准，停药后观察3~9个月，在此期间不得使用任何预防性抗菌药物，应不出现1头猪痢疾病猪，观察期过后，75%以上的猪经肛门棉拭子采样，作病原的分离培养，结果全部为阴性，可视为该病在猪群中得到了净化。

四、猪衣原体病

猪衣原体病是猪的一种多症状接触性传染病，临床表现有繁殖障碍、肺炎、肠炎、多发性关节炎、脑脊髓炎及结膜炎等。该病病原主要为鹦鹉热衣原体，此外还有沙眼衣原体和猪心衣原体。

(一) 流行特点

猪衣原体病可发生于各种年龄和品种的猪，其中以怀孕母猪和新生仔猪最为易感。

发病动物和带菌动物是本病的传染源，它们可由粪便、尿、乳汁、唾液以及流产的胎儿、胎衣和羊水排出病原。来自其他动物的鹦鹉热衣原体都能传染给猪。几乎所有的鸟类都能感染鹦鹉热衣原体，特别是鸽子和鹦鹉具有高度的易感性。一些哺乳动物，如牛、羊和啮齿动物易感程度也比较高。所有这些动物都是本病的传染源。猪场一旦发生本病，要清除十分困难。康复猪群可长期带菌，带菌的种公母猪则成为幼龄猪群的主要传染源，隐性感染种公猪危害性更大。

鹦鹉热衣原体感染猪的途径可通过污染的尘埃和飞沫经呼吸道和眼结膜感染，通过污染的饲料和饮水经消化道感染。患病公猪的精液中含有病原，健康母猪与之交配或人工授精可发生感染。螨、虱、蜱、蚤、蝇等节肢动物可起到传播媒介的作用。猪场内活动的野鼠和禽鸟可能是本病的自然散播者。

本病的季节性不明显，在大中型猪场，本病在秋冬季流行较严重。猪场饲养密度过高、通风不良、卫生条件差、运输途中的拥挤、营养缺乏、支原体感染等应激因素可促使本病发生。本病表现为散发或地方流行性，大多为隐性感染，一般呈慢性经过，但在一定条件下也会急性暴发。

（二）诊断

1. 临床症状诊断 本病潜伏期一般为4～30d，有多种症状表现形式。

繁殖障碍型：妊娠母猪感染后一般无其他异常变化，只是在怀孕后期突然发生流产、早产、产死胎或弱仔。感染母猪有的整窝产出死胎，有的间隔产出活仔和死胎。弱仔多在产后数日内发病，表现有发热、寒颤、发绀，有的发生恶性腹泻，多在3～5d内死亡。流产多发生于初产母猪，流产率可达40%～90%。种公猪感染后多表现为阴茎炎、尿道炎、睾丸炎、附睾炎，配种时，排出带血的分泌物，精液品质差，精子活力明显下降，从而导致母猪受孕率下降，即使受孕，流产死胎率明显升高。

肺炎型：见于断奶前后的仔猪。病猪表现有体温升高，精神沉郁，颤抖，干咳，呼吸迫促，从鼻孔流出浆液性分泌物，食欲减退，生长发育不良。

肠炎型：多见于断奶前后的仔猪，死亡率高。病猪表现腹泻，脱水，吮乳无力。

多发性关节炎型：多见于架子猪。病猪表现关节肿大，步态僵硬或跛行，患病关节触诊敏感，有的体温升高。

脑脊髓炎型：病猪出现神经症状，表现兴奋、尖叫、盲目冲撞或转圈运动，倒地后四肢呈游泳状划动，不久死亡。

结膜炎型：多见于饲养密度大的仔猪和架子猪。病猪表现畏光，流泪，结膜充血严重，眼角分泌物增多，有的角膜混浊。

2. 病理剖检诊断

繁殖障碍型：流产母猪子宫内膜水肿充血，分布有大小不一的坏死灶或坏死斑。流产胎儿全身水肿，头颈和四肢出血，肝脏肿大、充血和出血，心肺浆膜常有小点状出血，肺常有卡他性炎症。患病种公猪睾丸变硬，输精管出血，阴茎水肿、出血或坏死，腹股沟淋巴结肿大。

肺炎型：肺肿大，表面有许多出血点和出血斑，有的肺充血或淤血，质地变硬，在气管、支气管内有多量分泌物。

肠炎型：肠系膜淋巴结充血、水肿，肠黏膜充血、出血，肠内容物稀薄，有的红染。肝脏肿大，质脆，表面有灰白色坏死斑点。脾肿大，有出血点。

多发性关节炎型：关节肿大，关节周围组织水肿、出血或出血，关节腔内充满纤维素性渗出物。

脑脊髓炎型：脑膜和中央神经系统血管充血。

结膜炎型：结膜充血、水肿，有的角膜水肿、糜烂和溃疡。

3. 实验室诊断

（1）病原学检查

①病料采集。应当无菌采集新鲜病料。流产病例可采集子宫分泌物，有病变的胎衣，流产胎儿肝脏、脾脏、肺及胃液等。公猪感染可采集精液。肺炎病例采集肺、支气管淋巴

结等。肠炎病例可采集肠道黏膜、粪便等。多发性关节炎型病例可采集关节腔内渗出液。眼结膜炎病例可用棉拭子采集眼分泌物。脑脊髓炎病例可取脊髓和大脑。

②显微镜检查。衣原体有原体和始体两种细胞型，均呈球形。在宿主细胞胞浆内，衣原体可形成具多种形态的包涵体。将病料制成触片或涂片，甲醇固定5min，姬姆萨染色30～60min，在油镜下观察，可见细胞内有大量的衣原体存在，原体被染成紫红色，始体被染成蓝紫色，包涵体被染成深紫色。Koster染色效果更佳，具体方法为先将固定的涂片或触片用石炭酸复红染色5min，再用0.25%乙醇脱色30s，而后用1%水溶性Loeffler亚蓝复染，结果衣原体被染成红色点状，成串地排列在细胞内，而背景呈蓝色。沙眼衣原体细胞质内富含糖原，还可采用碘溶液染色，被染成深褐色，利用这一特性可与鹦鹉热衣原体相区别。

③分离培养。衣原体为专性细胞内寄生，不能在人工培养基上生长。用6～8日龄鸡胚卵黄囊接种可成功分离到衣原体，鸡胚死亡后，取有充血病变的卵黄囊膜制片镜检，可观察到衣原体的原体、始体和包涵体。将病料用磺胺嘧啶钠处理后接种鸡胚，若为沙眼衣原体，其在鸡胚卵黄囊内的生长被抑制，而鹦鹉热衣原体则照常生长。病原分离也可采用幼龄小鼠腹腔接种，待小鼠死亡后，剖检可见腹水及纤维素性渗出、脾肿大等病变。

（2）血清学试验

①间接补体结合试验。本法通过检查猪血清中的抗体对猪衣原体病作出诊断。具体操作有试管法和微量法两种。被检血清效价≥1∶8（＋＋）判为阳性；被检血清效价≤1∶4（＋）判为阴性；被检血清效价＝1∶8（＋）或1∶4（＋＋）判为可疑；重复试验仍为可疑则判为阳性。（详见NY/T 562—2002）

②间接血凝试验。本法适用于猪衣原体病的产地检疫、疫情监测和流行病学调查。被检血清血凝效价≥1∶64（＋＋）判为阳性；血凝效价≤1∶16（＋＋）判为阴性；血凝效价介于两者之间判为可疑，重检仍为可疑则判为阳性。重检方法也可采用间接补体结合试验。（详见NY/T 562—2002）

③酶联免疫吸附试验（ELISA）。目前有商品化试剂盒出售，用于检查猪血清中的抗体。

④免疫胶体金标记抗体法。目前有商品化金标渗滤卡出售，可在极短的时间内检测出病料中的抗原。

（3）PCR技术

该法可检查出粪便及组织样品中鹦鹉热衣原体、沙眼衣原体、猪心衣原体的存在情况。引物可根据已发表的基因DNA序列、16SrRNA基因序列、外膜蛋白A（ompA）基因序列和质粒序列进行设计。

（三）防控

1. 预防措施 在有条件的猪场，应当建立密闭的种猪群饲养系统，坚持自繁自养，禁止从疫区引进种猪，必须引进种猪时应当严格检疫，隔离1～2个月，确定无病时方可合群。由于衣原体宿主范围非常广泛，采用密闭饲养系统可有效防止其他动物携带病原进入猪场。

对猪群实施衣原体疫苗免疫计划。目前，预防猪衣原体病的商品化疫苗有猪衣原体流产灭活疫苗和猪衣原体油乳剂灭活疫苗。在阴性种猪场，要给适繁母猪在配种前注射猪衣原体流产灭活疫苗，每年免疫1次，以确保向商品猪场或市场提供无衣原体感染的健康种猪。

2. 扑灭措施 在阳性猪场，对病猪应立即隔离，种公猪和母猪予以淘汰，其所产仔猪不能作为种猪。未感染的种公猪和母猪应及时接种猪衣原体灭活疫苗。对种繁母猪群用猪衣原体流产灭活疫苗在每次配种前1个月或配种后1个月免疫1次；种公猪每年免疫2次。

建立严格的卫生消毒制度，严格把好工作区大门通道消毒、产房消毒、圈舍消毒、场区环境消毒的质量，以有效控制发生衣原体接触传染的机会。对流产胎儿、死胎、胎衣要集中无害化处理，同时用2%~5%来苏尔或2%氢氧化钠等有效消毒剂进行环境消毒。加强产房卫生工作，以防新生仔猪感染。消灭猪场内的老鼠和麻雀等野生动物。

药物预防和治疗本病时，可用红霉素、麦迪霉素、金霉素、泰乐菌素、螺旋霉素等药物。对出现临床症状的新生仔猪，可肌肉注射1%土霉素，1ml/kg，连续治疗5~7d；对怀孕母猪在产前2~3周，可注射四环素族抗生素，以预防新生仔猪感染本病。在流行期，可将四环素或土霉素添加于饲料中（300g/t），让猪群采食，进行群体预防。为了防止出现抗药性，要合理交替用药。

（四）公共卫生

鹦鹉热衣原体可感染人，表现为间质性肺炎，患者有发热、头痛、肌痛和阵发性咳嗽等症状，严重时可导致死亡。因此，猪场与病猪接触的饲养员、兽医等相关工作人员应进行必要的安全防护。

复习思考题

1. 猪瘟的临床症状和病理变化如何？
2. 猪瘟预防措施。
3. 口蹄疫的临床症状有哪些？
4. 猪伪狂犬病的预防措施。
5. 猪流行性乙型脑炎的临床症状有哪些？
6. 猪繁殖与呼吸综合征的预防措施有哪些？
7. 猪圆环病毒感染的临床症状和病理变化如何？
8. 猪传染性胃肠炎有何症状表现？
9. 猪大肠杆菌病的临床表现和防治措施。
10. 猪链球菌病的诊断方法有哪些？
11. 猪链球菌病的防治措施。
12. 猪炭疽常用的确诊方法有哪些？
13. 猪破伤风的临床症状有哪些？
14. 仔猪李氏杆菌病有何症状表现？
15. 如何诊断猪隐性结核病例？
16. 如何进行猪附红细胞体病的病原检查？
17. 猪气喘病有何流行特点？
18. 猪痢疾的临床症状和病理变化如何？
19. 猪衣原体病的临床症状有哪些？

第二章　猪寄生虫病

第一节　原虫病

一、猪弓形虫病

弓形虫病是由刚地弓形虫寄生于人、猪等多种动物有核细胞中引起的一种疾病，在人群和动物群中的感染率都很高，给人、畜健康和畜牧业带来很大的威胁。猪弓形虫病的主要特征为发热、呼吸困难、皮肤出现红斑、妊娠母猪表现流产或产虚弱仔猪及死胎等。

（一）病原

刚地弓形虫属于真球虫目肉孢子虫科弓形虫属。多数学者认为寄生于人、畜的弓形虫只有一种和一个血清型，但不同地域、不同宿主的虫株毒性可有差异。

弓形虫在发育的过程中有不同阶段，其形态各异（图 2－1）。在中间宿主人和各种动物（包括猫）的组织细胞中有速殖子和包囊两种形态，在终末宿主猫科动物的肠上皮细胞内有裂殖体、配子体和卵囊 3 种形态。

1. 速殖子　又称滋养体，其典型形态呈弓形、香蕉形或月牙形，一端较尖，另一端钝圆，大小为（4～7）μm×（2～4）μm，胞核位于中央稍靠近钝端。活的游离虫体在光镜下呈淡亮绿色，能看到摆动或螺旋运动。经姬姆萨染色后，胞浆淡蓝色，胞核紫红色。速殖子主要出现在急性病例的腹腔液里，常可看到游离于细胞外的单个虫体；在多种有核细胞的胞浆内可见到繁殖中的虫体；胞浆内多个速殖子簇集在一个囊内，称为假包囊。

2. 包囊和慢殖子　包囊也叫组织囊，椭圆形，直径一般为 50～69μm，但可随虫体的繁殖而不断增大，达到 100μm。囊内虫体称为慢殖子，数目由数十个到数千个，形态与速殖子相似，也呈新月形。包囊主要出现于慢性病例的神经系统和肌肉组织，常见于脑，以及眼、骨骼肌和心肌细胞内，这是弓形虫的“休眠”阶段。当宿主抵抗力降低时，慢殖子可从包囊中逸出，进入新的细胞内繁殖，转变为速殖子而引起急性发作。

3. 裂殖体和裂殖子　见于终末宿主的肠绒毛上皮细胞内。未成熟时为含多个细胞核的多核体，成熟后的裂殖体则含香蕉形或新月形的裂殖子，其数目差异很大，可为 4～29 个，但以 10～15 个者占多数。裂殖子在涂片上的大小为 4. 9μm×1. 5μm。

4. 配子体　寄生于终末宿主的肠上皮细胞内，有雌雄之分。雄配子体呈圆形，直径约为 10μm，成熟时形成 12～32 个具有两根鞭毛的雄配子。雌配子体呈卵圆形或亚球形，直径 15～20μm，成熟后即为雌配子，有一圆形核。

5. 卵囊　见于终末宿主的肠上皮细胞或粪便中，卵囊呈卵圆形，有两层透明的囊壁。孢子化后卵囊大小为（11～14）μm×（7～11）μm，内含 2 个孢子囊，每个孢子囊有 4

个子孢子。

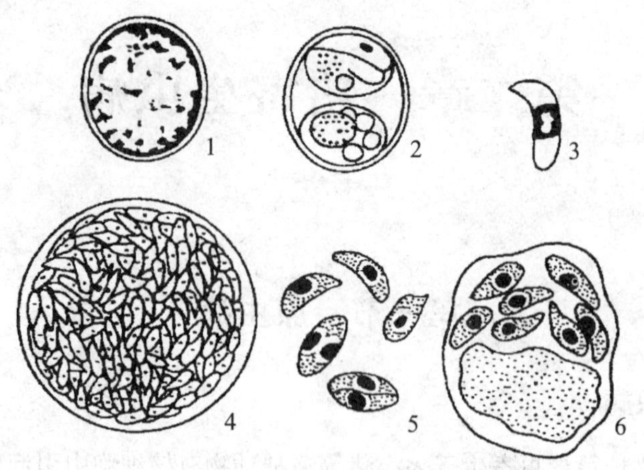

1.未孢子化卵囊 2.孢子化卵囊 3.子孢子

4.包囊 5.速殖子 6.假囊（寄生于细胞内）

图2-1 弓形虫各阶段病原

（张宏伟，杨廷桂．动物寄生虫病．北京：中国农业出版社）

（二）生活史

弓形虫的整个发育过程需要两个宿主，在中间宿主体内进行肠外期发育，在终末宿主体内进行肠内期发育。猫科动物（家猫、野猫及某些野生猫科动物）是唯一的终末宿主，但同时也是中间宿主。人、猪、牛、羊、鼠和禽类等都可作为中间宿主。

1. 在终末宿主体内的发育 终末宿主吞食孢子化卵囊后，子孢子在肠中逸出。一部分虫体进行肠外期发育；另一部分虫体进入肠上皮细胞进行数代裂殖生殖后，再进行配子生殖，最后形成合子及卵囊。卵囊进入肠腔后即随粪便排出体外。自吞入孢子化卵囊经过发育至排出卵囊的时间为21～24d。卵囊在温度、湿度适合的环境中经2～4d发育成为具有感染性的孢子化卵囊。

吞食的包囊、假包囊、速殖子亦能侵入肠上皮细胞，最后形成卵囊。

2. 在中间宿主体内的发育 当孢子化卵囊被猪、牛、羊或禽类等中间宿主吞食后，在肠内子孢子逸出，穿过肠壁随血液或淋巴系统扩散至全身并侵入各种组织，如脑、心、肺、肝、淋巴结和肌肉等处的有核细胞内，以内二分裂法进行增殖，形成速殖子和假囊引起急性发病。当宿主产生免疫力时，虫体繁殖受到抑制，在组织中形成包囊。包囊最常见于脑和骨骼肌，可存活数月、数年，甚至终生。

速殖子和包囊都可以感染中间宿主，尤以后者为中间宿主之间相互感染的主要形式，动物之间互相捕食或人吃未熟的肉类即可获得感染（图2-2）。

（三）流行特点

弓形虫病呈世界性分布。许多哺乳类、鸟类和爬行类动物都可自然感染。各种家畜中以猪的感染率较高，在猪场中可突然大批发病，发病率高达60%以上，病死率可高达64%。

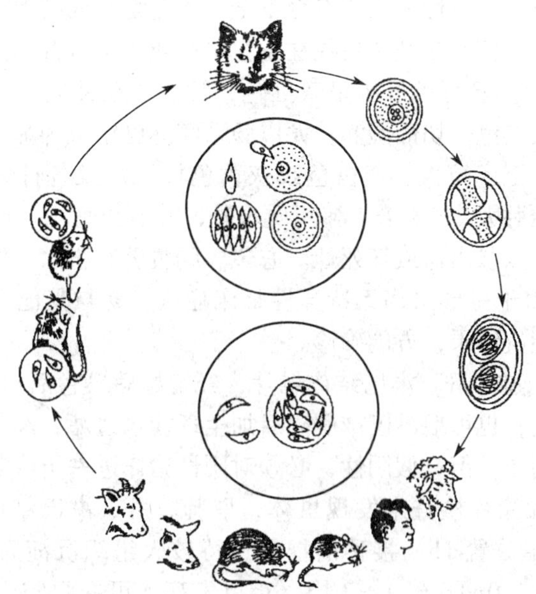

图 2－2　弓形虫生活史

（张宏伟，杨廷桂．动物寄生虫病．北京：中国农业出版社）

患病或带虫的中间宿主和终末宿主均为感染来源。速殖子存在于患病动物的唾液、痰、粪、尿、乳汁、眼分泌物、肉、内脏、淋巴结，以及急性病例的血液和腹腔液中。包囊存在于动物组织。卵囊存在于猫的粪便中。中间宿主之间、终末宿主之间、中间宿主与终末宿主之间均可相互感染。

弓形虫主要经口感染，也可通过眼、鼻、呼吸道、损伤的皮肤黏膜等途径侵入猪体，母体血液中的速殖子可通过胎盘进入胎儿，使胎儿发生生前感染。

（四）诊断

1. 临床症状诊断　猪感染弓形虫后，其症状表现取决于虫体毒力、感染数量、感染途径、动物的年龄和免疫力等。临床上许多猪对弓形虫都有一定的耐受力，感染后多不表现临床症状，在组织内形成包囊后转为隐性感染，但包囊可存在数月，甚至终生。这就是临床上常见血清学检测阳性率很高但发病率低的原因。

弓形虫病主要引起神经、呼吸及消化系统的症状。10～50kg 重的仔猪发病尤为严重，多呈急性经过，症状与猪瘟相似。潜伏期为 3～7d，病初体温升高，可达 41℃以上，呈稽留热，一般维持 7～10d。鼻镜干燥，流清鼻涕，眼内出现浆液性或脓性分泌物，呼吸急促，呈腹式或犬坐式呼吸。病猪初期便秘，排干粪球，粪便表面带有黏液，有的病猪后期下痢，排水样或黏液性或脓性恶臭粪便。尿呈橘黄色。少数发生呕吐。病猪精神沉郁，显著衰弱，数日后出现神经症状，后肢麻痹。随着病情的发展，在耳翼、鼻端、下肢、股内侧、下腹部等处出现紫红斑，或有小出血点。体表淋巴结，尤其是腹股沟淋巴结明显肿大。病重者于一周左右死亡。耐过急性期后，外观症状消失，但生长缓慢，成为僵猪，并长期带虫。

怀孕母猪表现为高热、废食、精神委顿或昏睡，此种症状持续数天后产出死胎或流产，即使产出活仔，也发生急性死亡或发育不全，不会吃奶或畸形怪胎。母猪常在分娩后迅速自愈。隐性感染的母猪，在怀孕后往往发生早产或产出发育不全的仔猪或死胎。

2. 病理剖检诊断 剖检可见肝脏呈灰红色，常见散在针尖大至米粒大的坏死点。全身淋巴结髓样肿大，灰白色，切面湿润，尤以肠系膜淋巴结最为显著，呈绳索状肿胀，切面外翻，多数有针尖大至米粒大、灰白色或灰黄色坏死灶及各种大小出血点。肺门、肝门、颌下、胃等淋巴结肿大2～3倍。肺间质水肿，并有出血点。脾脏肿大，棕红色。肾脏呈土黄色，有散在小点状出血或坏死灶。心包、胸腹腔有积水。体表出现紫斑。

3. 实验室诊断 由于弓形虫病无特异性临床症状，易与其他多种疾病混淆，故必须依据病原学和血清学检查结果，方能确诊。

（1）直接镜检 取肺、肝、淋巴结作触片，经姬姆萨染色后检查；或取患畜的体液、脑脊液作涂片染色检查；也可取淋巴结研碎后加生理盐水过滤，经离心沉淀后，取沉渣作涂片染色镜检。此法简单，但有假阴性，必须对阴性猪作进一步诊断。

（2）动物接种 如涂片检查未发现虫体，取肺、肝、淋巴结研碎后加10倍生理盐水，加入双抗后，室温放置1h。接种前摇匀，待较大组织沉淀后，取上清液接种小鼠腹腔，每只接种0.5～1.0ml。经1～3周，小鼠发病，可在腹腔中查到虫体。或取小鼠肝、脾、脑作组织切片检查，如为阴性，可按上述方式盲传2～3代，可能从病鼠腹腔液中发现虫体。

（3）血清学诊断 国内外已研究出多种血清学诊断方法供流行病学调查和生前诊断用。目前国内常用的有IHA法和ELISA法。间隔2～3周采血，IgG抗体滴度升高4倍以上表明感染处于活动期；IgG抗体滴度不高表明有包囊型虫体存在或过去有感染。

（4）PCR方法 提取待检动物组织DNA，以此为模板，按照发表的引物序列及扩增条件进行PCR，如能扩出已知特异性片段，则表示待检猪为阳性，否则为阴性。但必须设阴、阳性对照。

（五）防控

1. 预防措施 保持圈舍清洁，定期消毒；加强猫的饲养管理，防止水源、饲料被猫粪直接或间接污染；控制或消灭鼠类；流产的胎儿及其母畜排泄物，以及疑死于本病的病尸应做无害化处理等。

2. 治疗措施

（1）杀灭虫体 急性病例早期使用磺胺类药物有一定的疗效，如磺胺嘧啶（70mg/kg体重，口服）、磺胺六甲间氧嘧啶（50～100mg/kg体重，口服）、磺胺氯吡嗪等。磺胺药与乙胺嘧啶合用有协同作用。亦可试用阿奇霉素。

（2）辅助疗法 根据病情，适时采取解热镇痛、补液、解毒、强心等措施。

（六）公共卫生

刚地弓形虫在人体多为隐性感染。发病者临床表现复杂，其症状和体征缺乏特异性，主要侵犯眼、脑、心、肝、淋巴结等。孕妇受染后，病原可通过胎盘感染胎儿，直接影响胎儿发育，致畸作用严重，是人类先天性感染中最严重的疾病之一，应引起广泛重视。

二、猪球虫病

猪球虫病是由多种球虫寄生于猪肠道上皮细胞内引起的寄生虫病。本病主要发生于仔猪，主要引起仔猪下痢和增长缓慢，是哺乳仔猪重要的疾病。成年猪多为隐性感染或带虫者，是本病的传染源。处于亚临床球虫病感染的猪群日增重较低，显著提高了养猪生产成本。

（一）病原

病原属真球虫目艾美耳科的艾美耳属或等孢属。全世界报道的猪球虫有 17 种，我国学者也报道多个种，常见的有猪等孢球虫、粗糙艾美耳球虫、蠕孢艾美耳球虫、蒂氏艾美耳球虫、猪艾美耳球虫、有刺艾美耳球虫、极细艾美耳球虫、豚艾美耳球虫，其中以猪等孢球虫致病力最强。猪等孢球虫卵囊呈球形或亚球形，囊壁光滑，无色，无卵膜孔。大小为（18.7～23.9）μm×（16.9～20.7）μm。孢子化卵囊中有两个孢子囊，每个孢子囊内含 4 个子孢子，孢子囊呈圆形或椭圆形，子孢子呈腊肠形或香蕉形（图 2－3）。

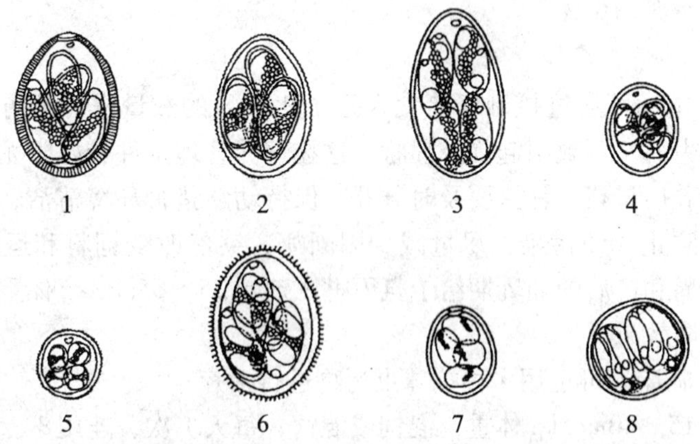

1.粗糙艾美耳球虫 2.蠕孢艾美耳球虫 3.蒂氏艾美耳球虫 4.猪艾美耳球虫
5.有刺艾美耳球虫 6.极细艾美耳球虫 7.豚艾美耳球虫 8.猪等孢球虫

图 2－3　猪的各种球虫的孢子化卵囊

［李国清．兽医寄生虫学（双语版）．北京：中国农业大学出版社］

（二）生活史

卵囊随粪便排出体外，在适宜条件下发育为孢子化卵囊，猪吞食孢子化卵囊而感染。子孢子逸出，侵入肠绒毛上皮细胞进行裂殖生殖。一般进行 2～3 代裂殖生殖后进行配子生殖，形成大小配子，大小配子在肠腔结合为合子，最后形成卵囊。猪等孢球虫的卵囊见于感染后第 5d，最早孢子化时间为 63h。

（三）流行特点

球虫通常影响仔猪，成年猪是带虫者。在仔猪常见猪等孢球虫，在成年猪常发生混合感染。

孢子化卵囊污染饲料、垫草、饮水和母猪乳房，经口感染仔猪。仔猪感染后是否发病，取决于摄入的球虫卵囊的种类和数量。仔猪群过于拥挤和卫生条件恶劣会增加发病的危险性。

温度、潮湿有利于球虫的发育和生存，故猪球虫病多发生于潮湿多雨的春末和夏季。

猪球虫病在规模化和散养猪场都有发生。猪等孢球虫流行于初生仔猪，5～10 日龄的猪最为易感，并可伴有传染性胃肠炎病毒、轮状病毒和大肠杆菌的感染，被列为仔猪腹泻的重要病因之一。

（四）诊断

1. 临床症状诊断 猪等孢球虫的感染以水样或糊状腹泻为特征，排泄物呈淡黄或灰白色，偶尔由于潜血而呈棕色，主要临床表现为消瘦及发育受阻。虽然发病率一般较高（50%～75%），但死亡率变化较大，有的可高达75%，有的较低。

2. 病理剖检诊断 剖检可见空肠和回肠的急性炎症，黏膜上覆盖有黄色纤维素坏死性假膜，肠上皮细胞坏死并脱落。

3. 实验室诊断 用漂浮法检查随粪便排出的卵囊，根据它们的形态、大小和经培养后的孢子化特征来鉴别种类。对于急性感染或死亡猪，诊断必须依据小肠涂片或组织切片，发现球虫发育阶段的虫体。

（五）防控

1. 预防措施 本病可通过控制仔猪食入孢子化卵囊的数量进行预防，目的是使建立的感染能产生免疫力而又不致引起临床症状。这在饲养管理条件较好时尤为有效。新生仔猪用初乳喂养，哺乳后母猪、仔猪要及时分开。保持幼龄猪舍环境清洁、干燥；饲槽和饮水器应定期消毒，防止粪便污染；尽量减少因断奶、突然改变饲料和运输产生的应激因素。母猪在产前1周和产后的哺乳期给予氨丙啉，剂量25～65mg/kg体重，拌料或混饮喂服，具有良好的预防效果。

2. 治疗措施 临床上可选用多种抗球虫药物进行治疗。

（1）氨丙啉 15～40mg/kg体重，混饲或混饮，每天1次，连用3～5d。

（2）磺胺二甲基嘧啶（SM_2） 100mg/kg体重，口服，每天1次，连用3～7d；如配合使用酞酰磺胺噻唑（PST）100mg/kg体重，内服，效果更好。

（3）百球清 25mg/kg体重，一次口服。

三、猪小袋纤毛虫病

猪小袋纤毛虫病是由结肠小袋纤毛虫寄生于猪和人大肠（主要是结肠）所引起的疾病。本病有时也感染牛、羊以及鼠类。我国各地猪均有感染，感染率高达62.43%，主要特征为隐性感染，重者腹泻。

（一）病原

结肠小袋纤毛虫属毛口目小袋虫科小袋虫属，在发育过程中有滋养体和包囊两种形态。

1. 滋养体 能运动，一般呈不对称的卵圆形或梨形，无色透明或淡灰略带绿色，大小为（30～180）μm×（25～120）μm，全身披有许多纤毛，其摆动可使虫体迅速旋转前进。虫体富弹性，极易变形，前端略尖，其腹面有一凹陷的胞口，下接漏斗状胞咽，颗粒食物借胞口纤毛的运动进入虫体，胞质内含食物泡，消化后的残渣经胞肛排出体外。

2. 包囊 滋养体在猪的大肠中可形成大量包囊，在人的大肠中很少形成包囊。包囊不能运动，呈球形或卵圆形，直径为40～60μm，淡黄色或淡绿色，囊壁厚而透明，有两层囊膜，囊内包藏着1个虫体，染色后可见胞核。

（二）生活史

人和猪或其他动物吞食了结肠小袋纤毛虫的包囊而感染。囊壁被胃肠液消化，包囊中的虫体逸出变为滋养体，进入大肠定居，利用血细胞、组织细胞、淀粉及细菌等作为营养，以横二分裂法进行繁殖。当环境条件不适宜时，滋养体变圆，并分泌囊壁形成包囊。滋养体和包囊随粪便排出体外，滋养体排到外界也可形成包囊。

（三）流行特点

结肠小袋纤毛虫病呈世界性分布，以热带和亚热带地区多发。目前已知有猪、牛、羊、猴、鼠等33种动物可以感染小袋纤毛虫。家畜中以猪的感染率最高，可达20%～100%，且多见于仔猪。一般认为人体的大肠环境对结肠小袋纤毛虫不甚适合，因此人体的感染较少见。

滋养体对外界环境有一定的抵抗力，在厌氧环境和室温条件下能生活10d，但在胃酸中很快被杀死，因此，滋养体不是主要的传播时期。包囊的抵抗力较强，在室温下可活2周至2个月，在潮湿环境里能活2个月，在干燥而阴暗的环境里能活1～2周，在直射阳光下经3h才死亡，对于化学药物也有较强的抵抗力，在10%甲醛中能活4h。

猪吞食被包囊污染的饲料和饮水而感染。

本病多发生于冬春季节，常见于饲养管理较差的猪场，呈地方性流行。

（四）诊断

1. 临床症状诊断 本病可因宿主的种类、年龄、饲养管理条件、季节及其他因素而有很大的差异。在我国南方地区仔猪常发生本病。猪结肠小袋纤毛虫病的临床症状有3种类型。

（1）潜在型 不表现临床症状，但成为带虫者。主要发生在成年猪。

（2）急性型 潜伏期5～16d。多发生于仔猪，往往在断乳后抵抗力下降时暴发。病猪表现精神沉郁，食欲减退，渴欲增加，消瘦，喜卧，有些病猪体温升高；主要症状是水样腹泻，混有黏膜碎片及血液，有恶臭味。多突然发病，严重者2～3d内引起死亡。剖检可见大肠黏膜溃疡（主要在结肠，其次在盲肠和直肠），并有虫体存在。

（3）慢性型 常由急性病猪转为慢性，可持续数周至数月，患猪表现消化机能障碍，贫血、消瘦、脱水等症状，发育障碍，陷于恶病质，常常死亡。

2. 病理剖检诊断 一般无明显变化。但当宿主消化功能紊乱或因其他原因肠黏膜损伤时，虫体可侵入肠壁形成溃疡。重点观察结肠和直肠上有无溃疡性肠炎。

3. 实验室诊断 取新鲜粪便加生理盐水稀释，涂片镜检，可见活动的虫体，冬天检查可用温热生理盐水。由于滋养体排出后易死亡，且排出呈间歇性，因此检查时标本应新鲜。采用新鲜粪便并反复送检可提高检出率。在急性型病例，粪便中常有大量能运动的滋养体；慢性型病例，粪便中以包囊为主。也可刮取肠黏膜作涂片镜检，查到虫体即可确诊。

（五）防控

1. 预防措施 搞好猪场环境卫生和消毒工作；改善饲养管理，管理好粪便，保持饲料和饮水的清洁卫生；发病时应及时隔离，治疗病猪；饲养人员应注意个人卫生和饮食清洁，以免遭受感染。

2. 治疗措施

（1）土霉素　按50mg/kg体重，一次口服。

（2）金霉素　按30～50mg/kg体重，一次口服。

第二节　吸虫病

一、猪华支睾吸虫病

华支睾吸虫病是由华支睾吸虫寄生于猪、狗、猫等动物和人的胆囊及肝脏胆管内所引起的疾病，也叫“肝吸虫病”，是重要的人、畜共患病。1874年，首次在印度加尔各答一名华侨的胆管内发现虫体；1908年，在我国证实该病的存在。1975年在湖北江陵出土的西汉古尸的粪便中发现虫卵，从而说明该病在我国至少已有2 200年的历史。该病主要分布于东亚诸国。

（一）病原

华支睾吸虫属后睾科支睾属。虫体扁平，半透明，淡红色，前端稍尖，后端较钝，形似葵花籽或柳叶状，大小为（10～25）mm×（3～5）mm。口吸盘略大于腹吸盘，腹吸盘位于体前端1/5处，二者相距较远。消化器官包括口、咽、短的食道及两条直达虫体后端的盲肠。两个分枝的睾丸，前后排列在虫体的后1/3处。缺雄茎、雄茎囊及前列腺。卵巢分叶，位于睾丸之前。受精囊发达，呈椭圆形，位于睾丸与卵巢之间。输卵管的远端为卵模，周围为梅氏腺。卵黄腺由细小的颗粒组成，分布在虫体两侧（腹吸盘至受精囊段）。排泄囊呈“S”形弯曲，前端达受精囊处，后端经排泄孔开口于虫体末端（图2－4）。

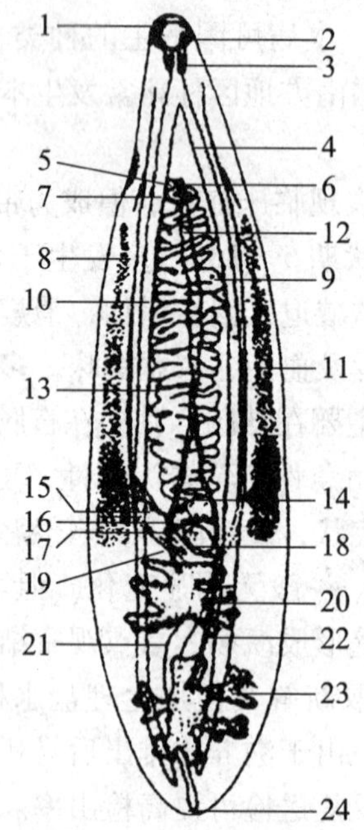

1.口 2.口吸盘 3.咽 4.肠管 5.雌性生殖孔 6.雄性生殖孔 7.腹吸盘 8.排泄管 9.子宫 10.贮精囊 11.卵黄腺 12.射精管 13.输精管 14.卵模 15.卵黄管 16.卵巢 17.劳氏管 18.受精囊 19.输出管 20.前睾丸 21.排泄囊 22.输出管 23.后睾丸 24.排泄孔

图2－4　华支睾吸虫的成虫

［李国清．兽医寄生虫学（双语版）．北京：中国农业大学出版社］

虫卵很小，黄褐色，大小为（27～36）μm×（12～20）μm，内含毛蚴，顶端有盖，后端有一个小结，形似灯泡形，卵壳较厚，不易变形。

（二）生活史

华支睾吸虫的发育需要两个中间宿主，第一中间宿主为淡水螺，第二中间宿主（补充宿主）为淡水鱼、虾。

成虫寄生于终末宿主的肝脏胆管内，所产的虫卵随胆汁进入消化道并混在粪便中排出体外。每条成虫每天平均产卵量可能超过 2 400 个。虫卵落入水中，被适宜的第一中间宿主螺蛳吞食后，约经 1h 即可在螺蛳的消化道中孵出毛蚴。毛蚴进入螺蛳的淋巴系统和肝脏，发育为胞蚴、雷蚴和尾蚴。成熟的尾蚴离开螺体游于水中，如遇到适宜的第二中间宿主——某些淡水鱼和虾，即钻入其肌肉内，形成囊蚴。人、猪、犬和猫吞食了含有囊蚴的生鱼、虾或未煮熟的鱼或虾而感染。囊蚴在十二指肠破囊而出，童虫沿着胆汁流动逆方向移行，经总胆管进入肝胆管，发育为成虫并开始产卵。也有一些童虫可通过血管到达肝脏于胆管内变为成虫。从淡水螺吞食虫卵至尾蚴逸出，共需 30～40d。进入终末宿主体内的囊蚴经 1 个月发育为成虫。成虫在猫、犬体内可分别存活 12 年和 3 年以上，在人体内可存活 20 年以上（图 2－5）。

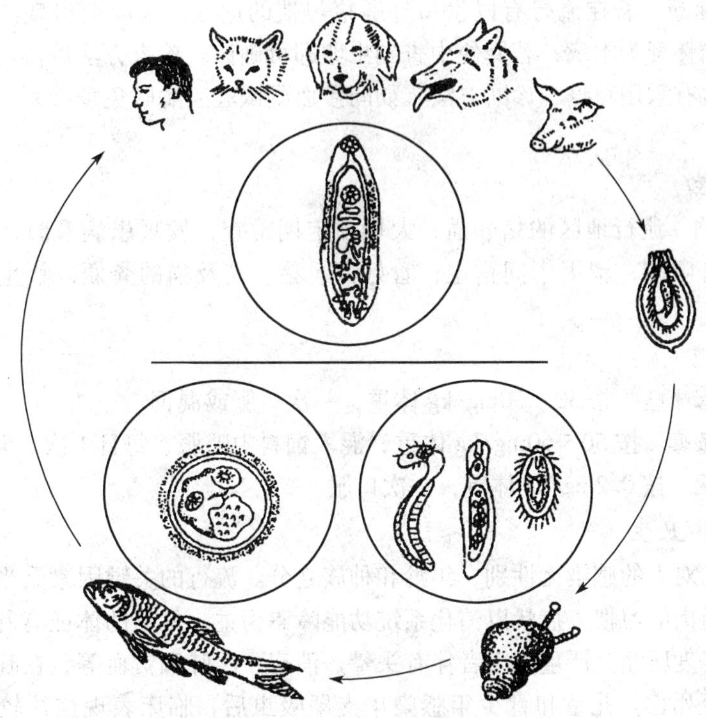

图 2－5　华支睾吸虫生活史

（张宏伟，杨廷桂．动物寄生虫病．北京：中国农业出版社）

（三）流行特点

本病的流行与地理环境、自然条件、流行区内第一、第二中间宿主的分布和养殖以及当地居民的生活习惯有密切的关系。

华支睾吸虫的终末宿主有人、猫、犬、猪、鼠类以及野生哺乳动物，食鱼的动物如鼬、獾、貂、狐狸等均可感染。该病在野生动物间可自然传播，人因偶然介入而感染，因此，华支睾吸虫病也是自然疫源性疾病。

我国已证实的华支睾吸虫第一中间宿主有4科6属8种淡水螺，其中以纹沼螺、长角涵螺和赤豆螺分布最为广泛。这些螺类主要生活于坑塘、沟渠、沼泽中，活动于水底或水面植物茎叶上，对环境的适应力很强。

华支睾吸虫对第二中间宿主的选择性不强，国内已证实的淡水鱼宿主有12科39属68种，主要为养殖的鱼类，如草鱼、青鱼、鲢鱼、鳙鱼、鲮鱼、鲤鱼和鲫鱼等。野生小型鱼类如麦穗鱼的感染率也很高。另外淡水虾，如细足虾、巨掌沼虾也可作为第二中间宿主。

（四）诊断

1. 临床症状诊断 猪多数为隐性感染，症状不明显。严重感染病猪表现食欲减退，消化不良，下痢等症状，最后出现消瘦、贫血、黄疸、水肿和腹水等。病程多为慢性经过，往往因并发其他疾病而死亡。

2. 病理剖检诊断 虫体在胆管内寄生，破坏胆管上皮，引起卡他性胆管炎及胆囊炎，可使肝组织脂肪变性、结缔组织增生和肝硬变。

3. 实验室诊断 若在流行有以生鱼虾喂猪习惯的地区，临床上出现消化不良和下痢等症状，就应当怀疑为本病，若粪便中查到虫卵即可确诊。检查方法以离心漂浮法检出率最高。近年来也有采用免疫学诊断方法，如间接血凝试验、酶联免疫吸附试验等进行辅助诊断。

（五）防控

1. 预防措施 流行地区的猪、猫、犬均须定期检查，发现患病及时治疗；禁用生的或未煮熟的鱼虾喂猪；消灭中间宿主；管好人、猪、犬及猫的粪便，禁止在鱼塘边盖猪舍、修厕所。

2. 治疗措施

（1）丙硫苯咪唑 按30～50mg/kg体重，一次口服或混饲。

（2）丙酸哌嗪 按50～60mg/kg体重，混入饲料中喂服，每日1次，5d为一个疗程。

（3）吡喹酮 按0.2mg/kg体重，一次口服。

（六）公共卫生

华支睾吸虫对人的感染无性别、年龄和种族之分。流行的关键因素是当地人群是否有生吃或半生吃鱼肉的习惯。症状以消化系统功能障碍为主。常见的体征有肝肿大，多在左叶，质软，有轻度压痛。严重感染者伴有头晕、消瘦、浮肿和贫血等，在晚期可造成肝硬化、腹水，甚至死亡。儿童和青少年感染华支睾吸虫后，临床表现往往较重，死亡率较高。因此，华支睾吸虫在公共卫生上有很重要的意义。人应养成良好的饮食、卫生习惯，不食生鱼或半生鱼。

二、猪姜片吸虫病

姜片吸虫病是由布氏姜片吸虫寄生于猪和人的小肠内所引起的人畜共患病，主要特征为消瘦、发育不良和肠炎。本病严重危害仔猪生长发育及儿童健康。我国主要流行于长江流域及其以南各省。

（一）病原

布氏姜片吸虫属片形科姜片属。虫体大而肥厚，叶片状，形似斜切的姜片，故称姜片吸虫。新鲜时为肉红色，固定后变为灰白色。大小为（20～75）mm×（8～20）mm。体表被有小棘，尤以腹吸盘为多。口吸盘位于虫体前端，腹吸盘肌质发达，呈倒钟状，与口吸盘相距很近，大小为口吸盘的3～4倍。咽小，食道短。2条肠管呈波浪状弯曲但不分枝，直至虫体后端。虫体后部有2个分枝睾丸，前后排列。雄茎囊发达。生殖孔开口于腹吸盘前方。卵巢1个，分枝，位于虫体中部稍偏前方，睾丸之前，与卵模相连。卵黄腺呈颗粒状，分布在虫体两侧。无受精囊。子宫盘曲在虫体前半部，位于卵巢与腹吸盘之间，内含虫卵。

虫卵呈长椭圆形或卵圆形，淡黄色，卵壳很薄，有卵盖，卵内含有1个胚细胞和许多卵黄细胞，大小为（130～150）μm×（85～97）μm。

（二）生活史

成虫在猪小肠内产卵，虫卵随粪便排出体外落入水中，在适宜的温度、氧气和光照条件下孵出毛蚴。毛蚴主动侵入扁卷螺体内，先后形成胞蚴、母雷蚴、子雷蚴和尾蚴。成熟尾蚴逸出螺体后，附着在水浮莲、水葫芦、菱角、荸荠、慈菇等水生植物上形成囊蚴。人和猪生食含囊蚴的水生植物而感染。在终末宿主小肠内，经100d发育为成虫。由毛蚴侵入螺体至尾蚴逸出需要25～30d。成虫在猪体内的寿命为9～13个月。

（三）流行特点

本病主要分布在习惯用水生植物喂猪的南方，从5～7月份开始流行，6～9月为感染高峰，发病多为秋季，有的绵延至冬季。

患病或带虫者和猪是本病的传染源。猪和人经口食入活的囊蚴而感染。

（四）诊断

1. 临床症状诊断　少量虫体寄生时不显症状。寄生数量较多时，病猪表现精神沉郁，被毛粗糙无光泽，消瘦，贫血，眼结膜苍白，水肿，尤其以眼睑和腹部较为明显，食欲减退，消化不良，腹痛，腹泻，粪便混有黏液。初期体温不高，后期体温稍高，重者可死亡。耐过的仔猪发育受阻，增重缓慢。母猪常因泌乳量下降而影响乳猪生长。

2. 病理剖检诊断　虫体大多寄生于小肠上段。吸盘吸着之处由于机械刺激和毒素的作用而引起肠黏膜发炎，脱落，出血甚至发生脓肿。感染强度大时，往往发生肠堵塞，甚至引起肠破裂或肠套叠。虫体代谢产物被动物吸收后，可引起贫血、水肿，嗜伊红白细胞增多，嗜中性白细胞减少。

3. 实验室诊断　粪便检查可用直接涂片法或沉淀法。

（五）防控

1. 预防措施

（1）粪便管理　病猪的粪便是姜片吸虫散播的主要来源，粪便应经生物热处理后再利用。同时人粪也应严格管理，以免人畜互相传播。

（2）定期驱虫　每年应在春秋两季进行定期驱虫，最好选2～3种药交替使用。

（3）灭螺　在习惯用水生植物喂猪的地区，灭螺具有十分重要的预防作用。

（4）人和猪禁止采食生的水生植物

2. 治疗措施

（1）敌百虫　按100mg/kg体重，大猪极量不超过8g，混料早晨空腹喂服，隔日1次，2次为1个疗程。

（2）硫双二氯酚　按80～100mg/kg体重，混于精料内喂服。

（3）吡喹酮　按10～35mg/kg体重，一次喂服。

第三节　绦虫病

一、猪囊尾蚴病

猪囊尾蚴病是猪囊尾蚴寄生于猪、野猪等动物和人的肌肉及其他器官中引起的疾病，俗称“猪囊虫病”。

猪囊尾蚴的成虫是寄生在人小肠内的猪带绦虫，在分类学上猪带绦虫属于带科带属。猪囊尾蚴寄生于猪、人等中间宿主的横纹肌及心脏、脑、眼等器官，引起的危害十分严重，不仅影响养猪业的发展，造成重大经济损失，而且给人体健康带来严重威胁，是肉品卫生检验的重点项目之一。

（一）病原

猪囊尾蚴俗称“猪囊虫”、“猪豆”、“米糁子”。成熟的猪囊尾蚴为一个椭圆形白色半透明包囊，大小为（6～10）mm×5mm，囊内充满液体，囊壁上有1个圆形粟粒大的乳白色结节，内含1个由囊壁向内嵌入的头节。头节上有4个圆形的吸盘，最前端的顶突上有许多个角质小钩，分两圈排列。囊尾蚴寄生在猪的肌肉里，特别是活动性较大的肌肉，以咬肌、心肌、舌肌、肋间肌、腰肌等处最为多见，严重时可见于眼球和脑内。囊虫包埋在肌纤维间，如散在的豆粒，故常称猪囊尾蚴的肉为“豆猪肉”或“米猪肉”。囊尾蚴在猪肉中的数量，可由数个到上万个。

成虫是猪带绦虫，又称“链状带绦虫”，因其头节的顶突上有小钩，又名“有钩绦虫”，寄生于人的小肠。成虫体长达2～5m，偶有长达8m的。整个虫体有700～1 000个节片。头节圆球形，直径约1mm，顶突上有25～50个角质小钩，分内外两环交替排列，内环的钩较大，外环的钩较小。顶突的后外方有4个碗状吸盘。颈节细小，长5～10mm。未成熟的节片（幼节）较小，宽度大于长度；成熟节片（成节）长度与宽度几乎相等而呈四方形；孕节长度大于宽度，约大于一倍。每个成节含有1套生殖器官，生殖孔不规则地交错开口于节片侧缘。每一孕节含卵3万～5万个。孕节逐个或成段随粪便排出，初排出的节片有显著的活力。在孕节脱离虫体前后，由于子宫膨胀，虫卵可以由节片的正纵线破裂处逸出。

虫卵呈圆形或椭圆形，浅褐色，大小为35～42μm，有两层薄的卵壳，卵内有1个六钩蚴。

（二）生活史

成虫寄生于人的小肠内，其孕卵节片随人的粪便排出体外。节片自行收缩压挤或破裂后排出大量虫卵。

猪吞食孕卵节片或虫卵而感染，卵壳在小肠内被消化液消化，六钩蚴破壳而出，借助自身体表所具有的6个小钩及其分泌物的作用，1～2d钻入肠壁，进入淋巴管及血管，随血循环散布到全身各处肌肉及心、脑等处，2个月后发育成具有感染力的成熟猪囊尾蚴。猪囊尾蚴在宿主体内可生活3～10年，个别的可达15～17年。

人误食了生的或未煮熟的含有猪囊尾蚴的病猪肉后，在消化液的作用下，头节翻出，并以其小钩和吸盘固着于肠壁上，吸取营养并逐渐发育为成虫。2～3个月后始能见到孕卵节片或虫卵随粪便排出。人体通常只寄生1条，偶尔多至4条，成虫在人体内可存活25年之久（图2－6）。

如果人食入虫卵或患绦虫病人小肠内的孕卵节片，因小肠的逆蠕动而进入胃，游离的虫卵在胃液的作用下，卵壳被消化，逸出的六钩蚴进入肠壁血管，随血流散布到各组织内发育成囊尾蚴，这时人就成为中间宿主。寄生于人体内的囊尾蚴多寄生于脑、眼及皮下组织等部位，常引起致命的危害。

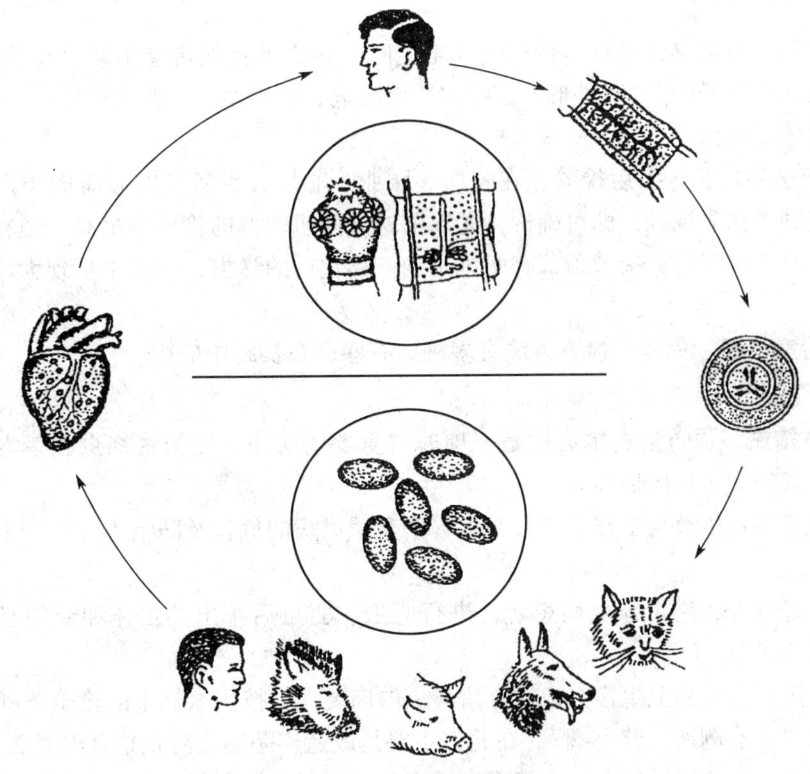

图2－6　猪带绦虫生活史

（张宏伟，杨廷桂．动物寄生虫病．北京：中国农业出版社）

（三）流行特点

我国是猪囊虫病的高发区，以华北、东北、西南等地区发生较多，长江流域较少。

猪囊虫病的感染源是人肠内寄生的猪带绦虫排出的虫卵，人、猪带绦虫病的感染源为猪囊虫。这种由猪到人、由人到猪的往复循环，构成了流行的重要因素。

猪的感染主要是吃了被人粪污染的饲料而引起。有些地方养猪无圈，放猪乱跑；人无厕所，随地大便；还有的采用连茅圈，猪可以直接吃到患者的粪便，给本病的传播创造了十分有利的条件。

感染无明显的季节性，但在适合虫卵生存、发育的温暖季节呈上升趋势。

本病多为散发性，有些地区呈地方性流行，其严重程度与当地绦虫病人的多少呈正相关。

（四）诊断

1. 临床症状诊断 一般无明显症状，但极严重感染的猪可见营养不良、生长受阻、贫血和肌肉水肿等。由于病猪不同部位的肌肉水肿，可表现为两肩外展，或臀部异常肥胖宽阔，或头部呈大胖脸型，或前胸、后躯及四肢异常肥大，体中部窄细，整个猪体从背面观，呈哑铃形或葫芦形，前面看呈狮子头形。病猪走路前肢僵硬，后肢不灵活，左右摇摆，似“醉酒”，不爱活动，反应迟钝。某些器官严重感染时可出现相应的症状，如呼吸困难，声音嘶哑与吞咽困难，视力消失及一些神经症状；有时产生急性脑炎而突然死亡。

生前诊断比较困难，只有当舌部浅表寄生时，触诊可发现猪囊尾蚴引起的豆状结节。群众对此病的诊断经验：“看外形，翻眼皮，看眼底，摸舌根，再摸大腿里”。一般只有在宰后检验时才能确诊。

2. 病理剖检诊断 宰后检验，在咬肌、腰肌、心肌、舌肌及四肢肌肉中发现有乳白色椭圆形或圆形猪囊尾蚴，即可确诊，尤以前臂外侧肌肉群的检出率最高。镜检时可见猪囊虫头节上有4个吸盘，头节顶部有两排小钩。钙化后的囊虫，包囊中呈现大小不同的黄白色颗粒。

3. 实验室诊断 免疫学检查方法有多种，有些已在实践中应用。

（五）防控

1. 预防措施 预防猪囊尾蚴病是一项非常重要的工作，因为带绦虫和猪囊尾蚴对猪和人的危害都很大。具体措施有：

①大力开展宣传教育工作，使人们了解猪囊尾蚴病的危害及防治方法。开展群众性的预防活动。

②积极普查人、猪带绦虫病患者，进行驱虫。驱虫后排出的虫体和粪便必须妥善处理，防止病原扩散。

③严格执行食品的卫生检查，对有猪囊虫的肉要严格按国家规定的检验条例处理。

④做到“人有厕所，猪有圈”。在北方主要是改造连茅圈，防止猪食人粪而感染囊虫。彻底杜绝猪和人粪的接触机会。人粪需经无害化处理后方可利用。

⑤养成良好的饮食习惯，人不吃生的或未煮熟的猪肉。

2. 治疗措施 在实际生产中，对猪囊尾蚴病的治疗意义不大。

（六）公共卫生

人不仅是猪带绦虫的终末宿主，也可成为其中间宿主。人的感染与个别地区的居民喜吃生的猪肉或野猪肉有关。用热汤烫生肉吃时，若温度不够高未将囊尾蚴杀死，则可感染；大锅烧大块肉，炒菜时搅拌不匀，砧板切生肉和生菜污染，也可导致感染。囊尾蚴可在人体的不同部位寄生，其中以皮下组织的囊虫病最为常见，而以脑囊虫病最严重。囊虫病和绦虫病在中国大部分地区是一个重要的公共卫生问题，对人的健康危害很大。

二、猪棘球蚴病

棘球蚴病是由带科棘球属绦虫的幼虫寄生于牛、羊、猪等哺乳动物和人的肝、肺等脏器内引起的疾病，又名“包虫病”。由于虫体生长力强，体积大，不仅压迫周围组织使之发生萎缩和功能障碍，还易造成继发感染；如果虫体囊壁破裂，还可引起过敏反应。本病往往给人畜造成严重的危害，甚至死亡。

（一）病原

棘球蚴呈囊泡状，其形状常因其寄生部位的不同而有各种变化，一般近似于球形，直径5~10cm，小的仅有黄豆大，大的直径达50cm，含囊液10余升。棘球蚴由囊壁和囊液组成。囊壁由两层构成，外层为角皮层，内为胚层（生发层）。胚层上生长着许多原头蚴。胚层还可向囊内生长出许多有小蒂连接或空泡化的生发囊。生发囊常脱落悬浮于棘球液中。生发囊较小，内壁也可生长出数量不等的原头蚴。棘球蚴的胚层或生发囊可在母囊内转化为子囊。子囊和母囊结构相似，同样产生原头蚴和生发囊。此外，子囊还可产生孙囊。这样，在一个发育良好的棘球蚴内所产生的原头蚴可多达200万个。游离于囊液内的子囊和头节，肉眼看像砂粒，称为棘球蚴砂或包囊砂。子囊、头节及胚层组织碎片如脱离母囊逸散到各脏器组织中，都可能发育为独立的棘球蚴。有的胚层不一定长出原头蚴。无原头蚴的囊叫不育囊，不育囊亦可长得很大。不育囊的出现和中间宿主的种类有很大关系，据统计，牛有90%的不育囊，猪20%，绵羊8%。这表明绵羊是棘球蚴最适宜的宿主（图2-7）。

棘球绦虫有4种。细粒棘球绦虫和多房棘球绦虫在国内有分布，少节棘球绦虫和福氏棘球绦虫主要分布在南美洲，国内未见报道。细粒棘球绦虫寄生在狗、狐等肉食动物的小肠。虫体很小，全长2~6mm，由1个头节和3~4个节片组成。多房棘球绦虫与细粒棘球绦虫相似，虫体更小，仅1.2~4.5mm，顶突上有14~34个小钩。

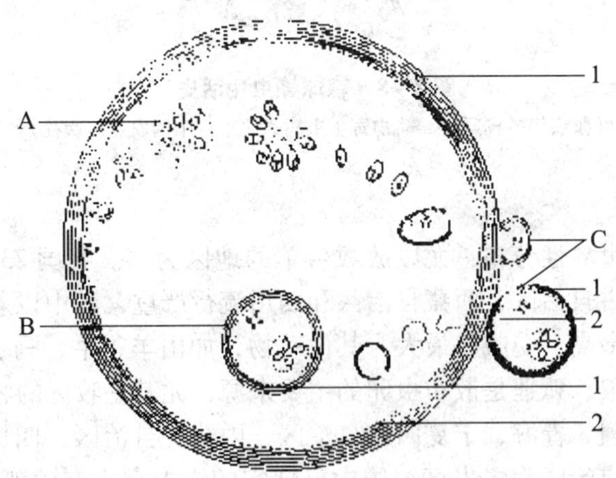

A.生发囊 B.内生性子囊 C.外生性子囊 1.角皮层 2.胚层

图2-7　棘球蚴的形态模式图

（汪明．兽医寄生虫学．北京：中国农业出版社）

(二) 生活史

细粒棘球绦虫寄生于犬、狼、狐狸的小肠，孕节随粪便排出体外，中间宿主经口吞食而感染。虫卵内的六钩蚴在消化道孵出，钻入肠壁血管，随血流散布到全身各处，以肝、肺最为常见，经5~6个月的生长，成为具有感染性的棘球蚴。犬等终末宿主吞食了含有棘球蚴的脏器，经40~50d后原头蚴在其小肠内发育为成虫。

多房棘球蚴寄生于啮齿类动物的肝脏，在肝脏中发育快而凶猛；狐狸、犬等吞食含有棘球蚴的肝脏后经30~33d发育为成虫（图2-8）。

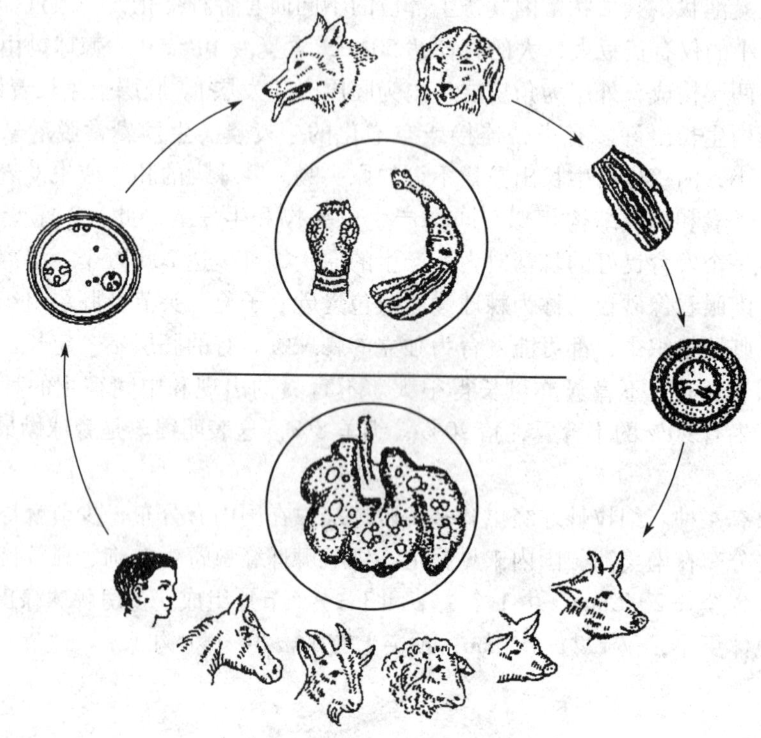

图2-8 棘球绦虫生活史

（张宏伟，杨廷桂．动物寄生虫病．北京：中国农业出版社）

(三) 流行特点

细粒棘球蚴病为世界性分布，尤以放牧牛羊的地区为多。我国23个省（市）区有报道。西北地区、内蒙古自治区、西藏自治区和四川流行严重，其中以新疆维吾尔自治区最为严重。绵羊感染率最高，受威胁最大。其他动物，如山羊、牛、马、猪、骆驼、野生反刍兽亦可感染。犬、狼、狐狸是散布虫卵的主要来源，尤其是牧区的牧羊犬。

多房棘球蚴在新疆、青海、宁夏回族自治区、内蒙古自治区、四川和西藏自治区等地有发生，以宁夏回族自治区为多发区。国内已证实的终末宿主有沙狐、红狐、狼及犬等，中间宿主有布氏田鼠、长爪沙鼠、黄鼠和中华鼢鼠等啮齿类。在牛、绵羊和猪的肝脏亦可发现有多房棘球蚴寄生，但不能发育至感染阶段。

(四) 诊断

1. 临床症状诊断 棘球蚴对人和动物的致病作用为机械性压迫、毒素作用及过敏反应等。症状的轻重取决于棘球蚴的大小、寄生的部位及数量。棘球蚴多寄生于动物的肝脏，其次为肺。机械性压迫可使寄生部位周围组织发生萎缩和功能障碍，代谢产物被吸收后，使周围组织发生炎症和全身过敏反应，严重者可致死。各种动物都可因囊泡破裂而产生严重的过敏反应，突然死亡。

2. 病理剖检诊断 剖检可见，受感染的肝、肺等器官有粟粒大到足球大，甚至更大的棘球蚴寄生。

3. 实验室诊断 动物棘球蚴病的生前诊断比较困难。根据流行病学资料和临床症状（长期慢性呼吸困难、咳嗽、气喘，肺浊音区扩大等），采用皮内变态反应、间接血凝反应、酶联免疫吸附试验等方法有较高的检出率。对动物尸体剖检时，在肝、肺等处发现棘球蚴可以确诊。对人和动物亦可用X射线和超声波辅助诊断本病。

（五）防控

1. 预防措施 关键是禁止用感染棘球蚴的动物肝、肺等器官喂犬。消灭牧场上的野犬、狼、狐狸。对家犬应定期驱虫，可用吡喹酮5mg/kg体重、甲苯咪唑8mg/kg体重或氢溴酸槟榔碱2mg/kg体重，一次口服，以根除感染源，驱虫后的犬粪，要进行无害化处理。禁止在猪圈内养犬。保持畜舍、饲草、料和饮水卫生，防止犬粪污染。

2. 治疗措施 要在早期诊断的基础上尽早用药，方可取得较好的效果。对棘球蚴病可用丙硫咪唑治疗，剂量为90mg/kg体重，隔日一次，连服两次；吡喹酮也有较好的疗效，剂量为10～35mg/kg体重，每天服一次，连用5d。

三、猪细颈囊尾蚴病

猪细颈囊尾蚴病是由细颈囊尾蚴寄生于猪羊等多种动物的肝脏、浆膜、大网膜和肠系膜等处而引起的疾病。细颈囊尾蚴的成虫为泡状带绦虫，寄生于犬、狼、狐狸等肉食动物的小肠内。

（一）病原

细颈囊尾蚴为囊泡状，囊壁乳白色，内含透明液体，豌豆至鸡蛋大，又叫“水铃铛”。肉眼观察可以看到囊壁上向内生长的细长颈部和头节，头节上有顶突和两圈小钩（图2－9）。

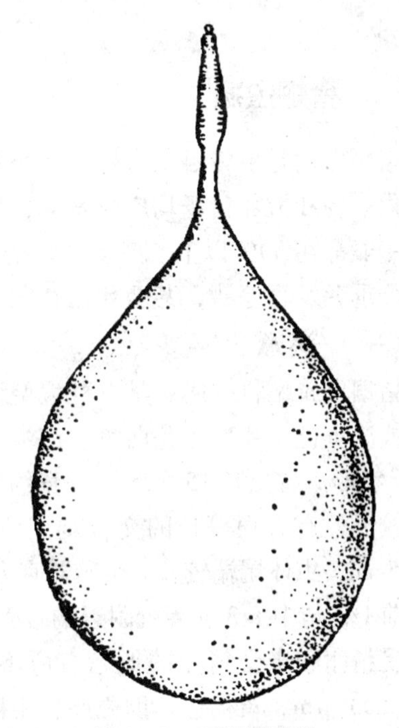

图2－9 细颈囊尾蚴

（汪明．兽医寄生虫学．北京：中国农业出版社）

成虫乳白色，扁平带状，由250～300个节片组成，全长1.5～2m，有的可达5m。

（二）生活史

孕卵节片随犬等终末宿主的粪便排至体外，孕节破裂后虫卵逸出，污染饲料、青草、饮水，被猪、牛、羊等中间宿主吞食后，六钩蚴在消化道内逸出，钻入肠壁血管，随血流至肝实质，并移行至肝的表面，发育为成熟的细颈囊尾蚴。也有些虫体从肝表面落入腹腔，附着在肠系膜或网膜上，经1～2个月发育为成熟的细颈囊尾蚴。

屠宰病猪时，细颈囊尾蚴落在地上，被犬或其他肉食动物吞食后，在小肠内伸出头节，附着在肠壁上，经52～78d发育为泡状带绦虫。成虫在犬的小肠中可生存1年之久。

（三）流行特点

细颈囊尾蚴病在我国分布很广，各地均有发生。本病对大、小猪都有感染性，特别是对仔猪的致病力较强，有时可呈区域性和地方性流行。散养猪感染率为50%左右，个别地区可高达70%。

（四）诊断

1. 临床症状诊断 六钩蚴在猪肝脏内移行时，穿成虫道，损伤组织，引起肝炎；移行至腹腔时，致病作用减低，但有时可见局限性和弥漫性腹膜炎。虫体寄生量少时，症状不明显；数量多时，严重影响猪的生长和发育，多呈慢性经过，病猪虚弱、消瘦、黄疸等。幼虫有时可进入猪肺，引起胸膜肺炎。

2. 病理剖检诊断 尸体剖检发现细颈囊尾蚴时即可确诊。但需将细颈囊尾蚴与棘球蚴鉴别诊断。

3. 实验室诊断 可用血清学方法诊断。

（五）防控

1. 预防措施 严禁犬进入屠宰场，禁止将带有细颈囊尾蚴的脏器喂犬。禁止犬类入猪舍，避免饲料、饮水等被犬粪污染。对家犬进行定期驱虫或宰杀病犬，并捕杀野犬。

2. 治疗措施 可采用吡喹酮治疗本病。

第四节 线虫病

一、猪蛔虫病

猪蛔虫病是由猪蛔虫寄生于猪小肠中所引起的疾病，是猪最常见的寄生虫病。本病在规模化猪场和散养猪场均广泛发生，特别在不卫生的猪场和营养不良的猪群中，感染率很高，一般都在50%以上。感染本病的仔猪生长发育不良，增长速度比正常猪要慢30%左右，严重者发育停滞，甚至死亡。

（一）病原

猪蛔虫属蛔科蛔属，是一种大型线虫。虫体呈中间粗，两端细的圆柱形。活虫体呈淡红色或淡黄色，死后为苍白色。前端有3个唇片：1片背唇较大，2片腹唇较小，排列成“品”字形。雄虫长15～25cm，宽约3mm，尾端向腹面弯曲，形似钓鱼钩，泄殖腔开口距尾端较近，有2根等长的交合刺，长2～2.5mm，无引器。雌虫比雄虫大，长20～40cm，宽约5mm，虫体尾端较直，生殖器官为双管型，2条子宫合为1个短小的阴道，阴门开口于虫体前1/3与中1/3交界处附近的腹面中线上，肛门距虫体末端较近（图2－10）。

受精卵和未受精卵的形态有所不同。受精卵为短椭圆形，大小为（50～75）μm×（40～50）μm，黄褐色，卵壳厚，由四层组成，最外一层为凹凸不平的蛋白膜，向内依次为真膜、几丁质膜和脂膜；随粪便刚排出的虫卵，内含一个圆形卵细胞，卵细胞与卵壳之间的两端形成新月形空隙。未受精卵较受精卵狭长，平均大小为90μm×40μm，多数没有蛋白质膜，或蛋白质膜很薄，且不规则；整个卵壳较薄，内容物为很多油滴状的卵黄颗粒和空泡。只有受精卵才能发育成感染性虫卵，感染性虫卵内含第二期幼虫。

（二）生活史

蛔虫发育不需要中间宿主。成虫寄生在小肠内。雌虫受精后，产出的虫卵随宿主粪便排到外界，在适宜的温度、湿度和氧气充足的环境中开始发育，如在28～30℃时，经10d左右即可在卵壳内发育形成第一期幼虫，之后蜕变为第二期幼虫，再经过3～5周达到感染性虫卵，被猪吞食后，在小肠内孵化出幼虫。大多数幼虫钻入肠壁血管，随血循进入肝脏，进行第二次蜕化，变为第三期幼虫，幼虫随血液经肝静脉、后腔静脉进入右心房、右心室和肺动脉，穿过肺部毛细血管进入肺泡，在此进行第三次蜕化，发育为第四期幼虫并继续发育。第四期幼虫离开肺泡，上行进入细支气管和支气管，再上行到气管，随黏液到达咽部，再经食道、胃返回小肠，进行第四次蜕化，成为第五期幼虫（童虫），并继续发育为成虫。自感染性虫卵被猪吞食，到在猪小肠内发育为成虫，需2～2.5个月。猪蛔虫生活在猪的小肠内，以黏膜表层物质及肠内容物为食，在宿主体内寄生7～10个月后，即随粪便排出。如果宿主不再感染，第12～15个月，可将蛔虫排尽（图2－11）。

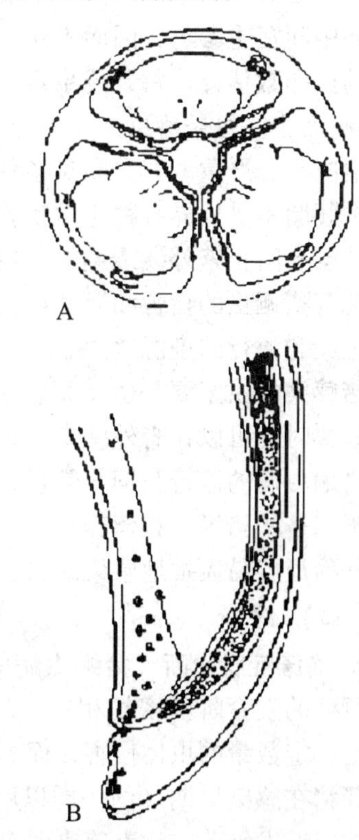

A．唇部顶面观 B．雄虫尾部侧面观

图2－10 猪蛔虫

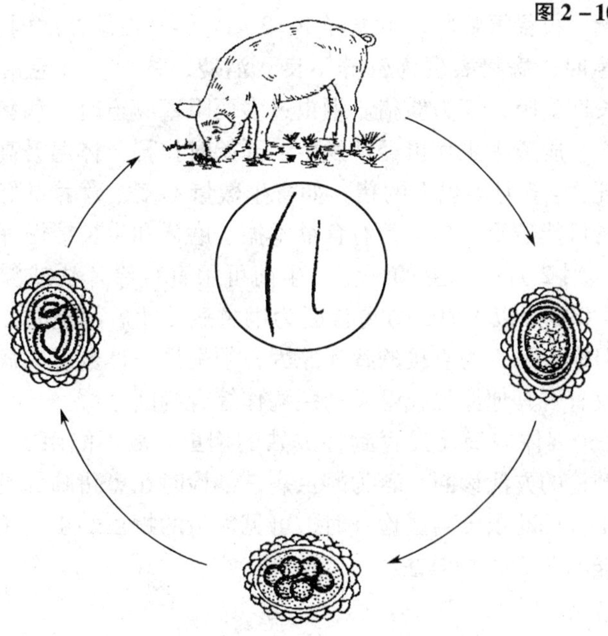

图2－11 猪蛔虫生活史

（张宏伟，杨廷桂．动物寄生虫病．北京：中国农业出版社）

（三）流行特点

猪蛔虫病分布范围广泛，主要原因是：①蛔虫生活史简单。猪蛔虫是土源性寄生虫，不需要中间宿主参与，因而不受中间宿主所限制。②蛔虫具有强大的繁殖能力。从检查粪便中的虫卵数估计，每条雌虫每天平均可产卵10万~20万个，产卵旺盛时期每天可达100万~200万个，每条雌虫一生可产卵3 000万个。因此，有蛔虫感染的猪场，地面受虫卵污染的情况十分严重。③虫卵对各种环境因素的抵抗力很强。猪蛔虫卵具有四层卵膜，内膜能保护胚胎不受外界各种化学物质的侵蚀；中间两层有隔水作用，能保持内部不受干燥影响；外层有阻止紫外线透过的作用。在疏松湿润的土中，虫卵可以生存2～5年之久。所以，凡有猪蛔虫的猪舍和运动场及其放牧地区，自然就有大量虫卵汇集，这就构成了猪蛔虫病感染和流行的疫源地。

猪感染蛔虫主要是由于采食了被感染性虫卵污染的饲料（包括生的青绿饲料）和饮水，放牧时也可以在野外感染；母猪的乳房容易沾染虫卵，使仔猪在吸奶时受到感染。

猪蛔虫病的流行与饲养管理和环境卫生的关系密切。在饲养不良、卫生条件恶劣和猪只过于拥挤的猪场，在营养缺乏，特别是饲料中缺少维生素和矿物质的情况下，3～5月龄的仔猪最容易大批地感染蛔虫，症状也较严重，且常发生死亡。

（四）诊断

1. 临床症状诊断 猪蛔虫病的临床表现与猪的年龄大小、体质强弱、感染强度以及蛔虫所处的发育阶段密切相关。3～6月龄的猪感染严重；成年猪往往有较强的免疫力，能忍受一定数量的虫体侵害，而不呈现明显的症状，但却是本病的传染源。

仔猪在感染早期（约一周以后），有轻度的湿咳，体温升高到40℃左右，但临床不易观察。当继发细菌或病毒感染时常引起肺炎症状，病猪表现精神沉郁，呼吸及心跳加快，食欲不振，异嗜等；感染严重时，呼吸困难、急促而不规律，常伴发声音沉重而粗厉的咳嗽，并有呕吐、流涎、拉稀等症状。可能经1～2周好转，或渐渐虚弱，趋于死亡。

当成虫大量寄生时，病猪表现为营养不良，消瘦，贫血，被毛粗乱，或有全身性黄疸，有的生长发育长期受阻，变为僵猪。蛔虫过多而阻塞肠道时，病猪表现疝痛，有的可能发生肠破裂而死亡。胆道蛔虫症也经常发生，开始时拉稀，体温升高，食欲废绝，腹部剧痛，多经6～8d死亡。6月龄以上的猪，如寄生数量不多，营养良好，可不引起明显症状，但大多数因胃肠机能遭受破坏，常有食欲不振、磨牙和生长缓慢等现象。

2. 实验室诊断 对2月龄以上的仔猪，生前可用直接涂片法或漂浮法检查虫卵，1g粪便中虫卵数达到1 000个以上时，方可诊断为蛔虫病。死后剖检时，须在小肠中发现虫体和相应的病变，但蛔虫是否为直接的致死原因，须根据虫体数量、病变程度、生前症状和流行病学资料以及有否其他原发或继发的疾病作综合判断。

2月龄以内的仔猪因体内尚无发育到性成熟的蛔虫，故不能用粪检法做出生前诊断，可用血清学方法或剖检的方法诊断。若为蛔虫病，剖检时在患猪肺部见有大量出血点，将肺组织撕碎，用贝尔曼氏幼虫分离法检查时，可见大量的蛔虫幼虫。关于血清学方法，目前已研制出特异性强的ELISA检测法。

（五）防控

1. 预防措施 对本病的预防必须采取如下综合性防控措施：

（1）预防性定期驱虫 对散养猪，在3月龄和5月龄各驱虫一次。在规模化猪场，一般在仔猪断奶时驱虫一次，4～6 周后再驱虫一次，以后每次转群前驱虫一次；后备猪在配种前驱虫一次；怀孕母猪在怀孕前和产仔前 1～2 周各驱虫一次；公猪每年至少驱虫两次；新进的猪驱虫后再和其他猪合群。

（2）加强饲养管理　尽量做好猪场各项饲养管理和卫生防疫工作，减少感染，增加猪只抵抗力。供给猪只充足的维生素、矿物质和饮水，减少它们拱土和饮食污水的习惯。饲料、饮水要新鲜清洁，避免猪粪污染。仔猪断奶后尽可能饲养在没有蛔虫卵污染的圈舍或牧场。

（3）保持猪舍和运动场清洁　猪舍应通风良好，阳光充足，避免阴暗、潮湿和拥挤。猪圈内和运动场要勤打扫，勤冲洗，勤换垫草，定期消毒。场内地面保持平整，周围须有排水沟，以防积水。

（4）猪粪的无害化处理　猪的粪便和垫草清除出圈后，要运到距猪舍较远的场所堆积发酵，或挖坑沤肥，以杀灭虫卵。日本已有报道证实猪蛔虫幼虫能引起人的内脏幼虫移行症，因此，杀灭虫卵不仅能减少猪的感染压力，而且对公共卫生也有益。

（5）严格控制引入病猪　在已控制或消灭猪蛔虫病的猪场，引入猪只时，应先隔离饲养，进行粪便检查，发现带虫猪时，需进行 1～2 次驱虫后再与本场猪合群饲养。

（6）药物预防　越霉素饲料预混剂和潮霉素饲料预混剂可用于预防猪蛔虫感染。

2. 治疗措施　治疗本病可选用如下药物：

（1）左咪唑　粉剂、片剂，10mg/kg 体重，喂服或混饲；针剂，5mg/kg 体重，皮下注射。

（2）甲苯咪唑　10～20mg/kg 体重，混在饲料内喂服。

（3）氟苯咪唑　5mg/kg 体重，口服或混饲。

（4）丙硫苯咪唑　10mg/kg 体重，口服或混饲。

（5）伊维菌素　针剂，0.3mg/kg 体重，一次皮下注射；预混剂，每天 0.1mg/kg 体重，连用 7d。

（6）多拉菌素　针剂，0.3mg/kg 体重，一次肌肉注射。

二、猪后圆线虫病

猪后圆线虫病是由后圆科后圆属的线虫寄生于猪的支气管和细支气管引起的疾病，又称“猪肺线虫病”。本病分布于全世界，我国遍及各地。猪的感染率一般为 20%～30%，高的可达 50.4%，主要危害仔猪，引起支气管炎和支气管肺炎，严重时造成仔猪大批死亡，若发病不死，也严重影响仔猪的生长发育和降低肉品质量，给养猪业带来一定的损失。

（一）病原

常见的有长刺后圆线虫和复阴后圆线虫，而萨氏后圆线虫较少见。三种线虫都呈丝状，黄白色，口囊小，口缘有一对三叶侧唇。食道呈棍棒状。雄虫交合伞不发达，侧叶大，背叶小。交合刺一对，细长。末端有单钩或双钩。雌虫两条子宫并列，阴门位于虫体后端，靠近肛门，阴门前有一角皮膨大部，后端有时弯向腹侧。卵胎生。

1. 长刺后圆线虫　又称为野猪后圆线虫。该虫除寄生在猪外，还寄生于野猪，偶见于羊、鹿、牛和其他反刍兽，亦偶见于人。雄虫体长 12～26mm；雌虫体长 20～51mm，末端向腹面稍弯曲。

2. 复阴后圆线虫　雄虫体长 16～18mm。雌虫体长 19～37mm。

3. 萨氏后圆线虫　雄虫体长 17～18mm。雌虫体长 30～45mm。

（二）生活史

长刺后圆线虫的发育，需要中间宿主——蚯蚓。雌虫在猪支气管内产卵，由于气管上皮的纤毛运动和咳嗽，虫卵随痰液进入口腔并咽下，然后随粪便排出，此时卵内已含第 1 期幼虫。虫卵在潮湿环境中，可存活 3 个月，如果条件适宜，卵内的幼虫逸出。含第 1 期幼虫的虫卵或第 1 期幼虫被蚯蚓吞食，在 10～20d 内进行两次蜕皮变为感染性幼虫。若此时的蚯蚓受伤或死亡，感染性幼虫逸出，可在潮湿的土壤中生存 2～4 周。猪吞食了土壤中的感染性幼虫或含有感染性幼虫的蚯蚓而感染。感染性幼虫进入肠壁和肠淋巴系统，经 1～5d 发育，进行第 3、第 4 次蜕皮，经淋巴管向肺部移行，也有进入血流至右心和肺者，然后钻入气管。猪感染后第 24d 就可在其粪便中发现虫卵，感染后 5～9 周虫卵最多。成虫在猪的肺内一般可生活 1 年左右（图 2－12）。

图 2－12　猪后圆线虫生活史

（张宏伟，杨廷桂主编．动物寄生虫病．北京：中国农业出版社）

（三）流行特点

猪后圆线虫的虫卵、幼虫对外界环境的适应性较强。虫卵在粪便中或在较干的猪舍中可以存活 6～8 个月，在牧场可以存活 8～9 个月，在 －20～－8℃ 可以生存 108d，因此虫卵可以越冬。第 1 期幼虫在水中可以存活 6 个月以上，在潮湿的土壤中可存活 4 个月以上。感染性幼虫在潮湿的土壤中可存活 2～6 周，在 6～16℃ 水中可以生存 5～6 周，

在 -8 ~ -5℃可以生存2周。

猪后圆线虫病的发生与蚯蚓的生活习性密切相关。在温暖潮湿的季节蚯蚓最为活跃，猪在夏秋季节摄食蚯蚓的机会多，所以受感染的机会也较多，尤其在雨后。猪后圆线虫的幼虫对蚯蚓的感染率高，在其体内发育快，保持感染性的时间长。蚯蚓的感染率在夏季可达71.9%，国外报道，一条蚯蚓最多可感染4 000条幼虫。蚯蚓体内第3期幼虫保持感染性的时间可能和蚯蚓的寿命一样长。蚯蚓的寿命随种类而不同，为1 ~4年不等。在我国可作为猪后圆线虫中间宿主的蚯蚓有20多种，但以湖北环毛蚓和威廉环毛蚓为主。

本病的发生还与猪的饲养管理方式有关，舍饲猪群比放牧的猪群感染率低。凡被猪后圆线虫卵所污染的饲料、植物，有蚯蚓存在的运动场、牧场以及有感染性幼虫的水源，均可使猪感染。近年来，随着规模化养猪圈舍的硬化，猪只接触蚯蚓的机会减少，猪后圆线虫虫病的危害已经越来越小。

（四）诊断

1. 临床症状诊断 轻度感染时症状不明显，但影响生长发育。严重感染时，表现强有力的阵咳，特别在早晚时间，运动或遇冷空气刺激时更加剧烈，一次能咳40 ~60声，咳嗽停止时随即表现吞咽动作。有时鼻孔流出脓性黏稠鼻液。病猪贫血，被毛干燥无光，呼吸困难，结膜苍白，肺部有啰音。食欲减少甚至丧失。表现进行性消瘦，行动缓慢，严重者可引起死亡。即使病愈，生长缓慢。猪肺线虫感染还可为其他细菌或病毒的入侵创造有利条件，从而加重病情。

2. 病理剖检诊断 剖检时，肉眼病变常不甚显著。膈叶腹面边缘有楔状肺气肿区，支气管增厚、扩张，靠近气肿区有坚实的灰色小结。支气管内有虫体和黏液。幼虫移行对肠壁及淋巴结的损害是轻微的，主要损害肺，呈支气管肺炎的病理变化。剖检病尸在支气管和细支气管可发现虫体。

3. 实验室诊断 粪便虫卵检查，以饱和硫酸镁溶液漂浮法为佳。

（五）防控

1. 预防措施 猪场应建在地势高燥处，注意排水畅通。猪舍、运动场地面应硬化，防止蚯蚓进入。墙角、墙边泥土要夯实，或换上砂质土，从而不利于蚯蚓的孳生繁殖。避免粪便堆积，粪便应及时清除并作发酵处理。猪舍、运动场定期消毒，可用1%火碱水或30%草木灰水喷洒。流行区猪群进行有计划的预防性驱虫。

2. 治疗措施 治疗本病可选用如下药物：

（1）左咪唑 粉剂、片剂，8mg/kg体重，喂服或混饲；针剂，5mg/kg体重，皮下注射。

（2）丙硫苯咪唑 10 ~20mg/kg体重，口服或混饲。

（3）伊维菌素 针剂，0. 3mg/kg体重，一次皮下注射；预混剂，每天0. 1mg/kg，连用7d。

另外，对肺炎严重的猪，应使用抗生素防止继发感染。

三、猪食道口线虫病

猪食道口线虫病是由食道口科食道口属的多种线虫寄生于猪的结肠内所引起的疾病。由于幼虫能在宿主肠壁上形成结节，故本病也称“猪结节虫病”。该病是我国规模化养殖场流行的主要寄生虫病之一，但由于虫体的致病力较弱，只有严重感染时才可以引起结肠炎。

（一）病原

在猪体内寄生的食道口线虫共有3种，分别为有齿食道口线虫、长尾食道口线虫和短尾食道口线虫。

1. 有齿食道口线虫 虫体寄生于结肠，呈乳白色。雄虫的大小为（8～9）mm×（0.1～0.3）mm。雌虫的大小为（8～11.3）mm×（0.4～0.5）mm。

2. 长尾食道口线虫 虫体寄生于盲肠和结肠，呈暗灰色。雄虫的大小为（6.5～8.5）mm×（0.2～0.4）mm。雌虫的大小为（8.2～9.4）mm×0.4mm。

3. 短尾食道口线虫 虫体寄生于结肠。雄虫的大小为（6.2～6.8）mm×（0.3～0.4）mm。雌虫的大小为（6.4～8.5）mm×（0.3～0.4）mm。

（二）生活史

成虫在肠管中产卵，虫卵随粪便排出体外，3～6d内蜕皮两次，发育为带鞘的感染性幼虫。感染性幼虫随饲料或饮水经口进入猪的小肠，幼虫在肠内蜕鞘。大部分幼虫在大肠黏膜下形成大小1～6mm的结节。感染后6～10d，幼虫在结节内蜕第三次皮，成为第四期幼虫，之后返回肠腔，第四次蜕皮，成为第五期幼虫。从进入宿主至发育为成虫需5～7周时间。成虫在猪体内的寿命为8～10个月。

（三）流行特点

感染性幼虫具有较强的耐低温能力，在-20～-19℃可生存1个月，因此在我国很多地方可以顺利越冬，在自然状态下可生存10个月左右。

该病在我国广泛分布，尤其在规模化养殖场一年四季均可发生和流行。成年猪被寄生的较多，是主要的传染源。放牧猪在清晨、雨后和多雾时易遭受感染。在通风不良和卫生条件较差的猪舍中，猪只的感染机会也较多。

（四）诊断

1. 临床症状诊断 一般无明显症状。严重感染时，肠壁结节破溃，发生顽固性肠炎，粪便中带有脱落的肠黏膜，病猪表现腹痛、腹泻，高度消瘦，发育障碍。继发细菌感染时，则发生化脓性结节性大肠炎。成虫的寄生会引起渐进性贫血和虚弱，影响增重和饲料转化，严重时可引起死亡。

2. 病理剖检诊断 典型变化为肠壁上形成粟粒状的结节。初次感染很少发生结节，但经3～4次感染后，由于宿主产生了组织抵抗力，肠壁上可产生大量结节。结节因虫而异。长尾食道口线虫的结节，高出于肠黏膜表面，具坏死性炎性反应性质，感染35d后开始消失；有齿食道口线虫的结节较小，消失较快。大量感染时，大肠壁普遍增厚，有卡他性肠炎。除大肠外，小肠（特别是回肠）也有结节发生。如结节在浆膜面破裂，可引起腹膜炎；在黏膜面破裂，则可形成溃疡。

3. 实验室诊断 用饱和盐水漂浮法检查粪便中有无食道口线虫卵。注意察看粪便中有无自然排出的虫体。

（五）防控

1. 预防措施 注意搞好猪舍和运动场的清洁卫生，保持干燥，及时清理粪便。保持饲料和饮水的清洁，避免幼虫污染。

2. 治疗措施　可参考猪蛔虫病的治疗方法。此外，在每吨饲料中加入0.12%的潮霉素B，连喂5周，有抑制虫卵产生和驱除虫体的作用。

四、猪类圆线虫病

猪类圆线虫病是由兰氏类圆线虫寄生于仔猪的小肠黏膜内引起的疾病，又称“猪杆虫病”。该病分布于世界各地，在温带地区流行较为严重。本病主要危害3～4周龄的小猪，临床上表现为腹泻、消瘦、生长缓慢。

（一）病原

类圆线虫属于类圆科类圆属，寄生在猪体内的类圆线虫成虫只有雌虫。虫体细小，为3.1～4.6mm，毛发状，乳白色。口腔小，有两片唇。食道长约为体长的1/3。子宫与肠道互相缠绕成麻花样。阴户稍突出，似火山口样，位于虫体前2/3与后1/3交界处。

虫卵较小，呈椭圆形，卵壳薄而透明，大小为（42～53）μm×（24～32）μm，内含有折刀样幼虫。但要注意，在新鲜粪便中所查到的常常是逸出卵壳的杆虫型幼虫。

（二）生活史

孤雌生殖的雌虫在猪的小肠黏膜内产出含幼虫的卵，卵随粪便排至体外，在外界很快孵出第一期幼虫。这种幼虫食道短，并具有两个膨大部，故称杆虫型或短食道幼虫。杆虫型幼虫在外界的发育方式有直接和间接两种类型。当外界环境适宜时，杆虫型幼虫进行间接发育，行自由生活，有雌雄之分。雌、雄虫交配后，雌虫产出和寄生时相同的虫卵，幼虫在外界孵化成第二代杆虫型幼虫，进行直接或间接发育，重复上述过程。当外界环境不适宜其发育时，杆虫型幼虫进行直接发育，发育为具有感染性的丝虫型幼虫，这种幼虫食道长，呈杆状，无膨大部，故又称长食道幼虫。

只有丝虫型幼虫对动物具有感染性。幼虫经皮肤或经口摄入而感染。当感染性幼虫经皮肤侵入时，幼虫进入淋巴管、血管，随血流至肺毛细血管内，幼虫穿出血管进入小支气管而入气管。当宿主咳嗽时，幼虫随痰液经口腔、咽头、胃而入小肠。经口进入胃内的丝虫型幼虫，则经黏膜穿入血管至肺，然后也循同样路径至小肠。成虫在宿主体内寿命可达5～9个月。

（三）流行特点

猪类圆线虫病主要侵害仔猪，1月龄左右感染最为严重，2～3月龄后逐渐减少。仔猪可经口腔获得感染，经口感染的第3期幼虫在胃中会被胃液杀灭，皮肤感染是主要的感染途径，约在感染后6～10d发育为成虫。哺乳仔猪也可经初乳感染，母猪初乳中幼虫与第3期幼虫在生理上不同，可经胃到小肠，14d即可发育为成虫。仔猪还可经胎盘感染，即母体内的幼虫在妊娠后期的胎儿组织中聚集，仔猪出生后迅速移行到小肠中发育为成虫。感染性幼虫也能钻入成年猪的皮肤，但不能发育成熟，老年和体弱的成年猪有时也可感染猪类圆线虫病。

猪类圆线虫的感染性幼虫不带鞘，对干燥的抵抗力弱，但在潮湿的环境下可存活两个月，因此在温暖潮湿的夏季容易流行本病。

（四）诊断

1. 临床症状诊断　本病主要侵害仔猪，其症状为消化障碍、腹痛、下痢，便中带血和黏液，皮肤上可见到湿疹样病变。当移行幼虫误入心肌、大脑或脊髓时，可发生急性死亡。

2. 病理剖检诊断 剖检病变主要限于小肠。肠黏膜充血，并间有斑点状出血，有时可见有深陷的溃疡，肠内容物恶臭。

3. 实验室诊断 可用饱和盐水漂浮法检查虫卵，但必须采用新鲜粪便，夏季不得超过5～6h。检查虫体时，由于虫体较细小，又深藏在小肠黏膜内，必须用刀刮取黏膜，并在清水中仔细检查，才能发现虫体。

（五）防控

1. 预防措施 预防本病主要从提高乳猪的健康状况和改善环境卫生条件两方面进行。

①乳猪要定时给乳，并给予充分运动。对母猪或乳猪应供给适量的维生素和微量元素。经常清除食槽中的残余饲料、粪便。要保持猪舍、运动场的清洁、干燥，经常进行消毒。

②猪粪集中进行堆积发酵处理。

③母猪在产前4～6周应用阿维菌素类药物驱除类圆线虫，可防止仔猪出生后感染。

2. 治疗措施 一旦发现病猪，立即隔离治疗，可选用如下药物：

（1）龙胆紫 每头一次10～20mg，溶水口服。

（2）噻苯唑 50～100mg/kg体重，一次口服。

五、猪毛尾线虫病

猪毛尾线虫病是由猪毛尾线虫寄生于猪的大肠（主要是盲肠）引起的疾病，主要危害仔猪，严重感染时引起贫血、顽固性下痢甚至大批死亡。由于虫体前端细长像鞭梢，后端短粗像鞭杆，故又称“猪鞭虫病”。本病呈世界性分布，我国各地均有报道。

（一）病原

猪毛尾线虫属于毛尾科毛尾属，成虫为乳白色，前端细长呈丝状，内有一串单细胞重叠构成的食道，约占虫体全长的2/3，后部较粗短，内有肠道和生殖器官。雄虫长20～52mm，尾端弯曲，有一根长2～3mm的交合刺，藏在有刺的交合刺鞘内。雌虫长39～53mm，尾端钝直，肛门开口于末端，阴门位于虫体粗细交界处。

虫卵呈腰鼓形或橄榄状，棕黄色，卵壳厚，两端有卵塞，大小为（70～80）μm×（30～40）μm。

（二）生活史

虫卵随猪的粪便排出体外，在适宜的温度、湿度条件下，经3～4周发育为含有第1期幼虫的感染性虫卵。感染性虫卵随饲料、饮水或猪掘土被吞食后，第1期幼虫在宿主小肠内逸出，钻入肠绒毛间发育，8d后，移行至盲肠和结肠内，钻入肠腺内，在其中进行第四次蜕皮，发育为童虫并以头部固着在肠黏膜上，感染后30～40d发育为成虫。成虫寿命4～5个月（图2-13）。

（三）流行特点

集约化饲养的猪及散养猪均有发生。临床上小猪的感染率和发病率较高。1.5月龄的猪即可检出虫卵；4月龄的猪，虫卵数和感染率均急剧增高，以后渐减；14月龄的猪极少

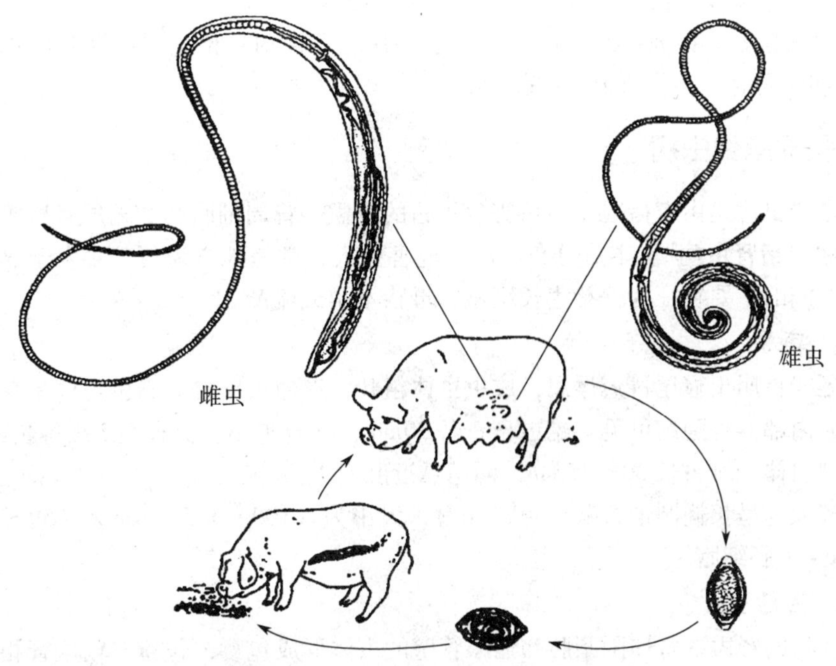

图 2－13　猪鞭虫生活史

［李国清．兽医寄生虫学（双语版）．北京：中国农业出版社］

感染。种猪一般不表现临床症状，但是重要的传染源。近年来，可能是抗药性的原因，临床上由于猪鞭虫感染引起种猪死亡的现象时有发生。

本病一年四季均可发生，以夏季最高。

（四）诊断

1. 临床症状诊断　轻度感染猪不显症状。若寄生几百条即可出现症状，表现轻度贫血、间歇性腹泻，影响生长，日渐消瘦，被毛粗乱。严重感染时（虫体可达数千条），病猪表现精神沉郁，食欲逐渐减小，结膜苍白，贫血，顽固性腹泻，粪稀薄，有时夹有红色血丝或为带棕色的血便。身体极度衰弱，弓腰吊腹，行走摇摆，体温 39.5～40.5℃，病程 5～7d。死前数日排水样血色粪便，并有黏液。

2. 病理剖检诊断　剖检可见盲肠、结肠充血、出血、肿胀，间有绿豆大小的坏死灶，结肠内容物恶臭。肠黏膜上布满乳白色细针尖样虫体，以头部钻入黏膜内，钻入处形成结节。结节呈圆形的囊状物。

3. 实验室诊断　粪便检查可用漂浮法，由于虫卵的形态、结构和颜色较为特殊，因此容易鉴别。

（五）防控

1. 预防措施

（1）定期驱虫　仔猪断奶时驱虫一次，经 1.5～2 个月后应再驱虫一次。

（2）搞好猪舍及周围环境卫生，定期消毒，粪便堆积发酵或坑沤

2. 治疗措施

（1）羟嘧啶　为治疗鞭虫的特效药，剂量为 2～4mg/kg 体重，口服或混饲。

（2）丙硫苯咪唑　按10mg/kg体重，口服或混饲。

（3）伊维菌素　针剂：0.3mg/kg体重，一次皮下注射；预混剂：每天0.1mg/kg，连用7d。长期使用时，在临床上有抗药性。

六、猪冠尾线虫病

猪冠尾线虫病是由有齿冠尾线虫寄生于猪的肾盂、肾周围脂肪和输尿管壁等处引起的疾病，又称“猪肾虫病”。本病分布广泛，危害性大，常呈地方流行，多发于热带和亚热带地区。本病的主要特征为仔猪生长缓慢，母猪不孕或流产。

（一）病原

猪冠尾线虫属于冠尾科冠尾属，成虫虫体粗壮，形似火柴杆。新鲜虫体呈灰褐色，体壁较透明，内部器官隐约可见。雄虫长20～30mm，交合伞小，交合刺2根等长或稍不等，有引器和副引器。雌虫长30～45mm，阴门靠近肛门。

虫卵较大，呈长椭圆形，灰白色，壳薄，大小为（100～125）μm×（59～70）μm，内含32～64个胚细胞。

（二）生活史

寄生在猪的肾盂、肾周围脂肪和输尿管壁的虫体形成包囊，包囊与输尿管相通，雌虫所产虫卵随猪尿排出体外，在适宜温度、湿度条件下，经2次脱皮发育为披鞘的第3期幼虫（具有感染性），第3期幼虫通过口或皮肤感染猪只。经皮肤感染时，幼虫钻入皮肤和肌肉并在此蜕皮发育为第4期幼虫，然后随血流到达肝脏。经口感染的幼虫在胃内蜕皮发育为第4期幼虫，然后随血流到达肝脏。幼虫在肝脏停留3个月或更长时间，经第四次蜕皮后穿过肝包膜进入腹腔，移行到肾脏周围或输尿管壁组织中形成包囊，并发育为成虫。猪从感染到在尿中检出虫卵，需6～12个月。

（三）流行特点

猪肾虫病在我国各地均有报道，但以南方温热带地区多发，常呈地方性流行。其发病的严重程度随各地气候条件的不同而异。一般在温暖多雨的季节幼虫发育，猪感染的机会较多，而炎热干旱季节不适宜幼虫发育，感染机会则明显减少。在我国南方，该病多发于每年3～5月和9～11月。在猪只饲养密集，猪舍潮湿的猪场常流行本病。

（四）诊断

1. 临床症状诊断　病猪出现食欲不振，精神委顿，渐瘦，贫血，黄疸，被毛粗乱等症状。随着病程的发展，病猪出现后肢无力、跛行，弓背，喜卧；后肢麻痹或僵硬，不能站立，拖地爬行。尿频，尿淋漓，尿液混浊，常带有白色黏稠的絮状物或脓液。仔猪发育停滞，母猪不发情、不孕或流产，公猪性欲减低或失去交配能力。严重的病猪多因极度衰弱而死。

2. 病理剖检诊断　剖检可见尸体消瘦，皮肤有丘疹和小结节，局部淋巴结肿大。肝内包囊和脓肿中有幼虫，肝肿大变硬，结缔组织增生，切面上有幼虫钙化的结节。肝门静脉中有血栓，内含幼虫。在肾盂或肾周围脂肪组织内可见到核桃大的包囊或脓肿，其中常含有虫体。输尿管壁增厚，常有数量较多的包囊，内有成虫。在胸膜壁面和肺中均可见有结节或脓肿。虫体多时引起肾肿大，输尿管肥厚、弯曲或被堵塞。

3. 实验室诊断　对5月龄以上的可疑猪，可采尿进行虫卵检查，以清晨第一次尿的检出率较高。由于猪肾虫卵较大，且黏性较大，故可采用自然沉淀或离心沉淀，取尿沉渣镜检虫卵。对5月龄以下的仔猪，只能依靠剖检在肝、肾或腹腔等处发现虫体而确诊。

（五）防控

1. 预防措施

①对猪场进行有计划的预防性驱虫。

②保持猪舍和运动场的卫生，隔离病猪，不同年龄段猪隔离饲养。猪场可通过病猪淘汰、隔离饲养、治疗等措施建立无虫猪群。

③供应全价营养饲料，以增强猪体抵抗力，尤其应补充无机盐和矿物质，使猪不吃土，以减少感染机会。

2. 治疗措施

参考猪蛔虫病。

七、猪旋毛虫病

猪旋毛虫病是由旋毛形线虫寄生于多种动物和人引起的疾病。成虫寄生于小肠，称之为肠旋毛虫；幼虫寄生于横纹肌内，称肌旋毛虫。本病是重要的人畜共患病，在公共卫生上具有重要意义，是肉品卫生检验重点项目之一。

（一）病原

旋毛虫属于毛形科毛形属。成虫细小，雌雄异体。雄虫长为1.2～1.6mm，雌虫长3～4mm。前部较细为食道部，食道的前部无食道腺围绕，其后部均由一列相连的食道腺细胞所包裹。后部较粗，包含着肠管和生殖器官。雌雄虫的生殖器官均为单管型。雄虫尾端有泄殖孔，其外侧为一对呈耳状悬垂的交配叶，内侧有2对小乳突；缺交合刺。雌虫阴门位于虫体前部（食道部）的腹面中央。

最常观察到的幼虫为骨骼肌纤维中的包囊形幼虫（第1期幼虫）。包囊呈梭形，大小为（400～600）μm×250μm，其长轴与肌纤维平行，有两层壁，其中一般含有1条呈螺旋状卷曲的幼虫，但有的可达6～7条。充分发育的幼虫，通常有2.5个盘转（图2－14）。

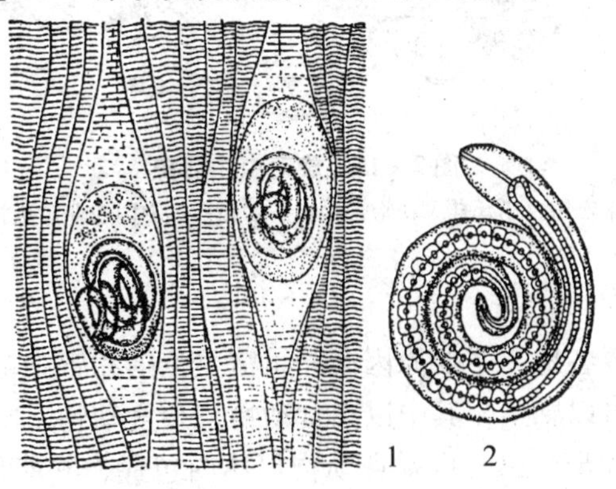

1.肌肉中的包囊 2.幼虫

图2－14　肌旋毛虫

（张宏伟，杨廷桂．动物寄生虫病．北京：中国农业出版社）

（二）生活史

猪旋毛虫完成发育史必须更换宿主，成虫与幼虫寄生于同一个宿主，宿主感染时，先为终末宿主，后变为中间宿主。

宿主摄食含有感染性包囊的动物肌肉而感染，包囊在宿主胃内被消化溶解，幼虫在小肠经2d发育为成虫。雌雄虫在黏膜内交配后不久，雄虫死去，雌虫钻入肠腺或黏膜下的淋巴间隙中发育，约在3d后产出幼虫，幼虫经肠系膜淋巴结入胸导管，再到右心，经肺转入体循环，随血流被带至全身各处肌肉，以活动量较大的肋间肌、膈肌、舌肌和咬肌中较多。新产生的幼虫呈圆柱状，到达肌纤维膜内开始发育；感染后1个月，幼虫长到1mm长；感染后第17～20d幼虫开始盘曲；感染后第21d开始形成包囊，到第7～8周完全形成。此时包囊内的幼虫已具感染性，似螺旋状盘绕，通常有2.5个盘转。包囊在6～9个月后开始钙化，但其内的幼虫可保持活力达11年（图2－15）。

图2－15　旋毛虫生活史

（张宏伟，杨廷桂．动物寄生虫病．北京：中国农业出版社）

（三）流行特点

旋毛虫病分布于世界各地，主要原因有：①宿主范围和感染范围都非常广泛。目前已知有100多种哺乳动物可以感染，其中以肉食动物、杂食动物、啮齿类动物最常见。据试验，许多昆虫，如蝇蛆和步行虫，可吞食动物尸体内包囊，并能使包囊的感染力保持6～8d，从而成为易感动物的感染源。②肌肉包囊中幼虫的抵抗力很强。在－20℃条件下仍可存活57d，在腐败的肌肉中可存活100d以上，而且盐渍和烟熏均不能杀死肌肉深部的幼虫，这就给其流行创造了有利条件。

动物间相互捕食，如鼠类，因相互残食而被感染。一旦有旋毛虫引入鼠群，则能长期在鼠群内平行感染。猪感染旋毛虫病主要因为吞食了死鼠。另外，废肉水、生肉屑和其他动物的尸体亦同样是猪的重要感染来源。犬的活动范围大，吃到动物尸体的机会多，感染的情况严重，而犬与人的关系密切。因此，猪、鼠、犬及人之间相互传播是本病流行的关键所在。

（四）诊断

1. 临床症状诊断　猪有很大耐受力，感染时往往不显症状。严重感染时，通常在 3～5d 后体温升高，表现食欲减退、腹泻、腹痛、有时呕吐等肠炎症状。随后出现肌肉疼痛、步伐僵硬，呼吸和吞咽亦有不同程度的障碍。有时眼睑和四肢水肿。病猪很少死亡，多于 4～6 周后康复。

2. 病理剖检诊断　生前诊断困难，常在宰后检出。剖检胃肠道可见黏膜肿胀，充血，出血，黏液分泌增多。自膈肌脚取小块肉样，去掉肌膜和脂肪，肉眼观察看有无可疑的旋毛虫病灶：未钙化的包囊呈露滴状，半透明，细针尖大小，较肌肉的色泽淡。幼虫寄生部位可见肌纤维肿胀变粗，肌细胞横纹消失，萎缩。

3. 实验室诊断　死后自膈肌脚取小块肉样，去掉肌膜和脂肪，然后从肉样的不同部位剪取 24 个小肉粒（麦粒大小），用旋毛虫检查压片器（两厚玻片，两端用螺丝固定）或两块载玻片压薄，用显微镜检查。如果发现有旋毛虫包囊及虫体，即诊为阳性。

用消化法检查幼虫更为准确。取肉样用搅拌机搅碎，每克加入 60ml 水、0.5g 胃蛋白酶、0.7ml 浓盐酸，混匀，37℃消化 0.5～1h 后，分离沉渣中的幼虫镜检。

目前国内外用 ELISA、IFAT 等方法作为猪的生前诊断手段之一。

（五）防控

1. 预防措施

①加强屠宰场及集市肉品的兽医卫生检验，严格按操作规程处理带虫肉（化制）。

②灭鼠，扑杀野犬。鼠类旋毛虫的感染率高，且猪圈内常有老鼠存在，故灭鼠极为重要，猪场应注意防鼠。对狩猎动物的废弃物经充分热处理后，方可作为饲料。

③严禁用洗肉水和生肉屑喂猪。泔水提倡熟喂。

④在旋毛虫病多发地区要改变生食肉类的习俗。对制作的一些半熟风味食品的肉类要做好检查工作。

2. 治疗措施

（1）杀灭虫体　各种苯丙咪唑类药物对旋毛虫成虫、幼虫均有良好作用，且对移行期幼虫的敏感性较成虫更大。

①丙硫咪唑。按 0.03% 比例加入饲料充分混匀，连喂 10d，能达良好的驱虫效果。

②噻苯唑。按 50mg/kg 体重，口服，治疗 5d 或 10d，肌肉幼虫减少率分别为 82% 和 97%。

③磺苯咪唑。按 30mg/kg 体重，肌肉注射，一次杀虫率为 99.47%，1 次/d，连用 2～3 次，杀虫率为 100%。

④甲苯咪唑。按 50mg/kg 体重，内服。

（2）辅助疗法　根据病情，适时采取抗菌消炎、补液、强心等措施。

（六）公共卫生

猪旋毛虫常呈现人、猪之间的相互循环，在公共卫生上具有重要意义。人的感染主要来自生的或未煮熟的含旋毛虫包囊的猪肉。人感染大量虫体时，可出现明显的病状。肠旋毛虫主要引起肠炎症状，肌旋毛虫可引起急性肌炎、发热、嗜酸性粒细胞显著增多、心肌炎等症状。严重时多因呼吸肌、心肌及其他脏器的病变和毒素的作用等而引起死亡。

第五节　猪棘头虫病

猪棘头虫病是由蛭形巨吻棘头虫寄生于猪和野猪小肠中引起的疾病，猫、狗、人等动物偶尔感染。主要特征为下痢、粪便带血、腹痛。

（一）病原

蛭形巨吻棘头虫属于巨吻目少棘科巨吻棘头属。虫体为大型虫体，呈乳白色或淡红色，长圆柱形，前粗后细，体表有环状皱纹，有假体腔无消化器官，依靠体表的微孔吸收营养。前端有一可伸缩的固着器官叫“吻突”，位于吻突鞘中，吻突上有5～6行尖锐强大且向后弯曲的角质小钩，故称为“棘头虫”，有的称其为“钩头虫”。雌雄虫大小差异显著。雄虫长7～15cm，尾端呈逗点状；雌虫长30～68cm，尾巴平直。

虫卵呈长椭圆形，深褐色，两端稍尖，大小为（89～100）μm×（42～56）μm。卵壳壁厚，由四层组成，虫卵内含有棘头蚴。

（二）生活史

成虫寄生在终末宿主猪的小肠，雌雄虫交配后，雌虫所产虫卵随猪的粪便排出体外，被中间宿主甲虫类（如金龟子）或者其幼虫吞食，虫卵在其体内孵化出棘头蚴，棘头蚴发育为棘头体以及感染性阶段棘头囊。猪吞食了含有棘头囊的金龟子的幼虫、蛹或成虫而感染，棘头囊在猪的消化液作用下脱囊，以吻突钉在肠壁上经2.5～4个月发育为成虫。棘头虫在猪体内的寿命为10～12个月。

（三）流行病学

本病普遍存在于全国各地，但多呈地方性流行，个别地区感染率可达60%～80%，感染强度一般为1～10条，多者达100～200条。这是由于当地中间宿主种类多，分布广泛。另外本病的感染率和感染强度除与中间宿主的活动有关外，还与猪的饲养管理方式及条件有关，因为中间宿主的幼虫多存在于12～15cm深的泥土里，因此放养猪比圈养猪感染率高，8～10月龄的后备猪感染率要高于拱土能力差的仔猪。

（四）诊断

1. 临床症状诊断　猪的症状随感染强度而不同，一般感染时贫血、消瘦、发育停滞。严重感染时出现食欲减退，下痢、粪便带血，腹痛（猪腹痛时表现为采食骤然停止，四肢撑开，肚皮贴地呈拉弓姿势，同时不断发出哼哼声，某些地区称哼哼病）等症状。经1～2个月后，因虫体吸收大量营养和有毒物质的作用，患猪日益消瘦、贫血、生长发育停滞，有的成为僵猪。如虫体固着部位发生脓肿或肠穿孔引起腹膜炎时，症状会加剧，体温升高达41.5℃，患猪表现衰弱不食，腹痛惊叫，肌肉震颤，多以死亡告终。

2. 病理剖检诊断　病猪消瘦，黏膜苍白。小肠浆膜上有灰黄或暗红色小结节，肠黏膜发炎，肠壁增厚，有溃疡病灶。肠腔中有虫体，严重感染时肠道塞满虫体，可因肠穿孔、肠破裂而引起腹膜炎。

3. 实验室诊断　由于雌虫每天可产卵26万~68万个，因此可采集病猪粪便进行直接涂片法或水洗沉淀法来诊断。

（五）防控

1. 预防

①流行地区在甲虫活跃季节（5~7月份）不宜放牧，提倡舍饲，以减少食入甲虫的机会；猪场内不宜整夜灯光照明，以避免招引甲虫；猪圈舍用硬地。

②及时治疗病猪，对其粪便集中用生物热方法处理。

2. 治疗　尚无理想的驱虫药物，可试用左旋咪唑、丙硫咪唑、氯硝柳胺。

第六节　蜘蛛昆虫病

一、猪疥螨病

猪疥螨病是由猪疥螨寄生于猪的皮肤内所引起的一种慢性皮肤病。病猪皮肤发炎发痒，常在墙角、粗糙物体上擦痒，以致皮肤粗糙、肥厚、落屑、脓疱、结痂、龟裂等，俗称“猪癞”。该病分布很广，是猪的一种常见多发病，对仔猪的危害很大，若不及时治疗，常可引起死亡。

（一）病原

猪疥螨属于疥螨科疥螨属，它的体形很小，雌雄异体。雄虫长0.22~0.33mm，宽0.16~0.24mm；雌虫长0.33~0.50mm，宽0.28~0.35mm。成虫呈圆形，浅黄色或灰白色，似龟状，背面隆起，腹面扁平。在黑色背景下肉眼可见。解剖镜下可见螨虫爬向远离光线处。成虫有4对短粗的足，前两对伸向前方，后两对较不发达，伸向后方，足的末端有刚毛或吸盘样结构。雌虫前2对腿末端有具柄吸盘，而雄虫第1、第2和第4对腿末端为具柄吸盘（图2-16）。

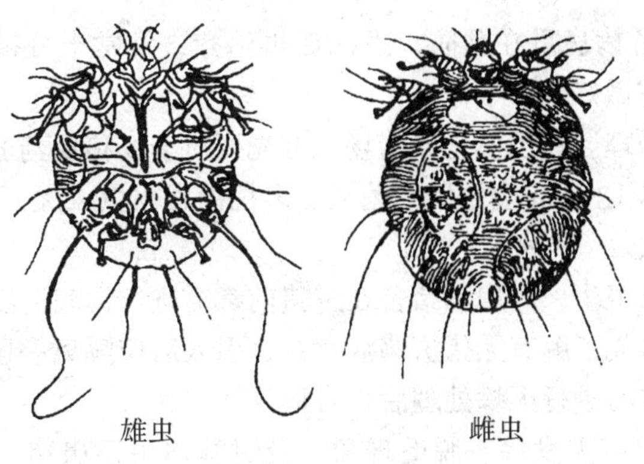

图2-16　猪疥螨的外形

［李国清．兽医寄生虫学（双语版）．北京：中国农业出版社］

虫卵呈椭圆形，两端钝圆，透明，灰白色，平均长150μm，宽199μm，内含卵胚或已含幼虫。

（二）生活史

猪疥螨的发育过程属于不完全变态，包括虫卵、幼虫、若虫和成虫4个阶段。雌雄虫在皮下掘成5～15mm的虫道，在虫道中每隔一定距离有小孔通到外界，供空气流通及幼螨外出。

雌虫边挖隧道边产卵，通常每天产1～2个，可持续4～5周，一生可产卵40～50个。随后雌虫死亡。虫卵经3～8d孵出幼螨，幼螨离开母螨的虫道，另开新道，并在新道中蜕皮变为若螨。若螨也掘浅窄的隧道，并在其中蜕皮变为成螨。整个发育周期为8～22d，平均为15d。雌虫的寿命为4～5周。

（三）流行特点

我国100%的猪场都有猪疥螨感染，感染率极高。在阴湿寒冷的冬季，因猪被毛较厚，皮肤表面湿度较大，利于疥螨发育，病情常较严重。在夏季，天气干燥，空气流通，阳光充足，病势即随之减轻，但感染猪仍为带虫者。

（四）诊断

1. 临床症状诊断 猪疥螨感染通常起始于头部、眼下窝、面颊及耳部，以后蔓延到背部、躯干两侧及后肢内侧，尤以仔猪的发病最为严重。患猪局部发痒，常就墙角、饲槽、柱栏等处摩擦，使皮肤上出现丘疹、水疱。如有化脓菌感染时，就形成化脓灶。水疱及脓疮破溃后，结成痂皮。极少数病情严重者，体毛脱落，皮肤的角质层增厚、干枯，有皱纹或龟裂，龟裂处有血水流出。病猪逐渐消瘦，生长缓慢，成为僵猪，甚至死亡。

2. 实验室诊断 刮取健康皮肤与病变交界处的新鲜痂皮，将皮屑少许置于载玻片上，加上数滴50%甘油水溶液或煤油，搓压玻片使病料散开，置显微镜下检查。或将刮取到的干的病料放于培养皿内，加盖。将培养皿放在盛有40～45℃温水的杯上，经10～15min后，将培养皿翻转，则虫体与少量皮屑黏附在皿底，大量皮屑则落于盖上。将培养皿置于黑色纸上，以放大镜或解剖镜检查，发现虫体即可确诊。

（五）防控

1. 控制措施 猪疥螨病重在预防，发病后再治疗，常常十分被动，往往造成很大损失。猪疥螨病的控制应做好以下工作。

①定期进行灭螨处理。在规模化养猪场，首先要对全场猪用药驱虫，以后公猪每年至少用药两次，母猪产前1～2周应用伊维菌素、多拉菌素驱虫一次，仔猪转群前驱虫一次，后备猪配种前用药一次。

②注意猪舍的清洁卫生，产房和猪舍在进猪前都需进行彻底清洗和消毒。

③引进猪时，应事先了解有无猪疥螨病存在，引入后应隔离一段时间，详细观察，并作猪疥螨病检查，必要时进行灭螨处理后再合群。

④经常注意猪群中有无发痒、脱毛现象，及时检出可疑患猪，并及时隔离治疗。同时，对同群未发病的其他猪只也要进行灭螨处理，对圈舍也应喷洒药液、彻底消毒。做好猪疥螨病皮毛的处理，以防止病原扩散，同时要防止饲养人员或用具散播病原。

2. 治疗措施

（1）涂药疗法 适用于病猪数量少，患病面积小时。治疗前对病猪彻底检查，找出所有患部。患部及其周围3～4cm处的被毛剪去，除掉痂皮和污物，并将污物收集起来烧掉或用消毒水浸泡。将患区用温肥皂水或2%来苏尔刷洗一次，干后涂药。因大多数药物对虫卵无杀灭作用，故应治疗2～3次，每次间隔5～7d。治疗的同时应对周围环境进行消毒。药物可选用1%～3%敌百虫、0.025%～0.05%蝇毒磷、0.005%～0.008%溴氢菊酯。

（2）注射疗法 伊维菌素或阿维菌素，注射液，0.3mg/kg体重，一次皮下注射；多拉菌素，注射液，0.3mg/kg体重，一次肌肉注射。

二、猪虱病

猪虱病是由猪血虱寄生于猪体表而引起的疾病，主要特征为猪体瘙痒。该病在各地普遍存在，尤其是饲养管理不良的猪场，大小猪均有不同程度的寄生。

（一）病原

猪血虱属于血虱科血虱属，寄生于猪体表，是以吸取血液为生的外寄生虫。猪血虱背腹扁平，椭圆形，表皮呈革状，呈灰白色或灰黑色，分头、胸、腹三部分，体长可达5mm。有刺吸式口器，呈灰褐色，体表有黑色花纹。卵呈长椭圆形，黄白色，大小为（0.8～1）mm×0.3mm。

（二）生活史

猪虱终生不离开猪体，整个发育过程包括卵、若虫和成虫3个阶段。雌虱产完卵后死亡，雄虱在交配后死亡，雌交配后12 d即产卵。若虫和成虫都以吸食血液为生，卵呈长椭圆形，黄白色，大小为（0.8～1）mm×0.3mm，有胶质粘着在毛上，经9～12d卵出若虫。若虫吸血，每隔4～6d蜕皮1次，经3次蜕皮变为成虫。自卵发育到成虫需30～40d。猪虱每天吸血2～3次，每次持续5～30min，能吸血0.1～0.2ml。

（三）流行特点

猪血虱终生不离猪体，不完全变态发育，经卵、若虫和成虫三个发育阶段。大猪和母猪体表的各阶段虱均是传染来源，通过直接接触传播，也可通过垫草、用具等引起间接感染。在场地狭窄、猪只密集拥挤、管理不良时，猪只最易发生感染。本病一年四季都可发生，但以寒冷季节最为严重。

（四）诊断

1. 临床症状诊断 在猪腋下、大腿内侧、耳壳后最多见，病猪时常摩擦，不安，食欲减退，营养不良和消瘦，尤以2～4月龄仔猪更严重。猪血虱除吸血外，还分泌毒液，刺激神经末梢发生痒感，引起猪只不安，影响采食和休息。有时皮肤出现小结节，小出血点，甚至坏死。痒感剧烈时，患猪便寻找各种物体进行摩擦，造成皮肤损伤，可继发细菌感染或伤口蛆症等。甚至引起化脓性皮肤炎、病猪皮肤脱毛、消瘦、发育不良。除此之外，猪血虱还可以成为许多传染病的传播者。

2. 实验室诊断 当发现猪蹭痒时，检查猪体表，尤其耳壳后、腋下、大腿内侧等部位皮肤和近毛根处，找到虫体或虫卵可作出诊断。

（五）防控

1. 控制措施 对猪只应经常检查，特别是从外地购入的猪要仔细检查。在猪群中发现猪虱，全群猪只都要药物驱杀，才能消灭干净。

2. 治疗措施 可用敌百虫、螨净、二氯苯醚菊酯、氰戊菊酯溶液，进行喷洒或药浴，有良效。也可使用阿维菌素、伊维菌素口服或注射，需用药2次，间隔2周。对散养猪的虱病也可用烟草30g，水1kg，煎水涂擦患部。

复习思考题

1. 弓形虫病的流行特点及防控措施。

2. 列表说明华支睾吸虫和姜片吸虫的病原特征、中间宿主、补充宿主、终末宿主及寄生部位。

3. 简述华支睾吸虫和姜片吸虫的治疗药物及预防措施。

4. 猪囊尾蚴病病原体形态构造、生活史、流行病学、症状、防控措施。

5. 猪常见的消化道寄生虫有哪些？采取什么防控措施和治疗方法？

6. 旋毛虫病的流行特征及防控策略。

7. 某养殖户饲养育成猪200头，采用扣棚保温，冬季无取暖设施。舍内温度平均9℃，相对湿度85%以上。猪只挤堆趴卧，不久相继出现剧烈的皮肤发痒，到处蹭痒，引起皮肤组织损伤，有淡黄色组织液渗出，形成针尖大小的结节，随后形成水疱及脓疮，破溃后流出的液体同被毛污垢及脱落的上皮在皮肤表面干涸而结痂。痂皮被擦伤后，创面出血，有液体流出，又重新结痂。如此反复多次而致皮肤干枯、龟裂。皮肤角质层角化过度、增厚，使局部脱毛，影响采食和休息，生长迟缓；皮肤病变常起自皮肤细薄、体毛短小的头部、眼周、颊，特别是耳部，随后蔓延至背部、躯干两侧、后肢内侧及全身。根据以上病例的发病情况、病状，初步诊断为何种疾病？应如何进行防治？

第三章　猪中毒性疾病

第一节　概　述

一、毒物与中毒

毒物原来常被定义为以很小的剂量内服或以任何方式作用于机体，能损害机体健康或造成机体死亡的任何物质。现代医学理论认为，一定量的某种物质（固体、液体、气体）进入动物机体，干扰和破坏机体正常生理机能，导致暂时或持久的病理过程，甚至危害生命，则称为毒物。毒物概念是相对的，有些引起中毒的物质原本不是毒物，只是进入机体的剂量过大或途径错误，发生毒害作用。如食盐是猪日粮中的必需添加剂，而添加过量可导致猪食盐中毒。

中毒病是由毒物引起的疾病总称。毒物根据其来源可以分为外源性毒物和内源性毒物两类，从外界环境进入机体的毒物称为外源性毒物，而动物体内形成的毒物称为内源性毒物。

二、毒物的毒性

毒物的毒性是指毒物的剂量与机体反应的关系，通常以实验动物（小鼠、大鼠、家兔等）每千克体重所接触毒物的毫克数表示。空气中的毒物用 mg/m^3 表示。

致死量（LD）：能够使实验动物致死的剂量，LD 通常以毒物的毫克数与动物的每千克体重比表示，mg/kg。

绝对致死量（LD_{100}）：能使全组实验动物全部死亡的最小剂量。

半数致死量（LD_{50}）：能使实验动物 50% 死亡的剂量。

最小致死量（MLD）：能使全组实验动物中个别死亡的剂量。

最大耐受量（LD_0）：使全组实验动物全部存活的最大剂量。

毒物按剂量或浓度区分其毒性大小，引起中毒的剂量越小，毒性越大，一般根据大鼠的经口半数致死量分为以下 6 级。

极毒：<1mg/kg

剧毒：1～50mg/kg

中毒：50～500mg/kg

低毒：500～5 000mg/kg

实际无毒：5 000～15 000mg/kg

无毒：>15 000mg/kg

三、中毒性疾病的特点

中毒性疾病属临床普通病的范畴，但又不同于一般的器官系统疾病，其影响范围大，尤其是在大规模集约化饲养的条件下，会造成巨大的经济损失，主要有以下特点。

①一般发病急促，症状相似，死亡率高。

②多为群体性发生，有的为地方流行性疾病，无传染性，但可以复制。

③体温一般正常或低于正常。

④常导致巨大经济损失：①直接导致动物死亡；②降低畜禽产品（乳、肉、蛋、毛、皮、绒）的质量和数量；③降低动物的繁殖率，引起流产、死胎、弱仔、不孕等；④增加饲养、管理和治疗费用。

四、毒物作用的方式

毒物作用是毒物及其代谢产物通过与有机体的组织器官接触，发生直接或间接生物化学反应而引起的毒害效应，可产生局部或全身性的机能或器质性损伤。毒物一般通过以下方式产生毒性作用。

1. 局部刺激和直接腐蚀 具有刺激性和腐蚀性的毒物，在与动物机体接触或经不同途径进入体内的过程中，对所接触的表层组织产生化学作用而造成的直接损害。酸、碱和矿物质的损害大都与此类作用有关。

2. 干扰生物膜的通透性 毒物对细胞和亚细胞结构的损害，主要是作用于膜上的蛋白质和脂质从而破坏生物膜。如铅离子能够使红细胞的脆性增加，从而导致溶血。

3. 阻止氧的吸收、转运和利用 某些毒物可与携氧的载体结合，使载体失去携氧能力，从而引起机体缺氧。如一氧化碳对血红蛋白的亲和力较大，能够在血红蛋白正常与氧结合的部位发生再结合，使血红蛋白失去携氧功能，从而引起组织缺氧；如亚硝酸盐、芳香胺等毒物使血红蛋白中的亚铁离子氧化，成为三价的高铁离子并形成高铁血红蛋白，从而发生机体缺氧综合征。

4. 抑制酶系统作用 部分毒物进入体内后以细胞内酶为靶分子，通过抑制细胞酶的活性而发挥毒害作用。

五、影响毒物作用的因素

动物机体接触毒物后表现出毒害作用的性质和程度受诸多因素的影响，主要因素有毒物的剂量、结构、理化性质及动物品种、营养状况、个体差异和外界环境等。

1. 毒物的剂量 毒物引起的生物化学反应的程度与接毒剂量或接毒浓度的关系特别密切，存在着剂量—效应和剂量—反应的关系。

大多数毒物的毒性强弱以半数致死量（LD_{50}）来判断，用mg/kg体重或ml/kg体重来表示固态或液态剂量；气态毒物半数致死量的判断则用一定暴露期限内的半数致死浓度（LC_{50}），或在一定浓度毒物的空气中半数致死时间（LT_{50}）来表示，其剂量以mg/m^3、mg/L或mg/kg表示。

2. 物理与化学性质 不同毒物的理化性质会极大地影响毒性作用，其中主要因素为溶解度、稳定性和纯度。

（1）毒物在体液中的溶解度　水溶性和溶解度大的化合物一般毒性较强，因其易于在体内被吸收和转运。但要进入组织细胞，则需要同时具备脂溶性和水溶性才能通过细胞膜的类脂层，如酒精具有脂溶、水溶的双重性，进入机体后可很快转运至全身各部位。脂溶性的毒物在油性溶剂中更易被皮肤、消化道所吸收，如有机磷农药。溶剂的 pH 值也会影响毒物的毒性发挥，胃酸对有些毒物起分解和减弱毒性的作用，有些毒物却因胃酸而转化为毒性更强的化合物，如磷化锌在胃中生成剧毒气体磷化氢。

（2）毒物的稳定性和纯度　化学性质不稳定的毒物，由于保管不善而在贮存中发生降解，其毒性因而增加或减弱；有些挥发性毒物由于容器密封不严而泄漏，随时间延长而毒性减弱或消失。

（3）其他方面　毒物的解离度、固体毒物的颗粒大小等也会影响毒物局部效应、吸收速率和程度，从而影响毒物的毒性。

3. 毒物的接触次数　大多数毒物一次性大剂量接触所引起的毒性反应往往大于多次较小剂量的接触，尤其是急性中毒和无蓄积性毒物中毒更加明显。然而，有些毒物能在体内蓄积或有蓄积作用的毒物，当机体接受多次小剂量毒物时要比一次大剂量更为有害，如有机氯化合物蓄积在体内脂肪组织中，当达到一定浓度或机体抵抗力下降时则表现出中毒症状，还有一些致癌、致畸的毒物在体内缓慢发生作用，导致机体发生各种癌变和胎儿畸形。毒物蓄积在骨骼、脂肪或肌肉组织中，具有延缓毒物毒性的作用，当接毒剂量和间隔时间超过机体解毒和排毒速度时，才出现慢性中毒。还有一些毒物，在少量反复进入机体的过程中，可引起机体产生耐受性，由此可降低该毒物对接毒动物的毒性作用或提高其毒物的半数致死量（LD_{50}），如砷制剂中毒。

4. 动物种类　不同种类动物对同一毒物的反应相差很大，主要是各种动物对毒物的吸收、排泄不同，血浆蛋白结合毒物的能力不同及作用部位对毒物的亲和力不同等，反映出不同的敏感次序。同品种动物的不同个体之间，对毒物的反应也有差别，表现不同的敏感性。

5. 体格大小、年龄和性别　同种动物个体大小与毒物在其体内的多少和发挥毒性的作用有关，体格大者一般体重较大，引起中毒的总剂量需要也就较大。但体格大者采食量也较体格小者大，故口服毒物中毒的可能性比同种体格较小者要大。新生动物和生长中的幼龄动物较成年动物对毒物的敏感性高。同种动物因性别不同而对毒物的敏感性也存在差异，一般来说，雌性动物对毒物的敏感性较高，尤其达到初情期后的动物更为明显，也有些毒物对雄性动物的毒性较强，这与不同性别体内的性激素和代谢功能有很大关系。

6. 健康状况　动物机体的健康和营养状况直接影响毒物的毒性作用。当动物健康状况良好时，机体内的代谢旺盛，生物转化过程正常运行，排泄机能正常，动物对一般毒物的解毒能力较强。疾病状态下，毒物在体内的代谢、解毒和排泄过程受到影响而使毒物的毒性增强。如肝脏疾病影响解毒功能，使毒物在肝脏通过生物转化降低毒性的能力下降；肾脏疾病时，由于毒物及代谢产物的排泄受到障碍，使毒物在体内滞留时间延长而使毒性增强；严重的心脏疾病因肝脏和肾脏的循环减弱，而影响毒物的代谢和排泄。

六、中毒病的诊疗

（一）中毒病的诊断

中毒性疾病有别于传染病、寄生虫病和一般的普通疾病，可根据其发病迅速、无传染性、同群或同圈猪只同时或先后发病、体温正常或低于正常等特征作出怀疑诊断。但对于具体中毒病的诊断应通过以下方面进行综合分析。

1. 病史调查 包括询问病史和现场调查。详细了解病畜有无接触毒物的可能性，可能摄入毒物或可疑饲料或饮水的时间、总量，同群饲喂、放牧而发病家畜的性别、年龄、体重及种类，发病数与死亡数，发病后的主要症状，以及既往病史与诊疗登记等情况。在初步了解病史的基础上，到圈舍、水源地等发病现场，进行必要的现场针对性调查，发现可能的毒源。如有毒植物，饲料及饮水是否被毒物污染、霉变，加工或贮存是否得当等，从而可提出中毒病的怀疑诊断。

2. 临床检查 症状学检查对中毒病具有初步诊断的意义，尤其在那些表现有特征症状的中毒病中更显得重要。如亚硝酸盐、一氧化碳、马铃薯素、菜籽饼、氨肥、尿素等中毒常出现黏膜发绀症状；黄曲霉毒素、铵盐、亚硝酸盐、氯酸盐、磷化锌、砷、铜、铅、汞、强酸、强碱等中毒常伴随腹痛症状；砷、镉、铅、钼、汞、磷、锌、安妥、硫磺、水杨酸盐、灭鼠灵、蓖麻籽、马铃薯等中毒常伴随呕吐症状；阿托品、有机氯、有机磷、亚硝酸盐、氯化钠、铅、磷、士的宁、棉酚、蛇毒等中毒伴随肌肉震颤症状；黄曲霉毒素、砷、铜、磷、四氯化碳等中毒出现黄疸症状；阿托品、巴比妥酸盐、士的宁、蛇毒等中毒出现瞳孔散大症状。

3. 病理学检查 中毒病的病理剖检和组织学检查，对中毒病的诊断有重要意义，有些中毒病仅靠病理剖检就能提供确定诊断的依据。如亚硝酸盐中毒时，皮肤和黏膜均呈现暗紫色（发绀）；磷化锌中毒可将胃内容物染成灰黑色；氰化物和一氧化碳中毒时，血液为鲜红色；安妥中毒时出现肺水肿和胸腔积液等特征性的病理变化；慢性无机氟化物中毒时，牙齿为对称性斑釉齿、缺损变化，骨骼呈现白垩色、表面粗糙、骨赘增生，肋骨骨膜出血、增生等；黄曲霉毒素中毒，肝脏的损害是纤维化硬变、胆管上皮增生、胆囊扩张，最后形成广泛性硬变；食盐中毒时，出现典型的嗜伊红白细胞性脑膜炎变化。

4. 治疗性诊断 治疗性诊断具有进一步验证诊断及获得早期防治的双重意义，可争取救治时间，减少中毒损失。如怀疑或初步诊断为有机磷中毒时，给予有机磷特效解毒治疗，若出现症状减轻、病情缓解，则可验证初步诊断，并立即开展大群或全群防治；反之，则应纠正诊断，及时调整抢救方案。治疗性诊断既适合于个别动物中毒，又适宜于大群动物发病。注意要从小剂量开始治疗。

5. 毒物分析 根据病史调查、中毒症状、剖检变化等综合分析，确定检测项目和方法，收集可疑检材和采集有关病理组织样品，如胃内容物、土壤、水、饲草料、血液、尿液、被毛和脏器组织等，及时送交有关实验室进行物理化学检验分析，必要时还需进行生物学方法的检查分析。

6. 动物实验 在试验条件下，采集可疑毒物或用初步提取物对相同动物或敏感动物进行人工复制与自然病例相同的疾病模型，通过对临床症状、病理变化的观察及相关指标的测定和毒物分析等，与自然中毒病例进行比较，为诊断提供重要依据。复制动物模型，对一些尚无特异的检测方法、有毒成分尚不明确、难以提取或目前不能进行毒物分析的中毒病的诊断，具有很重要的价值。通过对试验动物中毒的治疗试验，可为自然中毒的防治提供依据。

（二）中毒病的治疗

猪只发生中毒性疾病，尤其是急性中毒，发生和发展一般很快，应当抓紧时机尽早采取救治措施，即使在不明确病因或毒物的情况下，也应在尽快作出诊断的同时，进行一般性排毒处理和对症治疗，保护及恢复重要器官的功能，维持机体的正常代谢，提高中毒动物的存活率。中毒病的共同治疗原则为一般性急救措施、解毒与排毒治疗和对症支持疗法。

1. 一般性急救措施 主要目的是除去毒源、防止毒物继续侵入和阻止毒物的吸收，以中断毒害过程，减轻毒物的进一步影响。主要采取以下急救措施。

（1）除去毒源 立即停止采食和饮用一切可疑饲料、饮水，收集、清除甚至销毁可疑饲料、呕吐物、毒饵等，清洗、消毒饲饮用具、厩舍、场地；中毒病畜供给新鲜饮水和优质饲料，保持吸入新鲜空气和安静舒适的环境。

（2）清除消化道毒物 可通过催吐、洗胃和泻下等措施，尽早、尽快地清除已进入胃肠道的毒物，以减少和阻止毒物的继续吸收。

（3）阻止和延缓消化道对毒物的吸收 对已有腹泻症状或不宜急泻的病例，在导胃洗胃之后，或投服泻下药之前，内服吸附剂、黏浆剂或沉淀剂，以阻止毒物从肠道吸收入血。

（4）清除体表的毒物 对于皮肤上的毒物，应及时用大量清水洗涤（忌用热水，以防加速吸收），必要时可剪去被毛以利彻底洗涤；对油溶性毒物的洗涤，可适当用酒精或肥皂水等有机溶剂快速局部擦洗，要边洗边用干物揩干，以防加速吸收。对于溅入眼内的毒物，立即用生理盐水或1%硼酸溶液充分冲洗，而后滴抗菌眼药水、涂抹药膏等，以防感染发炎。

2. 解毒与排毒治疗 毒物已通过胃肠、呼吸道或皮肤黏膜等途径被吸收入血的，则应积极地采取解毒和排毒措施，以减少毒物在各组织、器官分布的总量，最大程度地降低其危害和影响。

（1）排毒途径 促使毒物通过肾脏过滤后随尿液排出，经肝脏随胆汁分泌至肠道，随粪便排出体外，也可通过放血直接随血排出。

（2）解毒治疗 通过物理、化学或生理颉颃作用，使已吸收的毒物灭活及排出的治疗措施。常根据毒物性质可采用以下解毒疗法：①特效解毒剂。典型的特效解毒剂有：肟类化合物，如解磷定、双解磷、氯磷定、双复磷都可恢复胆碱酯酶的活性，从而解除有机磷化合物的中毒；阿托品与乙酰胆碱竞争受体，可用于治疗有机磷中毒；解氟灵（乙酰胺）可竞争性解除剧毒农药有机氟化合物的中毒；1%美蓝或甲苯胺蓝，通过其氧化还原作用，使高铁血红蛋白还原为血红蛋白，以此解除亚硝酸盐、苯胺、氯酸类等毒物中毒。②非特效解毒剂。对一些无特效解毒剂的中毒病，或不明毒物及未能确定诊断的中毒，可选用这一类解毒剂进行初步治疗。首选的通用解毒剂是硫代硫酸钠，其与多种毒物结合形成稳定的络合物，使毒物的毒性降低或消失，所形成的络合物最终可随尿液、胆汁排出体外；维生素C参与胶原蛋白和组织细胞间质的合成，并具有强还原性，也可用做通用解毒剂，对维持某些酶的巯基（-SH）于还原状态，Fe^{3+}还原成Fe^{2+}，叶酸加氢还原为四氢叶酸有重要作用，使变性血红蛋白还原成氧合血红蛋白，还有抗氧化解毒功能；其他如硫酸亚铁、硫酸镁、氧化镁、碳酸氢钠等亦有结合金属和非金属毒物的作用。传统中兽医学与民间所常用的甘草水、绿豆汤等也可用于此类解毒。

3. 对症与支持疗法 很多毒物至今尚无有效颉颃剂及特效的解毒疗法，抢救措施主要依赖于及时排除毒物及合理的对症治疗，目的在于保护及恢复重要脏器的功能，维持机体的正常代谢过程。根据中毒病例表现的临床症状，选用相应的对症和支持治疗措施。

（1）预防和抗惊厥 应用巴比妥类制剂，同时配合肌肉松弛剂或安定剂，疗效要比单用巴比妥稳定安全。

（2）维持呼吸机能 可采用人工呼吸法或呼吸兴奋剂（尼可刹米），排出分泌物，保证呼吸道畅通。

（3）维持体温 注意体温的变化，迅速用物理方法或药物纠正体温，以防体温过高或过低使机体对毒物的敏感性增加，或者导致脱水，影响毒物的代谢率。

（4）治疗休克 可采取补充血容量，纠正酸中毒和给予血管扩张药物（如苯苄胺、异丙肾上腺素）。

（5）调节电解质和体液平衡 对腹泻、呕吐、食欲废绝的中毒动物，常静脉注射5%葡萄糖、生理盐水、复方氯化钠注射液等，脱水严重时要注意补钾。

（6）维持心脏功能 可注射5%~10%葡萄糖溶液，配合安钠咖、维生素C等。

（7）缓解疼痛与镇静 适时给予镇静剂，及止痛药物，如安乃近。

第二节 饲料中毒

一、菜籽饼中毒

菜籽饼中毒是因为菜籽饼所含的芥子油苷可水解生成异硫氰酸丙烯酯和硫氰酸盐，家畜采食过多时引起肺、肝、肾及甲状腺等多器官损害的中毒性疾病，临床上以急性胃肠炎、肺气肿、肺水肿和肾炎为特征。中毒以猪、禽多见，其次为羊、牛，马属动物较少发病。

（一）病因

油菜籽榨油后的副产品为菜籽饼，仍含有丰富的蛋白质（32%~39%），其中，可消化蛋白质为27.8%，而且所含氨基酸比较完全，是畜禽的一种重要的高蛋白质饲料。但油菜饼与油菜全株含有毒物质，若不经去毒处理而大量饲喂，则可引起中毒。菜籽饼和油菜中含有芥子苷或黑芥子酸钾，其本身虽无毒，但是，在芥子酶的催化下，可分解为有毒的丙烯基芥子油或异硫氰酸丙烯酯、恶唑烷硫酮等物质。菜籽饼的毒性，即有毒物质的含量随油菜的品系、加工方法、土壤含硫量而有所不同，菜籽型含异硫氰酸丙烯酯较高，甘蓝型含噁唑烷硫酮较高，而白菜型二者都较低。

本病的发生是由于猪长期饲喂未去毒处理的菜籽饼，或突然大量饲喂未减毒的菜籽饼所致。猪采食多量鲜油菜或芥菜，尤其开花结籽期的油菜或芥菜亦可引起中毒。在大量种植油菜、甘蓝及其他十字花科植物的地区，以这些植物的根、茎、叶及其种子为饲料，或利用油菜种子的粉或饼作为猪饲料时，常常发生该病的流行。

（二）诊断

根据病史调查，结合贫血、呼吸困难、便秘、失明等临床症状即可初步诊断。菜籽饼中异硫氰酸丙烯酯含量的测定可以为确诊提供依据。

1. 临床症状诊断　菜籽饼与油菜中毒综合征一般表现为4种类型：以精神委顿、食欲减退或废绝、明显便秘为特征的消化型；以血红蛋白尿、泡沫尿和贫血等溶血性贫血为特征的泌尿型；以肺水肿和肺气肿等出现呼吸困难为特征的呼吸型；以失明、狂躁不安等神经症状为特征的神经型。

猪中毒后食欲废绝，不安，流涎，腹痛，便秘或腹泻，粪便中混有血液。痉挛性咳嗽，呼吸困难，鼻中流出粉红色泡沫状液体。尿频，尿液呈红褐色或酱油色，尿液落地时可溅起多量泡沫。可视黏膜发绀，耳尖及肢体末端冰凉，体温降低，脉搏细弱，全身衰竭，最后虚脱而死。猪急性中毒除有上述症状外，常伴有视觉障碍、狂躁等神经症状。

另外，仔猪还表现生长缓慢，甲状腺肿大。孕猪妊娠期延长，新生仔猪死亡率升高。病猪由于感光过敏而表现背部、面部和体侧皮肤红斑、渗出及类湿疹样损害，因皮肤发痒而不安摩擦会导致进一步的感染和损伤。有些病例还可能伴有亚硝酸盐或氢氰酸中毒的症状。

2. 病理剖检诊断　剖检病猪可见胃肠黏膜斑状充血、出血性炎症，内容物有菜籽饼残渣。心内外膜出血，血液稀薄、暗褐色，凝固不良。肺表现严重的破坏性气肿，伴有淤血和水肿。肝脏实质变性、斑状坏死。胆囊扩张，胆汁黏稠。肾脏点状出血，色变黑。组织学检查，肺泡广泛破裂，小叶间质和肺泡隔有水肿和气肿；肝小叶中心性细胞广泛性坏死。

3. 实验室诊断　采集可疑饲料或胃内容物用气相色谱法或银量法检测异硫氰酸丙烯酯的含量。

（三）防控

1. 预防措施　控制猪日粮中菜籽饼所占的比例，母猪、仔猪≤5%，生长育肥猪8%~20%。对妊娠母猪和仔猪最好不喂菜籽饼和油菜类饲料。即使控制用量的菜籽饼，也应去毒后再行饲喂，常用的去毒方法有以下几种。

（1）*碱处理法*　用15%石灰水喷洒浸湿粉碎的菜籽饼，闷盖3~5h，再笼蒸40~50min，然后取出炒散或晾晒风干，此法可去毒85%~95%。

（2）*坑埋法*　将菜籽饼按1∶1比例加水泡软后，置入深宽相等、大小不定的干燥土坑内，上盖以干草并覆盖适量干土，待30~60d后取出饲喂或晒干贮存。此法可去毒70%~98%。

（3）*蒸煮法*　用温水浸泡粉碎菜籽饼一昼夜，再蒸煮1h以上，则可去毒。

2. 治疗措施　目前尚无特效解毒药物。

病畜立即停喂可疑饲料，尽早应用催吐、洗胃和下泻等排毒措施，如用硫酸铜或吐酒石给猪催吐，高锰酸钾液洗胃，石蜡油下泻。中毒初期，已出现腹泻时，用2%鞣酸洗胃，内服牛奶、蛋清或面粉糊以保护胃肠黏膜。

甘草煎汁加食醋内服有一定解毒效果，甘草用量为20~30g煎成汁，醋用量为50~100ml，混合一次灌服。

对肺水肿和肺气肿病例可试用抗组织胺药物和肾上腺皮质类固醇激素，如盐酸苯海拉明和地塞米松等肌肉注射。

猪的溶血性贫血型病例，应及早输血，并补充铁制剂，以尽快恢复血容量。若病猪为产后伴有低磷酸血症，同时用20%磷酸二氢钠溶液，或用含3%次磷酸钙的10%葡萄糖

1 000ml 静脉注射，每日一次，连续 3～4d。

对严重的中毒病猪还应采取强心、利尿、补液、平衡电解质等对症治疗措施。

二、棉籽饼中毒

棉籽饼中毒是猪采食大量含棉酚的棉籽饼而引起的以全身水肿、出血性胃肠炎、血红蛋白尿、实质器官变性、神经紊乱为特征的中毒性疾病。棉籽饼含蛋白质 36%～42%，是动物的优质蛋白质饲料，棉籽壳也是动物饲料的纤维添加剂，棉花植株的不同部位均含有棉酚色素，对动物具有较强的毒性。

（一）病因

棉籽饼富含蛋白质和磷，其所含必需氨基酸也仅次于大豆、豆粕，但含有毒的棉酚色素及其衍生物包括相酚、棉蓝素、二甲基棉酚、棉紫素、棉黄素等，同时，还缺乏维生素 A 和维生素 D，钙含量也极低。棉籽含有大约 6% 的棉酚，其含量受植物品种、环境（如气候、土壤）和肥料的影响，除极少数品种外，棉酚是棉花中的自然成分。

单纯以棉籽饼长期喂猪，或在短时间内以大量棉籽饼作为蛋白质补饲时易发生棉籽饼中毒。尤其冷榨生产的棉籽饼，不经过炒、蒸的机器榨油的棉籽饼，其游离棉酚含量较高，更易引起中毒。棉花植株的叶、茎、根和籽实中含较多的棉酚，用未经去毒处理的新鲜棉叶或棉籽作饲料，长期饲喂猪，就可发生中毒。

以棉籽饼为饲料的哺乳期母猪，其乳汁中含有多量棉酚，也可引起吮乳仔猪患病。当饲料缺乏维生素 A、钙、铁，或青绿饲料不足时，猪对棉酚的敏感性增加，容易发生中毒。

（二）诊断

根据长时间大量用棉籽饼或棉籽作为猪饲料的病史，结合呼吸困难、出血性胃肠炎和血红蛋白尿等症状和全身水肿、血尿、神经紊乱等临床症状可作出初步诊断。

1. 临床症状诊断 本病的潜伏期一般较长，中毒的发生时间和症状与蓄积采食量有关。病猪表现精神沉郁或委靡不振，食欲减退甚至废绝，呕吐，粪便初干而黑，而后稀薄色淡，甚至腹泻，尿量减少，皮下水肿，体重减轻，日渐消瘦。低头拱背，行走摇晃，后躯无力而呈现共济失调，严重时抽搐，并发生惊厥。呼吸急促或困难，心跳加快，心律不齐，体温升高，可达41℃，此时喜凉怕热，常卧于阴湿凉爽处。有些病例出现夜盲症，育肥猪出现后躯皮肤干燥和龟裂，仔猪常腹泻、脱水和惊厥，可很快死亡。

2. 病理剖检诊断 剖检可见全身皮下组织呈浆液性浸润，尤其以水肿部位明显，胸、腹腔和心包腔内有红色透明或混有纤维团块的液体。胃肠道黏膜充血、出血和水肿，猪肠壁溃烂。肝淤血、肿大、质脆、色黄，胆囊肿大、有出血点。肾脏肿大，被膜下有出血点，实质变性，膀胱壁水肿，黏膜出血。肺充血、水肿和淤血，间质增宽，切面可见大小不等的空腔，内有多量泡沫状液体流出。心脏扩张，心肌松软，心内外膜有出血点，心肌颜色变淡。淋巴结水肿、充血。胆囊和胰腺增大，肝、脾和肠黏膜上有蜡质样色素沉着。

3. 病理组织学诊断 组织学变化为肝小叶间质增生，肝细胞呈现退行性变性和坏死，主要病变部位在小叶中心，多见细胞混浊肿胀和颗粒变性，线粒体肿胀。心肌纤维排列紊乱，部分空泡变性和萎缩。肾小管上皮细胞肿胀、颗粒变性。视神经萎缩。睾丸多数曲精小管上皮排列稀疏，胞核模糊或自溶，精子数减少，结构被破坏，线粒体肿胀。

4. 实验室诊断　可以采用比色法测定饲料中游离棉酚的含量，为本病的确诊提供依据。一般认为，猪日粮中游离棉酚的含量高于100mg/kg，即可发生中毒，但目前仍缺乏动物组织中棉酚含量的背景值和中毒范围。

血液学检查主要变化为红细胞数和血红蛋白减少，白细胞总数增加，其中嗜中性白细胞增多，核左移，淋巴细胞减少。

（三）防控

1. 预防措施　预防本病的关键是限制棉籽饼和棉籽的饲喂量。

若饲喂未经脱毒的棉籽饼和棉籽时，应控制饲喂量，母猪、仔猪为5%～10%，生长育肥猪10%～20%。并适当地进行间断饲喂为宜，如连续饲喂棉籽饼半月后，应有半月的停饲间歇期。

若长期饲喂棉籽饼和棉籽时，应与其他优质饲草和饲料进行搭配供给，如豆科干草、青绿饲料、优良青干草等。还应适当地补饲含维生素A原较高的饲料，如胡萝卜、玉米等，同时补以骨粉、碳酸钙等含钙添加剂。猪日粮中棉籽饼和棉籽可与豆饼等量混合，或豆饼5%、鱼粉2%与棉籽饼混合，或鱼粉4%与棉籽饼混合。另据报道，猪饲料中铁含量增加到400mg/kg，就可有效地阻断猪接触饲料棉酚引起的临床症状和组织中的残留，此时的铁与游离棉酚比例常为（1∶1）～（4∶1），棉酚的去毒减毒方法有：

①棉籽饼粉的热炒和蒸煮去毒，时间以1h为宜，若同10%的大麦粉混合蒸煮则去毒效果更好。

②棉叶发酵去毒，将青绿棉叶或秋后的干棉叶晒干、去尘、压碎后发酵，随后用清水洗净，再用5%的石灰水浸泡10h。

③硫酸亚铁解毒法。由于铁能与游离棉酚结合成为复合物，使其丧失活性并不被肠道所吸收，而达到解毒和保护畜禽不发生中毒之目的，其剂量与饲料所含游离棉酚1∶1计算，以猪饲料铁含量400～600mg/kg为宜，同时注意充分混匀，以便与游离棉酚充分接触。

2. 治疗措施　尚无特效解毒药物。病畜应立即停止饲喂含有棉籽饼或棉籽的日粮，同时进行洗胃、催吐、下泻等排除胃肠内毒物，以及使棉酚色素灭活的治疗措施。常用0.03%～0.1%的高锰酸钾溶液或5%的碳酸氢钠溶液洗胃，用硫酸钠或硫酸镁进行缓泻。同时给以青绿饲料或优质青干草补饲，必要时补充维生素A和钙磷制剂。解毒可口服硫酸亚铁（每次1～2g）、枸橼酸铁铵等铁盐，并给以乳酸钙、碳酸钙、葡萄糖酸钙等钙盐制剂。静脉注射10%～50%高渗葡萄糖溶液或10%葡萄糖氯化钙溶液与复方氯化钠溶液，配以10%～20%安钠咖、维生素C、维生素D及维生素A等。对胃肠炎、肺水肿严重的病例进行抗菌消炎、收敛和阻止渗出等对症治疗。

三、硝酸盐与亚硝酸盐中毒

亚硝酸盐中毒是植物中的硝酸盐在体外或体内转化形成亚硝酸盐，进入血液后使血红蛋白氧化为高铁血红蛋白而失去携氧能力，引起以黏膜发绀、呼吸困难为临床特征的一种中毒性疾病。多种畜禽均可发生中毒，但常见于猪，俗称“猪饱潲”、“烂菜叶中毒”等。硝酸盐中毒，是一次性食入大量硝酸盐制剂引起的胃肠道炎症性疾病。

（一）病因

蔬菜性饲料煮后焖放或腐败、霉变是猪亚硝酸盐中毒的常见原因。据实验，鲜青菜约含硝酸盐0.1mg/kg，焖放5～6h即有危险，12h毒性最高；鲜青菜腐烂6～8d，硝酸盐含量可达340mg/kg。甜菜含硝酸盐0.04mg/kg，煮后焖放可增至25.7mg/kg，达500倍。霉变食品中，亚硝胺的含量可增高25～100倍，而亚硝酸盐的毒性比硝酸盐大6～10倍。20世纪60年代在南方报道的“猪饱潲”就是此原因所致亚硝酸盐中毒病。

硝酸盐肥料、工业用硝酸盐（混凝土速凝剂）或硝酸盐药品等酷似食盐，被误投混入饲料或误食会引起中毒。经常饮入含过量硝酸盐的水也会发生中毒。

（二）诊断

亚硝酸盐急性中毒的潜伏期为15min至1h左右，3h达到发病高峰，之后迅速减少，并不再有新病例出现。

1. 临床症状诊断 猪急性中毒，初期表现沉郁，呆立不动，食欲废绝，轻度肌肉颤动，呕吐，流涎，呼吸、心跳加快；继而不安，转圈，呼吸困难，口吐白沫，体温正常或偏低，末梢发凉，黏膜发绀。严重中毒，皮肤苍白，瞳孔散大，肌肉震颤，衰弱，卧地不起，有时呈阵发性抽搐，惊厥，窒息而死。最急性中毒常无前驱症状即突然死亡。

2. 病理剖检诊断 病理剖检实质脏器充血、浆膜出血，血色暗红至酱油色。

3. 实验室诊断 毒物分析及变性血红蛋白含量测定，有助本病的诊断。美蓝等特效解毒药进行抢救治疗，疗效显著时即可确诊。急性硝酸盐中毒可根据急性胃肠炎与毒物检验作出诊断。

（三）防控

1. 预防措施 为防止饲喂植物中硝酸盐蓄积，在收割前要控制无机氮肥的大量施用，可适当使用钼肥以促进植物氮代谢。青绿菜类饲料切忌堆积放置而发热变质，使亚硝酸盐含量增加，应采取青贮方法或摊开敞放减少亚硝酸盐含量。宜用生料喂猪，试验证明除黄豆和甘薯外，多数饲料经煮熟后营养价值降低，尤其是几种维生素被破坏，且增加燃料费。若要熟喂，青饲料在烧煮时宜大火快煮，并及时出锅冷却后再饲喂，切忌小火焖煮或煮后焖放过夜饲喂。禁止饮用长期潴积污水、粪池与垃圾附近的积水和浅层井水，或浸泡过植物的池水与青贮饲料渗出液等，亦不得用这些水调制饲料。

2. 治疗措施 特效解毒药为美蓝（亚甲蓝）和甲苯胺蓝，可迅速将高铁血红蛋白还原为正常血红蛋白而达解毒目的。美蓝是一种氧化还原剂，其在低浓度小剂量时为还原剂，先经体内还原型辅酶Ⅱ（NADPH）作用变成白色美蓝，再作为还原剂把高铁血红蛋白还原为正常血红蛋白。而在高浓度大剂量时，还原型辅酶Ⅱ不足以将其还原为白色美蓝，于是过多的美蓝则发挥氧化作用，反使正常血红蛋白变为高铁血红蛋白，加重亚硝酸盐中毒的症状，故治疗亚硝酸盐中毒时须严控美蓝剂量。美蓝的标准剂量，猪为1～2mg/kg体重，使用浓度为1%，配制时先用10ml酒精溶解1g美蓝，后加灭菌生理盐水至90ml。用药途径为静脉注射或深部肌肉分点注射。甲苯胺蓝可用于不同动物，剂量为5mg/kg体重，配成5%溶液进行静脉注射或肌肉注射。还可用维生素C作为还原剂进行解毒治疗，用量为0.5～1g/kg。

以上药物解毒治疗需重复进行，同时配合以催吐、下泻、促进胃肠蠕动和灌肠等排毒治疗措施，以及高渗葡萄糖输液治疗。对重症病畜还应采用强心、补液和兴奋中枢神经等支持疗法。

此外，还有其他疗法：

①剪耳放血与泼冷水治疗，对轻症病畜有效。

②市售蓝墨水，以40～60ml/头剂量给猪分点肌肉注射，同时肌肉注射安钠咖，在偏远乡村应急解毒抢救有一定疗效。

③中药疗法，雄黄30g、小苏打45g、大蒜60g、鸡蛋清2个、新鲜石灰水上清液250ml，将大蒜捣碎，加雄黄、小苏打、鸡蛋清，再倒入石灰水，每日灌服2次。

④急性硝酸盐中毒可按急性胃肠炎治疗。

四、食盐中毒

食盐中毒是在饮水不足的情况下，过量摄入食盐或含食盐饲料而引起以消化紊乱和神经症状为特征的中毒性疾病，主要的病理学变化为嗜酸性颗粒白细胞性脑膜炎。由于本病的发生与水密切相关，又被称为“缺水-盐中毒”或“水-钠中毒”。各种动物均可发病，主要见于猪和家禽，其次为牛、马、羊和犬等。其他钠盐如乳酸钠、丙酸钠和碳酸钠等引起的中毒，其病理变化和临床症状与食盐中毒基本相同，故又统称为“钠盐中毒”。

（一）病因

钠离子的毒性与饮水量直接相关，当水的摄入被限制时，猪饲料中含0.25%的食盐即可引起钠离子中毒。如果给予充足的清洁饮水，日粮中含13%的食盐也不至于造成中毒。有报道认为，动物在饮水充足的情况下，日粮中的食盐含量不应超过0.5%，含量过高会引起胃肠炎和脱水。集中饲养猪中毒多见于配料疏忽，误投过量食盐或对大块结晶盐未经粉碎和充分拌匀，或饲喂含盐分高的泔水、酱渣、咸菜及腌菜水和卤咸鱼水等。用食盐或其他钠盐治疗肠阻塞时，一次用量过大，或多次重复用钠盐泻剂。另外，当缺乏维生素E和含硫氨基酸、矿物质时，对食盐的敏感性增高；环境温度高而又散失水分时，敏感性亦升高。仔猪较成年猪易发生食盐中毒。

（二）诊断

根据病畜有摄入大量食盐或其他钠盐，同时饮水不足的病史，结合神经和消化机能紊乱的典型症状，病理组织学检查发现特征性的脑与脑膜血管嗜酸性粒细胞浸润，可作出初步诊断。

1. 临床症状诊断　病猪主要表现神经系统症状，消化紊乱不明显。病猪口黏膜潮红，磨牙，呼吸加快，流涎，从最初的过敏或兴奋很快转为对刺激反应迟钝，视觉和听觉障碍，盲目徘徊，不避障碍，转圈，体温正常。后期全身衰弱，肌肉震颤，严重时间歇性癫痫样痉挛发作，出现后弓反张、侧弓反张或角弓反张，有时呈强迫性犬坐姿势，直至仰翻倒地不能起立，四肢侧向划动。最后在阵发性惊厥、昏迷中因呼吸衰竭而死亡。慢性食盐中毒猪主要是长时间缺水造成慢性钠潴留，出现便秘、口渴和皮肤瘙痒，突然暴饮大量水后，引起脑组织和全身组织急性水肿，表现与急性中毒相似的神经症状，又称“水中毒”。

2. 实验室诊断　确诊需要测定体内氯离子、氯化钠或钠盐的含量。尿液氯含量大于1%为中毒指标。血浆和脑脊髓液钠离子浓度大于160mmol/L，尤其是脑脊液钠离子浓度超过血浆时，为食盐中毒的特征。大脑组织（湿重）钠含量超过1 800mg/kg即可出现中毒症状。猪胃内容物氯含量大于5 100mg/kg，小肠内容物氯含量大于2 600mg/kg，大肠内容物和粪便氯含量大于5 100mg/kg，即疑为中毒。正常血液氯化钠含量为（4.48 ±0.46）mg/ml，当血中氯化钠含量达9.0mg/ml时，即为中毒的标志。

（三）防控

1. 预防措施 猪日粮中应添加占总量0.5%的食盐，或以0.3～0.5g/kg体重补饲食盐，以防因盐饥饿引起对食盐的敏感性升高。限用咸菜水、面浆喂猪，在饲喂含盐分较高的饲料时，应严格控制用量的同时供以充足的饮水。用食盐治疗肠阻塞时，在估计体重的同时要考虑病猪的体质，掌握好口服用量和水溶解浓度（1%～6%以内）。

2. 治疗措施 尚无特效解毒剂。对初期和轻症中毒病畜，可采用排钠利尿、双价离子等渗溶液输液及对症治疗。

（1）足量饮水 发现早期，立即供给足量饮水，以降低胃肠中的食盐浓度。猪可灌服催吐剂（硫酸铜0.5～1g或吐酒石0.2～3g）。若已出现症状，则应控制为少量多次饮水。

（2）应用钙制剂 用5%氯化钙明胶溶液（明胶1%），0.2g/kg体重分点皮下注射，每点注射剂量不得超过50ml。

（3）利尿排钠 可用双氢克尿噻，以0.5mg/kg体重内服。

（4）解痉镇静 可用5%溴化钾、25%硫酸镁静脉注射。

（5）缓解脑水肿、降低颅内压 25%山梨醇或甘露醇静脉注射；也可用25%～50%高渗葡萄糖溶液进行静脉或腹腔注射。

（6）其他对症治疗 口服石蜡油排钠；灌服淀粉黏浆剂保护胃肠黏膜。

五、马铃薯中毒

马铃薯中毒是马铃薯素刺激消化道、损害中枢神经系统及红细胞所引起的以神经和消化机能紊乱为特征的中毒性疾病。此外，马铃薯茎叶所含硝酸盐和霉败马铃薯所含的腐败素也可引起亚硝酸盐和霉败素中毒。

（一）病因

马铃薯属茄科，俗称土豆、洋芋或山药蛋，其茎叶及秆中含有马铃薯素，又称龙葵素或茄碱，是一种弱碱性含苷生物碱，中毒剂量为10～20mg/kg，属剧毒类。马铃薯素在植株各部位的含量不尽一致，绿叶中为0.25%，芽0.5%，花0.7%，果实内0.1%，薯的外皮0.61%，成熟的新鲜块茎0.004%。发芽块茎在日光照射下，其含量在块茎和芽中可分别增至0.08%～0.5%和4.76%，长时间贮存后可使块根含量增加到0.11%，霉败块茎则可达0.58%～1.38%。马铃薯中还含有4.7%的硝酸盐，引起亚硝酸盐中毒的潜在危险性。霉败马铃薯含有腐败素，对动物亦有毒害作用。

本病的发生主要见于动物大量采食开花到结有绿果的马铃薯茎叶，长时间贮存已发芽、霉变或阳光照射下变绿的马铃薯。

（二）诊断

根据病史调查，结合神经系统和消化道的典型症状，即可初步诊断。实验室马铃薯素的定量分析，可为确诊提供依据。

1. 临床症状诊断 中毒后的共同症状为食欲减退，体温下降，脉搏微弱，精神委靡甚至昏迷。病猪初期食欲减退或废绝，口腔黏膜肿胀，流涎，呕吐，腹痛，腹胀和便秘。随着疾病的发生和发展，出现腹泻，粪便中混有血液，体温升高，少尿或排尿困难，严重者全身衰弱，嗜睡。妊娠母猪发生流产或产出畸形仔猪及仔猪患严重的皮炎。

2. 病理剖检诊断 胃肠黏膜发生卡他性和出血性炎症，黏膜上皮脱落。实质器官有散在出血点。心脏充满凝固不全的暗红色血液。肝肿大，淤血。脑充血、水肿。个别有肾炎变化。

（三）防控

1. 预防措施 马铃薯收获后应及时窖藏贮存，切忌在地面随意堆积而使其发热、霉烂与腐败，或经受长时间风吹日晒而变绿产毒。已发芽的马铃薯，应较深地剔除薯芽，然后经蒸煮或加适量食醋后再行饲喂，可使马铃薯素分解或水解为无毒的糖而避免中毒。用保存完好的马铃薯喂猪时，也不可单一饲喂，应搭配其他饲料，使其控制在日粮的50%以内。

2. 治疗措施 目前尚无特效解毒药，主要采取排毒和对症治疗。洗胃、催吐与下泻疗法适宜于中毒初期和轻症病例，尤其一次性采食大量马铃薯幼芽、绿变与霉败马铃薯的病畜。而对于多日或较长时间连续蓄积性中毒者，只能采取一般解毒或对症治疗。灌服1%硫酸铜20～50ml催吐，洗胃可用0.1%～0.5%高锰酸钾或0.5%～2%鞣酸溶液。对胃肠炎尚不严重的病猪，口服硫酸钠、硫酸镁或石蜡油等泻剂排除肠道中的残留毒物。对病情严重者，应采取补液强心等措施改善机体状况，可静脉注射5%葡萄糖、右旋葡萄糖酐、维生素C和10%～20%安钠咖等。其他对症治疗包括对神经症状的镇静安神，对皮疹的外科治疗，对胃肠炎的抗菌消炎、保护黏膜、健胃助消化等。

六、感光过敏性中毒

感光过敏性中毒是指猪采食含有光敏物质（或称光能效应物质、光能剂）的植物饲料后，体表浅色素部分对光线产生过敏反应，以容易受阳光照射部位的皮肤产生红斑性炎症为临床特征的中毒性疾病。本病又称为原发性光敏性皮炎、光能效应物质中毒或含光敏性饲料中毒等，主要发生于肤色浅、毛色淡的猪，如白毛猪等。

（一）病因

许多植物富含光能效应物质，如金丝桃属植物、荞麦、多年生黑麦草、三叶草、苜蓿以及灰菜等野生植物。在生长这些植物的地区，猪采食、误食了这些植物，或者当地以其中一些植物为饲料饲喂猪时，则可能发生原发性光敏性皮炎，或所谓植物光敏物质中毒，如采食荞麦引起者叫荞麦疹或荞麦病。

还有一些植物本身所含光敏性物质尚少，但当寄生某些真菌后使其光敏作用增强，如黍、粟、羽扇豆、野蒺藜等，被某些真菌寄生，动物采食这些植物亦易患光敏性皮炎。多年生黑麦草被纸状半知菌寄生后，可引起面疹。

某些蚜虫侵害过的植物也可产生光能效应物质，尤其连绵阴雨后，大量蚜虫生长繁殖，其寄生植物被采食后，即发生成批中毒，出现感光过敏性皮炎，特称其为蚜虫病。

此外，饲料中添加的某些药物也可引起光过敏反应，如预防蠕虫或锥虫病的吩噻嗪、菲啶等，被猪采食后亦可发病。

（二）诊断

根据采食含光敏物质饲料的病史，结合浅色皮肤斑疹性皮炎、奇痒等临床表现，可作出初步诊断。本病的确诊需依赖于不同光敏物质的实验室分析鉴定，除已知的荞麦素、金丝桃素、黑麦草碱、叶红素等被检出外，还有一些至今尚未鉴定的光敏物质则难以检验。

1. 临床症状诊断 病猪在易受阳光照射部位的皮肤产生红斑性疹块，甚至发展为水疱性或脓疱性炎症。病变部位因猪品种不同而有差异，白猪常在口唇、鼻面、眼睑、耳廓、背部以致全身出现病变。病情较轻者，仅见皮肤发红、肿胀、疼痛并瘙痒，2～3d消退，以后逐渐落屑痊愈，全身症状较轻。较严重的病例，可由初期的疹块迅速发展成为水疱性或脓疱性皮肤炎，患部肿胀和温热明显，痛觉和痒觉剧烈，出现大小不等的水疱。水疱破溃后流黄色或黄红色液体，以后形成溃疡并结痂，或坏死脱落。本病常伴有口炎、结膜炎、化脓性全眼球炎、鼻炎、咽喉炎、阴道炎、膀胱炎等，病猪体温升高，全身症状比较明显。严重病例，除以上症状外，还表现黄疸、腹痛、腹泻等消化道症状和肝病症状，或者出现极度呼吸困难、流泡沫样鼻液等肺水肿症状。有的还可出现神经症状，主要表现为兴奋不安、盲目奔走、共济失调、痉挛、昏睡以致麻痹等。

2. 病理剖检诊断 剖检可见病变主要局限于体表皮肤，可观察到各种不同的皮肤疹块和炎症。有的表现肝脏肿大、肺水肿等病变。

3. 实验室诊断 利用色谱技术检测饲料中荞麦素、金丝桃素、黑麦草碱、叶红素等光敏物质含量可以作为辅助诊断依据。

（三）防控

1. 预防措施 呈地方性发病或盛产荞麦等光敏饲料的地区，应饲养被毛为黑色或暗色的动物品种。禁用鲜荞麦的基叶饲喂白色猪。

2. 治疗措施 目前尚无特效解毒药。

病猪应立即停喂可疑饲料，将病猪移至避光处进行护理与治疗。早期可用下泻与利胆药，以清除肠道中尚未吸收的光敏物质及进入肝脏中的毒物。

皮肤红斑、水疱和脓疱，早期可用2%～3%明矾水冷敷，再用碘酊或龙胆紫涂擦。已破溃时用3%硼酸溶液、0.1%高锰酸钾液冲洗，溃疡面涂以消炎软膏或氧化锌软膏，也可用抗生素治疗，以防继发病原菌感染。

对严重过敏的重症病猪，应以抗组织胺药物治疗，可用非那根、苯海拉明或扑尔敏等肌肉注射，扑尔敏每天2～3次，每次10～20mg。也可用10%葡萄糖酸钙静脉注射，每天40～60ml。

中药治疗可选用清热解毒、散风止痒的药物，可选经典方剂驱风散。

七、酒糟中毒

酒糟是酿酒业的副产品，含有丰富的蛋白质和脂肪，具有促进食欲、利于消化等作用。但如果贮存过久或贮存方法不当，饲喂量过大或饲喂方法不当，均可引起中毒。酒糟中毒是大量饲喂酒糟或饲喂腐败的酒糟后引起的以消化系统功能紊乱为主要症状的一种中毒病。

（一）病因

突然饲喂大量酒糟或酒糟贮存不当被猪大量偷吃，在缺乏其他饲料搭配情况下，长期单一地饲喂酒糟或饲喂严重腐败变质的酒糟均可引起中毒。

（二）诊断

诊断该病可以结合病猪突然采食大量酒糟及临床症状和剖检变化做出诊断。

1. 临床症状诊断 临床上猪酒糟中毒时，常出现消化系统紊乱，食欲减退甚至废绝，先便秘后腹泻。严重时有腹痛表现，气喘、心跳加快、行走摇摆不稳，逐渐失去知觉，卧地不起，常有皮疹，皮肤青紫，最后体温下降，四肢麻痹，昏迷而死。慢性中毒猪，主要表现为消化不良，黄疸，有时出现血尿、皮炎、腹泻。怀孕母猪往往引起流产。可以根据上述症状做出初步诊断。

2. 病理剖检诊断 剖检发现胃内容物中含有大量酒糟，胃肠黏膜充血，直肠出血、水肿，肠系膜淋巴结充血；肺水肿、充血；肝肾肿胀、质脆。

（三）防控

1. 预防措施

①注意酒糟喂猪用量不宜过多，喂期不宜过长。饲喂时，一般应与其他饲料配合饲喂，在日粮中比例，育肥猪不超过20%，仔猪为8%左右。

②酒糟不宜贮放过久，应注意保管。用不完的酒糟，要隔绝空气压紧存放在饲料缸中。

③不要用发霉酸败的酒糟喂猪。妊娠、哺乳母猪和公猪不宜喂酒糟，以免引起流产、死胎、弱仔及精子畸形等。轻度酸败的酒糟必须使用时，应在其中加入熟石灰粉或清石灰水以中和醋酸，降低毒性。

2. 治疗措施

①中毒时，立即停喂酒糟，并用1%碳酸氢钠1 000～2 000ml灌服或灌肠，同时，用盐类泻剂轻泻，也可以用硫酸钠50～100g内服1次，中医药疗法可以用天花粉15g、葛根25g、金银花12g煎汤，加蜂蜜100g为引，1次灌服。

②为调整血液循环，维护心脏，可肌肉注射10%～20%安钠咖5～10ml。

③静脉注射葡萄糖生理盐水500ml。

④喂给适量豆浆，以保护胃肠黏膜。

第三节 重金属和矿物质中毒

一、硒中毒

硒（Se）是动物生长发育中必不可少的微量元素，又是一种毒性很强的微量元素。硒中毒是由于机体摄入过多的硒造成的以运动障碍为主要症状的一种中毒病，多见于地球化学富硒地区或猪补硒过量等。

（一）病因

猪饲料中含硒量不足0.05mg/kg或当土壤中硒低于0.5mg/kg时，猪会发生硒缺乏症，出现肝营养不良，肌肉颜色变淡（白肌病），皮下水肿，免疫能力下降，易发腹泻，初生仔猪易突然死亡等。如饲料中含硒量超过2mg/kg，就会发生中毒。特别是在用硒制剂作预防或治疗时，剂量过大、用药次数过多或给药方式错误是引发该病的主要原因。

（二）诊断

本病的诊断可以结合临床症状和过量补硒的病史作出初步诊断，确诊需要做血液或组织中硒含量的测定。

1. 临床症状诊断 急性硒中毒时病猪出现步态不稳，盲目乱冲乱撞，转圈，有“瞎眼病”之称；还表现腹痛，呼吸困难，最后倒地挣扎，呼吸衰竭死亡。慢性硒中毒病猪表现精神沉郁，逐渐消瘦，懒于活动，步态强拘或跛行，蹄冠肿大，蹄壳松动，跛行变重，全身普遍脱毛。妊娠母猪所产仔猪腹泻率增高，易死亡；母猪受孕率下降，产仔数明显减少。

2. 实验室诊断 采集病猪做血液生化检查，发现贫血、血红蛋白量下降、血液变稀可以作为本病诊断的依据。

（三）防控

硒中毒病的预防主要是做好仔猪或母猪补硒的记录，杜绝重复、大量、反复补硒。目前尚无特效解毒药。多采取对症治疗：5%～10%葡萄糖100～500ml、10%毒毛花甙K 0.4mg，静脉注射，每天1次，连用2～3次。因饲料含硒过高引起的中毒，立即停喂该饲料，另供给充足饮水。

二、砷中毒

砷（As）本身毒性不大，但其化合物、盐类和有机化合物都有毒性。尤以三氧化二砷（As_2O_3）又名砒霜、信石，毒性最强。猪的砷中毒主要是由于摄入过多的砷元素而引起的以急性胃肠炎和实质性脏器和神经损害为特征的一种中毒病。

（一）病因

猪发生砷中毒的主要原因是误食喷洒了农药的农作物或饲草。农药中的砷制剂有：甲基胂酸钙、甲基胂酸锌、甲基胂酸铁、退菌特等。病因之一是过度的饲喂含砷饲料。含砷饲料添加剂有阿散酸和洛克沙胂等，少量有促生长、扩张毛细血管使皮肤红润的作用，长期或大量使用，亦可引起中毒，而且污染环境，造成公害。药物中含砷的有：新胂凡钠明、雄黄、雌黄、白砒、亚砷酸钾、卡巴砷等，少量可治疗有关疾病，多次反复使用也可引起中毒。

（二）诊断

诊断该病可以结合砷接触史和典型的临床症状作出初步诊断，确诊则需对病猪呕吐物或胃内容物做砷的定量检测。

1. 临床症状诊断 猪吃食以后，数分钟至数小时后，突然出现典型的急性胃肠炎和循环衰竭症状，病猪呕吐、水样腹泻，粪中含黏液、血液及脱落的黏膜碎片；口渴、沉郁、抽搐；脱水严重而引起循环衰竭，导致死亡。有的可出现神经症状：兴奋不安、惊厥、阵发性痉挛，最后呼吸中枢麻痹而死亡。此外，砷中毒还有眼结膜呈淡红色，瞳孔散大，齿龈呈暗黑色的特殊症状。

2. 病理剖检诊断 剖检发现胸腹腔内有大蒜臭味。

3. 实验室诊断 可以采集病猪胃内容物做砷含量的测定。

（三）防控

1. 预防措施 预防该病主要从杜绝猪过量摄入砷元素入手，避免猪误食喷洒了含砷农药的农作物和饲草，避免长期大量使用含砷添加剂。

2. 治疗措施

①二巯基丙醇、二巯基丙磺酸钠、二巯基丁二酸钠这三种药都可解砷中毒，但必须早治、量足方可收效，可按 3～5mg/kg，深部肌肉注射，每 4h 一次，连续注射 12 次。如果用二巯基丁二醇，应每 2h 注射一次，连续注射 4～5 次后，根据病情，改每天注射 3～4 次，直到康复为止。

②为防因脱水而引起循环衰竭，腹腔或静脉注射 5% 葡萄糖氯化钠注射液 100～500ml、维生素 C 5～10ml。根据脱水和心跳情况，要每天 3～4 次，也可 1～2 次。

③未找到解药之前，尽早给砷化合物中毒猪内服牛奶 200～300ml 或新鲜鸡蛋清10～15个，以缓和病情，争取时间去找解毒药。

三、氟中毒

氟中毒是由于猪摄入的氟过多而引起的以胃和牙齿病变为特征的中毒病。

（一）病因

猪的急性氟中毒是由于一次性摄入大量可溶性氟化物引起的，如用氟化钠给猪驱虫，用量过大等。猪的慢性氟中毒是因长期摄入含有氟化物的饮水或饲料所引起的，以胃、牙齿病变为特征。

（二）诊断

根据饲养病史，胃肠炎、视力障碍等临床症状以及相应的病理变化，必要时可以根据毒物分析、氟及氟化物的测定、血液生化检查做出诊断。

1. 临床症状诊断　病猪跛行，骨变形，易骨折。牙齿有氟斑，呈对称性，且牙齿易磨损或磨灭不整。精神不振，耳根紫红色，腹部红色，体温升高，呼吸心跳加快，鼻腔有分泌物流出，眼睛发炎或者双目失明。

2. 实验室诊断　通过实验室检测发现病区土壤、水源含氟量高，水氟大于 3～5mg/L，牧草中氟含量大于 30～40mg/kg，精料中氟含量大于 100mg/kg 时，可诊断为猪氟中毒病。

（三）防控

1. 预防措施　预防主要是避免猪只接触和摄入过多的氟及氟化物。驱虫时注意驱虫药的剂量和使用次数。在高氟地区要注意适当减少饲料中氟化物饲料添加剂的使用剂量。

2. 治疗措施　一旦猪只发生氟中毒，应迅速排出毒物、解毒，并采用对症疗法缓解呼吸困难等症状。可采用的方法有：用 0.5%～1% 鞣酸洗胃，内服鸡蛋白、牛奶、豆浆等，注射 10% 安钠咖（5～10ml）等强心利尿剂；用 0.1%～1% 单宁洗胃，内服牛奶、豆浆；急性氟中毒的病例内服稀盐酸，一次注射维生素 C、维生素 A、维生素 D 等也有一定的疗效。

四、铜中毒

育肥猪每千克日粮中含铜 200mg 左右，可使猪保持良好的生长速度及较高的饲料报酬率。如果每千克日粮中铜的含量长期超过 250mg，就会造成铜中毒；若铜含量大于 500mg，可致猪死亡。猪的急性铜中毒主要是以重剧胃肠炎为主要特征。

（一）病因

铜可以促进猪生长，使之皮红毛亮，所以饲料内多添加铜作为促生长剂。饲料中含铜量过高是造成猪铜中毒的最主要原因。另外误食误饮大量铜制剂会引发急性的铜中毒。

（二）诊断

根据喂含铜饲料后发病、临床症状、病理变化，以及排除赤霉菌毒素中毒，即可确诊。食欲旺盛的猪先发病。

1. 临床症状诊断 急性铜中毒病猪表现重剧胃肠炎症状。猪不食，流涎，呕吐，渴感增加，腹痛，水样腹泻，粪呈青绿色或蓝紫色，恶臭，内混有黏液，肛门松弛，眼球凹进，四肢无力，体温正常。慢性铜中毒病猪精神不振，消瘦，腹泻，颤抖，皮肤与眼结膜苍白略带黄色，喜饮水。仔猪可继发水肿病而死亡。

2. 病理剖检诊断 当猪内服大剂量铜制剂时口腔黏膜呈蓝色发生腐烂，咽喉部的皮肤发热，拒触摸，大量流涎，尖叫，呕吐物呈蓝色，体温40.5～41.2℃，昏迷死亡。

（三）防控

1. 预防措施 猪饲料中铜制剂的含量保持在200mg/kg以下和避免猪只误饮、误食大量铜制剂是预防铜中毒的主要途径。

2. 治疗措施 可采用如下方法进行治疗。

①5%葡萄糖氯化钠注射液100～200ml、葡萄糖酸钙100ml、10%安钠咖4～8ml、维生素B_1 10ml，混合一次静脉注射，每天一次，连用3d。

②氧化锌2g，一次内服，每天2次，连服3～4d。

③供给充足的“口服补液盐”作饮水。

第四节　其他中毒病

一、有机磷农药类中毒

猪有机磷农药中毒是由于猪只摄入有机磷农药所引起的一种中毒性疾病。

（一）病因

有机磷农药具有剧毒的有3911、1605和1059；具有高毒的有敌敌畏、甲基1605、甲基1059；具有低毒的有敌百虫等。目前猪发生有机磷农药中毒在猪场、养猪专业户中已十分少见，但在农村一些散养户中，特别是加青菜、猪草喂猪的散养户仍有发生。此外，因用有机磷农药作为防治猪内外寄生虫病时，用量过大，引起中毒的也时有发生。

（二）诊断

根据饲喂含有机磷农药饲料后发病、临床症状、病理变化及诊断性治疗即可确诊。

1. 临床症状诊断 中毒后迅速出现症状，快的1～3h，最快的不到半小时，最慢的不超过8～10h。中毒后首先是停止采食，口角流涎，流眼泪，流鼻液，眼结膜呈暗红色，瞳孔缩小，随后呼吸加快，出现磨牙，肠蠕动音明显加强，甚至立于猪旁即可听到；中毒重的口流出清水，呼吸急促，行走不稳，肌肉痉挛，颤抖，最后站立不稳，倒地死亡。

2. 病理剖检诊断 检查所吃饲料以及口中流出的黏液和剖检胃内容物时，可嗅到一股“甜大蒜”样臭味，这是有机磷农药中毒较有特征性的气味，结合病史、症状以及剖检有肺水肿、肝肿大呈土黄色，基本可作出诊断。

3. 实验室诊断 应用阿托品治疗可迅速缓解中毒症状即可确诊。

（三）防控

1. 预防措施 预防本病主要是避免猪只采食含有有机磷农药的青绿饲料及避免使用有机磷农药防治猪体内外寄生虫时用量过大等。

2. 治疗措施 一旦发生猪只有机磷农药中毒，立即肌肉或静脉注射硫酸阿托品。阿托品可按每次肌肉注射5～10mg（每支2ml含10mg，浓度为0.5%），隔2h再注射一次。此时要密切注意中毒猪的“三流”（流口水、流眼泪、流鼻液）症状是否停止，特别注意检查其瞳孔是否扩大。未见“三流”停止或瞳孔尚未扩大可重复注射（每次隔2h），一旦发现“三流”消失，瞳孔扩大（俗称阿托品化），应停止注射阿托品，否则会引起阿托品中毒。

二、霉菌毒素中毒

霉菌毒素中毒是一种由于猪只采食了发霉饲料而导致的以消化道症状和皮肤病变为主要表现的中毒病。猪群中食欲旺盛的猪只发病较重。

（一）病因

霉菌毒素是玉米、花生、棉籽、黄豆及其副产品保管不当，受潮后生长霉菌产生的代谢产物。猪采食这些发霉的饲料后，经5～15d发病。

（二）诊断

根据病猪采食过霉变饲料的情况，结合相应的临床症状、病理变化，必要时候可以进行饲料中霉菌毒素的检测，可作出诊断。

1. 临床症状诊断 急性发作的病猪多发于3～4周龄仔猪，或2～3月龄食欲旺盛的猪，中毒严重的，可在运动中突然倒地死亡，一般经2d死亡。表现为体温不高或升高1℃左右，粪干，常带血，黏膜苍白带黄，眼睑肿胀，皮肤发痒，有的皮肤上可出现紫红色斑点。有5%～10%的猪出现呆立、嘴抵地不动或偏头斜视、不断行走、呻吟等神经症状。慢性发作的病猪多精神不振，行走僵硬；出现啃吃泥土、瓦砾等异嗜现象；常离群独处，头低垂，拱背缩腹，粪干硬，有的出现兴奋不安、狂躁等神经症状。

2. 病理剖检诊断 有的黏膜先苍白后发黄；有的眼睑肿胀，在眼的周围出现一圈红色，后渐变蓝色或灰蓝色的不完整眼圈。

3. 实验室诊断 检测饲料中的霉菌毒素过高可以作为确诊该病的依据。

（三）防控

1. 预防措施 预防霉菌毒素中毒的根本措施是加强对饲料的保管工作，防止受潮发霉。一旦发现饲料有霉菌生长应立即停止使用。玉米粉一旦发霉，可按1∶3加清水浸泡，反复搅拌换水，直到浸泡水呈清亮无色为止，方可喂猪，但每头每次用量不超过0.5kg。比较潮湿的季节和潮湿地区，可在饲料内加防霉剂，可用复合防霉剂或富马酸二甲酯，按0.5%～1.5%添加。怀孕母猪的饲料内不能加富马酸二甲酯，因它对胎儿有一定的副作用，所以主张用复合防霉剂较安全。

2. 治疗措施 目前对霉菌毒素中毒尚无特效解毒药，多采取对症治疗，如输液、保肝、强心、镇静等措施。

三、镇静安眠药中毒

镇静安眠药中毒是由于猪食用了添加过多镇静安眠类药物的饲料或使用镇静安眠类药物过多引起的一种中毒性疾病。

（一）病因

镇静安眠药中毒的原因主要是部分饲料厂商在饲料中违规添加过多镇静安眠药。市场上巴比妥类等镇静安眠药物价格昂贵，种类繁多，常见商品名有：睡宝、安定、睡梦香、甜梦香等，这些药物是国家明令禁止在饲料中添加的，但是部分饲料厂家无视国家法规和农民利益，而在饲料中任意使用，经常出现中毒事故。有时在治疗痉挛、抽搐、麻醉过度等疾病时，剂量过大也会引起猪只中毒。

（二）诊断

根据病猪采食含有过多镇静安眠药的饲料，相应的临床症状及诊断性治疗可以作出诊断。

临床镇静安眠药中毒多为慢性，表现为未吃完食便倒在槽边睡觉；病猪嗜睡驱赶不起来，且猪只消瘦，消化能力降低，皮毛粗乱，便秘，生长迟缓。更换不含安眠药新饲料后，由于药物依赖性，生猪出现烦躁不安，甚至跳栏。

（三）防控

预防本病的关键是加强执法监督，厂商自觉遵守法律法规，养殖户自觉鉴别和抵制使用含镇静安眠药的饲料。治疗在临床上无实际意义。

四、喹乙醇中毒

喹乙醇又名快育灵，具有影响机体代谢，特别是内分泌系统的代谢，促进蛋白质的同化，提高饲料利用率、生长速度和瘦肉率的作用；并且对革兰氏阴性菌有较好抑菌效果，对猪下痢有极好的治疗效果。因此经常被添加到饲料中用于促进猪只生长和防治细菌性疾病。但是，由于使用不规范等原因，造成猪只发生喹乙醇中毒，临床上以肝脏坏死及血液呈酱油色为主要特征。

（一）病因

引起喹乙醇中毒的原因很多，其中配方设计错误是主要原因之一，因不懂得药品知识，误认为喹乙醇安全性好、毒性低，导致配方设计或计算错误。超量使用含喹乙醇的预混料和浓缩料也是引发该病的重要原因之一，预混料和浓缩料含喹乙醇，有些养殖户认为多多益善，超量添加，也经常出现喹乙醇慢性中毒。不遵守停药期规定，长期连续使用喹乙醇。喹乙醇只能与磷酸泰乐菌素、高杆霉素和持久霉素等少数几种抗生素配伍，其他均不能配伍。管理混乱，误投药或称量错误或药物在饲料中混合不均匀，导致猪中毒。喹乙醇本身毒性小，但其杂质邻硝基苯胺毒性很大，如纯度在98%以下，易产生中毒，所以使用时，务必注意纯度。

（二）诊断

1. 临床症状诊断　临床上猪喹乙醇中毒多为亚急性和慢性中毒。主要症状是猪采食有毒饲料后，1～2d 内皮肤发红，然后发紫发绀，同时出现便秘；4～5d 后，猪皮肤变白，毛粗乱，采食量明显降低，出现严重的便秘，生长停滞，体温无明显变化。

2. 病理剖检诊断　病猪剖检可见肝脏淤血，呈暗褐色，血液呈酱油色。

（三）防控

1. 预防措施　预防的关键是防止配方设计错误和计算错误；正确使用含喹乙醇的预混料和浓缩料；遵守停药期规定和配伍禁忌；加强管理，防误投药和称量错误，保证药物在饲料中混合均匀；务必注意喹乙醇的纯度，防其杂质——邻硝基苯胺中毒。

2. 治疗措施　喹乙醇中毒尚无特效疗法。先停喂有毒饲料，用 0.5% 小苏打饮水，12h 后改用 5% 葡萄糖盐水饮水 3～4d，肌肉注维生素 C，配合对症治疗，大多数可康复。少数中毒严重的猪康复后成为“僵猪”，建议淘汰。

复习思考题

一、名词解释

1. 毒物

2. 中毒

3. 致死量

4. 毒物作用

5. 动物实验

二、填空题

1. 能使实验动物 50% 死亡的剂量或浓度称为__________。

2. 毒物按剂量或浓度区分其毒性大小，引起中毒的剂量越小，毒性越大，一般根据大鼠的半数致死量分以下六级：________ mg/kg 称为极毒。

3. 常见的饲料中毒有：__________，__________，__________，__________。

4. 常见的环境污染与矿物质中毒有__________，__________，__________。

5. 毒物作用的方式有__________，__________，__________，__________。

6. 清除消化道毒物的主要方法有__________，__________，__________。

7. 菜籽饼中毒主要是因为其所含的芥子油苷水解生成__________和__________。临床上以__________，__________，__________和__________为主要特征。

8. 常用的菜籽饼去毒方法有__________，__________和__________。

9. 棉籽饼中毒的特征性病变是__________，__________，__________，__________，__________，__________。

10. 治疗猪亚硝酸盐中毒的特效解毒药是__________和__________。

11. 食盐中毒以__________和__________为特征的中毒性疾病，主要的病理学变化为嗜酸性颗粒白细胞性脑膜炎。

12. 马铃薯中毒的主要特征为__________和__________。

三、问答题

1. 中毒病有什么共同的特点？

2. 影响毒物作用的因素有哪些?
3. 如何诊断中毒病?
4. 治疗中毒病都有哪些方法?
5. 如何防治猪亚硝酸盐的中毒?
6. 怎样诊断猪食盐中毒?
7. 如何防治猪酒糟中毒?
8. 怎样防治猪的砷中毒?

第四章　猪营养代谢病

猪的营养代谢性疾病在现代化养猪生产中时有发生，而且发病趋势逐年上升，由于诊断困难，抵抗力下降而继发一些传染病等导致误诊，给养猪业带来比较严重的损失。营养代谢性疾病发生的主要原因是大规模集约化饲养中饲料和饲养环境不能完全满足猪只的生长要求。与过去农村散养猪相比，现代规模化养猪发生营养代谢性疾病具有如下特点：

1. 纯系多发　纯系品种如大白猪、长白猪、杜洛克等对饲料营养配比和饲养环境要求较高，一旦不能满足猪只生长所需的营养要求和环境要求，通常就会导致营养代谢性疾病的发生。主要表现为生长发育不良，日增重降低，皮毛粗糙，抵抗力下降，容易患病等。

2. 生长育肥猪常有发生　生长育肥猪生长迅速，对各种营养要求较高。生长育肥猪常见的营养性疾病包括：硒与维生素 E 缺乏症、钙缺乏与钙磷比例失调症、锰缺乏症、锌缺乏症、新生仔猪低血糖、新生仔猪铁缺乏症、维生素 K 缺乏症、维生素 D 缺乏症以及不明原因的异嗜癖等。如经常在一些猪场发现部分后备母猪或育肥猪出现驼背现象，是由于仔猪生长早期饲料中严重钙缺乏导致的。

3. 多具有群发性　一般的营养代谢性疾病多与饲料中营养物质缺乏或不足，环境中某种生长发育必需元素不足有关，所以通常具有群发性。主要表现饲喂相同饲料及相同饲养环境的猪只同时或相继发病，临床症状基本相似。

第一节　矿物元素代谢障碍

一、钙磷代谢障碍

钙磷代谢障碍是由于饲料中钙、磷缺乏或二者比例失调引起的一种营养代谢性疾病，幼龄猪表现为佝偻病，成年猪则形成骨质疏松症。临床上以消化紊乱、异食癖、不明原因跛行、扁骨增厚和长骨弯曲变形为特征。

（一）病因

引起猪只钙磷缺乏的主要原因有以下几种。

①饲料中钙和磷的含量不足，不能满足动物生长发育、妊娠、泌乳等对钙、磷的需要，长期饲喂此种饲料则导致猪发生疾病。

②饲料中钙、磷的比例不当，影响钙、磷的正常吸收。一般认为饲料钙、磷比以（1.5 ~2）：1 较适宜。当日粮高磷低钙时，由于过多的磷与钙结合会影响钙的吸收，造成缺钙；高钙低磷时过多的钙与磷结合，形成不溶性的磷酸盐，影响磷的吸收，造成缺磷。

③机体存在影响钙、磷吸收的其他因素，如饲料中碱过多或胃酸缺乏时使肠道 pH 升高，或饲料中含过多的氟化物、植酸、草酸、鞣酸、脂肪酸等使钙变为不溶性钙盐络合物，或饲料中含有过多的某些金属离子（如镁、铁、锰、铝）与磷酸根形成不溶性的磷酸盐复合物等，均会影响钙、磷的吸收。

④机体缺乏维生素 D 或因肝、肾病变及甲状旁腺素分泌减少，影响维生素 D 的活化，从而导致钙磷吸收障碍和成骨作用障碍。

⑤猪患肠道疾病时，由于肠吸收机能受阻，使钙、磷及维生素 D 吸收减少。

⑥缺少日光照也可诱发本病。

（二）诊断

根据发病猪的年龄、胎次，调查饲料种类和配方以及临床症状是否有骨骼、关节异常，异食癖等可做出初步诊断；结合实验室检查与 X 光诊断，可以确诊。

1. 临床症状诊断 早期病猪表现食欲不振、精神沉郁、消化紊乱，喜卧而不愿站立。有消化不良，异嗜现象，如喜食泥土、污物，啃咬食槽、墙壁、石块、垫草等。以后生长发育迟缓、跛行、关节肿大及骨骼变形。眼观面部、躯干和四肢骨骼变形，下颌骨增厚，面骨肿胀，头部膨隆；齿形不规则、磨面不平。拱背，四肢关节增大，“O”形腿或八字腿。肋骨与肋软骨间及肋骨头与胸椎间有球形扩大，排列成串珠状。骨与软骨的分界线极不整齐，呈锯齿状。软骨钙化障碍时，骨骼软骨过度增生，该部体积增大，可形成“佝偻珠”。成年猪的骨软症多见于母猪，严重时骨盆骨变形，尾椎骨变形、萎缩或消失，肋骨与肋软骨结合部肿胀形成“串珠状肿”，易折断。

2. 病理剖检诊断 病猪骨干部质地柔软易折断，甲状旁腺常肿大，弥漫性增生。软骨增生，骨髓增大，黄骨髓呈红色胶冻样，关节面溃疡。

3. 实验室诊断 结合补充钙、磷和维生素 D 制剂后的治疗效果可以帮助诊断。血液学检查血清碱性磷酸酶活性增高、X 光检查骨密度降低以及饲料分析可以帮助确诊。

（三）防控

1. 预防措施 保证日粮中钙、磷和维生素 D 的含量，合理调配日粮中钙、磷比例。改善妊娠母猪、哺乳母猪和仔猪的饲养管理，饲喂含钙、磷和维生素 D 充足的饲料，如青绿饲料、骨粉、蛋壳粉等。猪圈通风应良好，扩大光照面积，让猪只有充足的阳光照射，促进维生素 D 的转化。

2. 治疗措施

①佝偻病应加强护理，调整日粮组成，补充维生素 D 和钙、磷，适当运动，多晒太阳。有效的药物制剂有鱼肝油、浓缩鱼肝油、维生素 D 胶性钙注射液、维生素 AD 注射液、维生素 D_3 注射液。常用钙剂有蛋壳粉、贝壳粉、骨粉、碳酸钙、乳酸钙、10% 葡萄糖酸钙溶液、10% 氯化钙注射液、鱼粉。

②骨软症应注意调整日粮组成。在骨软病流行地区，增喂麦麸、米糠、豆饼等富含磷的饲料。国外采用牧地施加磷肥或饮水中添加磷酸盐，防止群发性骨软病。补充磷制剂如骨粉，配合应用 20% 磷酸二氢钠溶液，或 3% 次磷酸钙溶液，或磷酸二氢钠粉。

③维丁胶性钙注射液，对于发病仔猪按 0.2mg/kg 体重，肌肉注射，隔 1d 注射 1 次。对于发病成年猪，可用 10% 硼酸葡萄糖酸钙注射液 50～100ml 静脉注射，每天 1 次，连用 3d。同时，口服浓鱼肝油，早晚各 1 粒，连服 3d。用磷酸钙 2～5g，拌料喂

给，每天2次。

二、仔猪白肌病

仔猪白肌病是仔猪由于微量元素硒和维生素E缺乏而引起的一种营养代谢障碍性疾病。该病以引起骨骼肌的变性、坏死，肝营养不良以及心肌纤维变性为特征。硒和维生素E缺乏时，谷胱甘肽过氧化物酶（GSH－Px）活性降低，体内产生的过氧化物蓄积，使组织细胞膜性结构受过氧化物的毒性损害而遭破坏，细胞的完整性丧失，组织器官呈现变性病变。

（一）病因

仔猪白肌病的病因，多数认为是微量元素硒和维生素E缺乏所致。土壤和饲料中硒的缺乏，与本病的发生密切相关。猪对硒的要求是0.1～0.2mg/kg饲料，低于0.05mg/kg，就可出现硒缺乏症。长期饲喂来自缺硒地区的饲料，又缺乏青绿饲料，同时维生素E补充不足，很容易发生本病。该病主要发生于7～60日龄的仔猪，常呈地方性发生。在我国有一条从东北经华北至西南的缺硒带，黑龙江省是严重缺硒地区，因此必须在饲料中添加硒。

（二）诊断

根据病猪的临床症状和剖检的病理变化可以做出确诊。

1. 临床症状诊断　营养良好、生长迅速的仔猪可发生猝死，病程长的表现为精神沉郁，怕冷，肌肉战栗，常发出嘶哑的尖叫声，喜卧，常钻入垫草内。食欲减退或废绝，生长缓慢。初期行走时后躯摇晃或跛行，严重时则后肢瘫痪，站立困难。有的腹下、臀部和股部皮下水肿，消化紊乱并伴有顽固性腹泻，排粥样或水样稀便，常混有黏液与血液。心率加快，心律不齐，常因心力衰竭而死亡。

2. 病理剖检诊断　剖检可见病猪腰、背、臀等肌肉变性，色淡，似煮肉样，灰黄色或黄白色，点状、条状、片状不等，肌肉松弛；心肌坏死，松软，心内膜与心外膜下有黄白色或灰白色与肌纤维方向平行的条纹斑，心脏外观呈桑葚状；肝肿大，淤血，脂肪变性；脑白质软化。

（三）防控

1. 预防措施　妊娠母猪要注意饲料合理搭配，添加硒和维生素E，同时饲喂青绿的多汁饲料。泌乳母猪可给予亚硒酸钠10mg，混于饲料中喂给，可有效防止哺乳仔猪发病。3月龄仔猪可用0.1%亚硒酸钠注射液，肌肉注射1ml，有较好的预防作用。

2. 治疗措施

①肌肉注射0.1%亚硒酸钠注射液2ml，20d后，再重复注射一次。

②仔猪按50～100mg/头肌肉注射醋酸维生素E注射液。

三、仔猪缺铁性贫血

仔猪缺铁性贫血是指3～6周龄哺乳仔猪由于机体所需的铁缺乏或不足，引起造血系统机能紊乱所致的营养性贫血。本病多发生于冬春季节的舍饲仔猪，在集约化养猪场仔猪营养性贫血发病率达30%～50%，有的甚至高达90%，死亡率15%～20%。

（一）病因

仔猪贫血除因血管损伤、破裂而引起的失血性贫血外，母猪乳汁或饲料中缺乏铁，也可引发仔猪贫血。新生仔猪肝贮存的铁只能维持7～14d，猪舍地面为水泥或木板或石板，仔猪不能从土壤中摄取铁，仔猪从母乳中只能得到很少的铁，满足不了需要，倘若得不到外源性铁，血红蛋白的含量减少就会发生仔猪缺铁性贫血。另外，日粮中铜、钴、锰、叶酸、维生素 B_{12} 及蛋白质缺乏可引起铁利用障碍而诱发本病。

（二）诊断

该病多发生于封闭式饲养的半月至一月龄的哺乳仔猪，根据发病猪的饲养情况、饲料种类和配方以及临床症状等可做出诊断。

1. 临床症状诊断 病猪表现精神沉郁、食欲减退、异嗜、营养不良、体温不高、腹泻，但粪便颜色正常。生长速度明显减慢，突出症状是贫血。表现可视黏膜色淡，重症病例黏膜苍白，光照耳壳灰白色，几乎见不到明显的血管，针刺也很少出血，因缺氧而呼吸困难，呼吸及心跳快而弱，心区听诊可听到贫血性杂音，运动之后则心悸亢进，喘息不止。抵抗力降低，严重者继发各种感染导致死亡。

2. 病理剖检诊断 剖检可见血液色淡而稀薄，不易凝固，血红蛋白下降，随后红细胞数下降。皮肤及可视黏膜苍白。肝脏肿大有脂肪变性，呈淡灰黄色，有时有出血点。肌肉颜色变淡，特别是臀肌和心肌。脾脏肿大色淡，质地稍坚实。心脏扩张。肾实质变性。肺发生水肿。胃肠有局灶性病变。

（三）防控

1. 预防措施

①妊娠母猪的日粮，应保证全价营养，供给足够的蛋白质、矿物质、微量元素和维生素，适当增加多汁饲料和青饲料。

②母猪产前7d和产后20d添加0.1%苏氨酸铁，仔猪3日龄时肌注葡聚糖铁（右旋糖酐铁）3ml，有很好的预防效果。

③舍饲的猪，在栏内放一些黏土、红土或泥炭土，让仔猪自由采食，可以补充铁质。仔猪必须早补料，从饲料中获得铁的补充。

2. 治疗措施

（1）口服铁制剂 治疗本病通常采用铁剂口服以补充外源铁质，充实体内的铁质贮备。口服的常用制剂有硫酸亚铁、焦磷酸铁、乳酸铁及还原铁等，其中以硫酸亚铁为首选药物。处方是：硫酸亚铁2.5g，氯化钴2.5g，硫酸铜1g，常水加至500～1 000ml，盐酸少许，混合溶解后纱布过滤，瓶贮备用。可将滤液涂在母猪乳头上，让仔猪通过吮乳服下；或按0.25ml/kg体重灌服，每天1次，连服7～14d。

（2）肌肉注射铁制剂 适用于集约化猪场或口服铁剂反应剧烈以及铁吸收障碍的腹泻仔猪。用葡聚糖铁注射液2ml，深部肌肉注射，一次即可，必要时隔周再注射半量。

四、锌缺乏症

锌缺乏症又称皮肤不全角化症，是一种慢性、非炎症性疾病，主要侵害皮肤，临床上以表皮增生和皮肤龟裂、骨骼发育异常及繁殖机能障碍为特征。本病发病率高，常呈地方性流行，但一般不引发猪只死亡。

（一）病因

土壤与饲料中锌不足是引发本病的主要原因。据调查，每千克土壤中含锌低于10mg、每千克饲料内低于10mg时就会发生本病。当饲料中植酸盐过多时，能与锌结合，形成不溶解和不吸收的化合物，使锌吸收减少。饲料中Ca、P含量过高或Cu、Fe等二价元素过多可干扰锌的吸收。不同饲料原料中锌的含量及生物学效应不同。各种植物中锌的含量不一样，一般野生牧草中较高。而玉米、苜蓿、三叶草、块茎类饲料等锌含量比较低，一般不能满足动物需要。一般认为，动物性饲料中的锌比植物性饲料中的锌更能被猪体吸收利用。日粮中补充硫酸锌至0.02%或补锌100mg/kg，可防止其发生。

（二）诊断

根据饲养环境、日粮配方比例及临床症状等可作出初步诊断。

1. 临床症状诊断　病猪腹下、背部、股内侧和肢关节等部位的皮肤发生对称性红斑，继而发展为直径为3～5mm的丘疹，真皮形成鳞屑和皲裂而过度角化，并伴有褐色的渗出液和脱毛，很快表皮变厚至5～7mm。有裂隙，增厚的表皮上覆盖有容易剥离的鳞屑。增厚的皮肤不发痒，但常继发皮下脓肿。病猪常出现腹泻，仔猪股骨变小，韧性降低。母猪产仔减少、弱胎与死胎，促使公猪精液质量下降加剧。

2. 实验室诊断　血清碱性磷酸酶活性降低、血清中锌低于800μg/L，血清白蛋白下降等，饲料中锌含量降低及饲料Ca：Zn>150：1时可以确诊。

本病应与疥螨、渗出性皮炎相区别，疥螨病伴有剧烈的瘙痒，皮肤上有明显的摩擦伤痕，在皮肤刮取物中可发现螨虫，杀虫药治疗有效。渗出性皮炎主要见于未断奶仔猪，病变具有滑腻性质。

（三）防控

1. 预防措施　要适当限制日粮中钙的含量，一般钙、锌之比为100：1，当猪日粮钙达0.4%～0.6%时，锌要达50～60mg/kg，才能满足其营养需要。在日粮中添加硫酸锌或碳酸锌50mg/kg有很好的预防效果，添加锌的安全幅度很大，加锌100mg也无毒性反应，标准的补锌量是180g/吨饲料。

2. 治疗措施　已经发病的猪注射碳酸锌，2～4mg/kg体重，1次/日，共用10d为一个疗程，一般一个疗程即见好转。要调整日粮结构，添加足够的锌，日粮高钙的要将钙降低。内服硫酸锌0.2～0.5g/头，对皮肤角化不全的在数日后可见效，数周后可愈合。日粮中加入0.02%的硫酸锌、碳酸锌、氧化锌。对皮肤病变可涂擦10%氧化锌软膏。用锌制剂的同时，配合应用维生素A效果更好。

五、碘缺乏症

碘缺乏症又称为地方性甲状腺肿，是由于饲料和饮水中碘不足而引起的一种营养代谢病。以甲状腺肿大、甲状腺机能减退、新陈代谢紊乱、小猪生长发育迟缓、繁殖能力和生产性能下降、母猪所生仔猪无毛、颈部呈现黏液性水肿为主要特征。

（一）病因

发生本病的主要原因是土壤、饲料和饮水中碘不足，一般见于每千克土壤含碘低于0.2～2.5mg、每升饮水中含量低于5μg的地区。另外，某些饲料如十字花科植物、豌豆、亚麻粉、木薯粉及菜籽饼等，因其中含多量的硫氰酸盐、过氯酸盐、硝酸盐等，能与碘竞争进入甲状腺而抑制碘的摄取。当土壤和日粮中钴、钼缺乏，锰、钙、磷、铅、氟、镁、溴过剩，日粮内胡萝卜素和维生素 C 缺乏以及机体抵抗力降低时，均能引起间接缺碘，诱发本病。由于怀孕、哺乳和幼畜生长期间，对碘的需要量加大，而造成相对缺碘，也可诱发本病。

（二）诊断

根据本病流行地区含碘量低，结合临床症状及用碘的防治效果可做出诊断。

临床表现为甲状腺肿大，生长发育停滞，生产能力降低，繁殖力降低。公畜性欲减退；母畜不发情或流产，死胎以及产弱仔；新生仔猪无毛，眼球突出，心跳过速，兴奋性增高，颈部皮肤黏液性水肿，多数在生后数小时内死亡。病猪皮肤和皮下结缔组织水肿。

（三）防控

补碘是防控本病的主要方法，碘化钠或碘化钾 0.03～0.36mg，每日内服，连用数日，饲料中添加碘盐。日粮中要注意添加足够的碘，但是不要发生中毒。减少饲喂致甲状腺肿的植物饲料；妊娠母猪 60 日龄时，每月在饲料或饮水中加入碘化钾 0.9～1mg，或每周在颈部皮肤上涂抹 3% 碘酊 10ml。

第二节　维生素缺乏症

一、维生素 A 缺乏症

维生素 A 缺乏症是由维生素 A 或其前体胡萝卜素缺乏或不足所引起的一种营养代谢疾病。临床上以生长发育迟缓、上皮角化、夜盲症、繁殖机能障碍以及机体免疫力低下等为特征。维生素 A 参与动物视色素的正常代谢及骨骼的生长，维持上皮组织的完整性，维持正常的繁殖机能，在动物体内具有重要的生理功能。本病多见于仔猪，常在冬末、春初时发生。

（一）病因

1. 原发性缺乏　日粮中维生素 A 原或维生素 A 含量不足。如含维生素 A 原的青绿饲料供应不足，或长期饲喂含维生素 A 原极少的饲料，如棉籽饼、亚麻籽饼、甜菜渣、萝卜等。饲料加工贮存不当，或贮存时间过长，使维生素 A 被氧化破坏，造成缺乏。饲料中磷酸盐、亚硝酸盐和硝酸盐含量过多，将加快维生素 A 和维生素 A 原分解破坏，并影响维生素 A 原的转化和吸收，磷酸盐含量过多还可影响维生素 A 在体内的贮存。中性脂肪和蛋白质含量不足，影响脂溶性维生素 A、维生素 D、维生素 E 和胡萝卜素的吸收，使参与维生素 A 转运的血浆蛋白合成减少。由于妊娠、泌乳、生长过快等原因，使机体对维生素 A 的需要量增加，如果添加量不足，将造成缺乏。

2. 继发性缺乏　胆汁有利于脂溶性维生素的溶解和吸收，还可促进维生素 A 原转化为维生素 A，由于慢性消化不良和肝胆疾病，引起胆汁生成减少和排泄障碍，影响维生素 A 的吸收，造成缺乏。肝功能紊乱，也不利于胡萝卜素的转化和维生素 A 的贮存。

另外，猪舍日光不足、通风不良、猪只缺乏运动、患胃肠病等常可促发本病。

（二）诊断

根据饲喂史，病史调查，具有夜盲、干眼、角膜角化、繁殖机能障碍、惊厥等神经症状及皮肤异常角化等临床特征，再结合测定血浆和肝中维生素 A 及胡萝卜素含量等做出诊断。确诊须参考病理变化和实验室检查。

典型症状是皮肤干燥，耳尖干枯，皮屑增多，被毛粗乱无光泽。呼吸道和消化道黏膜有不同程度的炎症，病猪咳嗽，下痢，消化不良，食欲减退，生长发育缓慢。有的视力减退，听觉迟钝，神经机能紊乱，严重的走路摇晃，发生痉挛、转圈、头偏向一侧、运动失调，甚至后躯麻痹，严重瘫痪。有的猪还表现行走僵直、脊柱前凸、痉挛和极度不安。后期发生夜盲症，视力减弱和干眼，角膜软化甚至穿孔。妊娠猪发病时，胎盘变性，常出现流产和死胎，或产出瞎眼、弱胎、畸形胎、全身性水肿的仔猪，很容易发病和死亡。公猪则表现睾丸缩小，精液品质不良。骨的发育不良，长骨变短，颜面骨变形，颅骨、脊椎骨、视神经孔骨骼生长失调。被毛脱落，皮肤角化层厚，皮脂溢出，皮炎。

本病注意与脑灰质软化症、伪狂犬病、病毒性脑脊髓炎、病毒性脑炎、李氏杆菌病、有机砷中毒、食盐中毒、猪瘟等具有神经症状的疾病相区别。

（三）防控

1. 预防措施　消除影响维生素 A 吸收利用的不利因素。保证饲料中含有足够的维生素 A 或胡萝卜素，即多喂青绿饲料、胡萝卜等富含维生素 A 原的饲料，也可在饲料中添加复合维生素。也可灌服鱼肝油，母猪 10～20ml，内服；仔猪 2～3ml 滴入口腔内，每天 1 次，连续数天。

2. 治疗措施　注射维生素 A、维生素 D 2～5ml，肌肉注射，隔 1d1 次，也可用维生素 A 50 万 IU，1 次注射能维持到宰杀为止。治疗：内服鱼肝油或肌肉注射维生素 A 制剂，疗效良好。维生素 AD 滴剂，仔猪 0.5～1ml，成年猪 2～4ml，口服。维生素 AD 注射液，母猪 2～5ml，仔猪 0.5～1ml，肌肉注射。浓鱼肝油，每千克体重 0.4～1ml，内服。鱼肝油，成年猪 10～30ml，仔猪 0.5～2ml，内服。长期过量应用维生素 A 会引起猪发生中毒，使用时剂量不要过大。

二、维生素 B 缺乏症

B 族维生素是一组水溶性维生素，在动物体内分布大体相同，在提取时常互相混合，在生物学上作为一种连锁反应的辅酶，故统称复合维生素 B。由于 B 族维生素不在机体内贮存，机体每天排出大量水分的同时，也使一定量的 B 族维生素被排出，因此必须每天得到补充。如果饲料中维生素 B 不足，或者含有干扰维生素作用的物质，即可引起维生素 B 缺乏。本病是一种营养缺乏症，临床表现以神经症状为特征。

（一）病因

饲料中缺乏维生素 B 会导致猪患维生素 B 缺乏症。维生素 B 是一组水溶性维生素，广泛存在于青绿饲料、麸皮、米糠、酵母及发芽的种子中，长期不喂上述饲料或添加不足，就会发病。

（二）诊断

根据病史和临床症状检查，实验室诊断及饲料分析可以作出诊断。

维生素 B_1 缺乏时，病猪初期食欲不振，生长发育不良，腹泻，心跳加快，跛行，被毛粗乱，无光泽，皮肤干燥；后期肌肉萎缩，四肢麻痹，皮肤黏膜发绀，体温下降，心搏亢进，呼吸急促，最终衰竭而死。

维生素 B_2 缺乏时，患病猪食欲不振至废绝，被毛粗糙无光泽，皮肤变薄、干燥，出现红斑疹、鳞屑、皮炎、溃疡。病猪的鼻、耳后、下腹部、大腿内侧有黄豆大至指头大的红色丘疹，丘疹破溃后，形成黑褐色痂。临床可见呕吐，腹泻，眼内障，步态僵硬，行走困难等；母猪早产，死产或畸形胎；仔猪出生后48h内死亡，出现畸形。

（三）防控

加强饲养管理，在日常饲料配合时，注意充分供应富有维生素 B 类的饲料，如青饲料、细米糠、麸皮、豆类、青菜、苜蓿、酵母等。配制饲料，应注意合理搭配。

维生素 B_1 缺乏：可用盐酸硫胺素注射液，按 25 ~ 50mg/次，肌内或皮下注射，每天 1 次，连用 3d。同时肌肉注射 3ml 当归注射液，作为维生素 B_1 缺乏的辅助疗法。

维生素 B_2 缺乏：可用维生素 B_2 注射液，20 ~ 30mg，肌肉注射，每天 1 次，连用 3 ~ 5d。同时饲喂青绿多汁饲料，可促进病猪康复。另外，在每吨饲料中补充 2 ~ 3g 维生素 B_2 也可满足需要。

三、维生素 D 缺乏症

维生素 D 与钙磷共同参与骨组织的代谢，其中任一种缺乏或钙磷比例失调都会造成骨组织的发育不良或疏松。本病在不同年龄猪均可发生。维生素 D 能降低肠道 pH 值，从而促进对钙、磷的吸收，保证骨骼的正常发育。饲料内钙、磷含量充足，比例也合适，但如果维生素 D 含量不足，也会影响对钙、磷的吸收利用。缺乏时导致钙、磷代谢障碍，产生钙、磷缺乏症。

（一）病因

维生素 D 是一种脂溶性维生素，可在紫外线照射下由皮肤合成，又可由动物性饲料或青绿饲料供给。在舍饲时，尤其仔猪得不到阳光照射，饲料中维生素 D 含量添加不足时，易引发本病。

（二）诊断

根据典型的症状与病变结合饲料调查，可以作出初步诊断。病猪生长迟缓，行走摇晃，不愿走动，常俯卧，逐渐瘫痪。病变可见胸骨变软，呈“S”状弯曲；长骨变形，骨质变软或易折；飞节肿大；肋骨与肋软骨结合部出现“串珠状肿”。必要时可化验饲料中维生素 D、钙、磷的含量。

（三）防控

1. 预防措施　注意饲料中维生素 D 和钙、磷的含量及其比例，可能情况下提供阳光照射。

2. 治疗措施　对患病猪可添加鱼肝油 10 ~ 20ml/kg 饲料，同时调整好钙磷比例及用量，合理的钙磷比为 2∶1。对重症猪可口服鱼肝油胶丸或肌注维丁胶钙。

四、维生素 E 缺乏症

猪体内维生素 E 是保护亚细胞线粒体和内质网膜不受过氧化物损害的生理抗氧化剂。

猪缺乏维生素 E，能引起表现形式多样的营养性疾病。多发生于2月龄仔猪和4～5月龄的育成猪。

（一）病因

环境或饲料中维生素 E 含量不足或加工不当是导致该病发生的直接因素。仔猪发生该病主要是由于母乳中维生素 E 缺乏引起的。

（二）诊断

根据饲养情况、病史、临床症状可以做出诊断。维生素 E 缺乏会使体内不饱和脂肪酸过度氧化，细胞膜和溶酶体膜受损伤，释放出各种溶酶体酶，如葡萄糖醛酸酶、组织蛋白酶等，导致器官组织发生变性等退行性病变。病猪表现有血管机能障碍，如孔隙增大、通透性增强等，血液外渗，渗出性素质，神经机能失调、抽搐、痉挛、麻痹，繁殖机能障碍。公猪睾丸变性、萎缩，精子生成障碍，出现死精等；母猪卵巢萎缩、性周期异常、生殖系统发育异常、不发情、不排卵、不受孕以及内分泌机能障碍等，受胎率下降，出现胚胎死亡、流产；仔猪主要呈现肌营养不良，肝脏变性、坏死，桑葚心以及胃溃疡等病变，表现为食欲减退，呕吐，腹泻，不愿活动，喜躺卧，步态强拘或跛行，后躯肌肉萎缩，呈轻瘫或瘫痪状，耳后、背腰、会阴部出现淤血斑，腹下水肿，心跳加快，有的呼吸困难，皮肤、黏膜发绀或黄染，生长发育缓慢。长期饲喂鱼粉的猪，由于维生素 E 缺乏，进入体内的不饱和脂肪酸氧化形成蜡样质，引起黄脂病。母猪乳中维生素 E 缺乏易引起哺乳仔猪运动失调和发生白肌病等。

（三）防控

1. 预防措施 饲料中维生素 E 和硒的不足或缺乏为直接病因，因而采取以提高饲料维生素 E 或硒的含量的综合性预防措施是极其重要的。对妊娠和哺乳母猪加强饲养管理，注意日粮的正确组成和合理搭配，保证有足量的蛋白质饲料和必需的矿物性元素、微量元素和维生素。在日粮中添加维生素 E，仔猪和小猪添加 60～100mg/kg 饲料，育肥猪和种猪添加 30～60mg/kg 饲料，怀孕、哺乳母猪添加 60～80mg/kg 饲料；如果日粮中的脂肪高于3%，维生素 E 的添加量应在推荐量的基础上按每增加 1% 的脂肪增加维生素 E 5mg 的比例添加。此外，妊娠母猪可应用维生素 E 或亚硒酸钠进行预防注射。

2. 治疗措施 醋酸生育酚，仔猪 0.1～0.5g/头，皮下或肌肉注射，每日或隔日 1 次，连用 10～14d。维生素 E，仔猪可用 10～15mg/kg 饲料饲喂。0.1% 亚硒酸钠注射液，成年猪 10～15ml，6～12 月龄猪 8～10ml，2～6 月龄猪 3～5ml，仔猪 1～2ml，肌肉注射。

第三节 仔猪低血糖症

仔猪低血糖症是仔猪在出生后最初几天由多种原因引起的仔猪血糖降低而导致的一种营养代谢病。其特征是血糖显著降低，血液非蛋白氮含量明显增多，临床上呈现迟钝、虚弱、惊厥、昏迷等症状，最后死亡。本病多发生于出生后一周以内的仔猪。同窝仔猪可大部分或一部分同时发病，也有全窝同时发病的，死亡率约 25%，有时全窝死亡。

一、病因

导致本病的原因有：饲养管理水平低，母猪饲养管理不当、营养缺乏，常导致母乳不足或无乳；母猪产后感染疾病，导致母乳不足，仔猪吮乳不足；仔猪患病后，吮乳减少，同时发生消化吸收障碍；初产母猪不让仔猪吮乳，或仔多乳头少，而吃不到母乳；受寒应激使仔猪食欲不佳，消化不良。

二、诊断

根据病史、临床检查，有条件的可作实验室检查。

1. 临床症状诊断 一般在出生后第二天发病，同窝猪中的大多数小猪都可发病。病初仔猪精神沉郁，停止吸乳，四肢无力，步态不稳，运动失调，皮肤发冷，结膜苍白，心跳慢而弱；后期卧地不起，头向后仰，倒地四肢做游泳状，尖叫、磨牙、空嚼、口吐白沫，瞳孔散大、对光反应消失，感觉迟钝或消失。病猪轻度瘫痪，不能负重，四肢软绵可任人摆布。后期昏迷，体温下降，意识丧失，很快死亡。急性患病仔猪，可在2h之内死亡，也有的拖延至1～2d后死亡。

2. 病理剖检诊断 剖检可见消化道空虚，机体脱水。肝脏变化特殊，呈橘黄色，边缘锐利，质地像豆腐，稍碰即破；胆囊肿大，充满半透明淡黄色胆汁；肾呈淡土黄色，有散在针尖大小出血点，肾盂和输尿管有白色沉淀物；肠系膜乳糜管内无乳糜，肠系膜透明。

3. 实验室诊断 化验病猪血液，发现血糖水平由正常的4.995～7.215mmol/L下降到0.278～0.833mmol/L（50～150mg/L）即可做出诊断。

三、防控

在对症治疗仔猪低血糖的同时，要及时解除母猪少奶或无奶的原因。

1. 预防措施 加强怀孕母猪后期的饲养管理，保证在怀孕期内供给胎儿充足的营养，生后有充足的乳汁供应，防止仔猪饥饿和寒冷。

2. 治疗措施

①5%或10%的葡萄糖溶液10～20ml，腹腔或皮下分点注射，可每隔3～4h一次，连用2～3次。或配制成20%的白糖水溶液，内服，每日2～4次，连用3～5d。

②可交替使用促肾上腺皮质激素和肾上腺皮质激素类药物，促进糖原异生，升高血糖。

③及时治疗母猪或仔猪所患疾病。

第四节 黄脂病

猪的黄脂病俗称“黄膘病”，其特征是屠宰后脂肪呈黄色，脂肉仍可食用。

一、病因

本病发生的原因是饲喂过多的不饱和脂肪酸甘油酯或维生素E不足，以致抗酸色素在脂肪组织中积聚所致。特别是大量饲喂鱼粉、鱼杂、鱼肝油副产品、蚕蛹等，都可发生“黄脂病”。一般认为除了饲料因素外，本病还与猪的品种遗传有关。

二、诊断

生前很难诊断，患病猪并无特殊症状。

1. 临床症状诊断　有时只表现食欲不振，异嗜，下痢，生长缓慢，倦怠无力，黏膜苍白。有时发生跛行，步样强拘，眼有分泌物。

2. 病理剖检诊断　屠宰后可见到肥膘及体腔内脂肪有不同程度的柠檬黄色。黄脂具有鱼腥臭味。骨骼肌和心肌呈灰白色、发脆；肝脏呈黄褐色，为脂肪变性；肾脏呈灰红色；胃肠道黏膜充血。其他组织器官无黄色现象。这一点和黄疸有很大区别，黄疸是皮肤、黏膜、皮下脂肪、腱膜韧带、软骨表面、组织液、关节囊液及其内脏等均呈黄色。

三、防控

应除去日粮中富含不饱和脂肪酸甘油酯的饲料或限制在10%之内，在宰前1个月停喂。日粮中添加含维生素E的米糠、野菜、青饲料。日粮中添加6%的干燥小麦芽。必要时每天用维生素E 500～700mg添加到病猪日粮中。

第五节　急性应激综合征

应激综合征是机体受到各种不良因素（应激原）的刺激而产生的一系列逆反应的疾病，表现为生长发育缓慢、生产性能和产品质量降低、免疫力下降、严重者引起死亡的一种非特异性反应。应激综合征广泛发生于牛、马、猪及家禽，尤以猪和家禽最为常见。良种猪、瘦肉型、长速快的猪发生多，而当地土种猪发生少。由不良应激引发的疾病很多，如猪桑葚心、应激性肌病、心性急死病、恶性高温综合征、胃溃疡、大肠杆菌病、咬尾症、咬耳症、母猪无乳症、皮炎、肾病、断奶后系统衰竭等。

一、病因

遗传因素、硒缺乏症、内分泌失调、蛋白质缺乏等因素可导致应激综合征的发生。当猪受到人为和环境刺激时，如惊吓、捕捉、保定、运输、驱赶、过劳、过冷过热、拥挤、混群、噪声、电刺激、感应、空气污染、环境突变、防疫、公猪配种、母猪分娩、仔猪断奶等，也可促进发病。

二、诊断

根据应激综合征的发病原因和临床症状、死后剖检变化可确诊。

1. 临床症状诊断

猝死型：3～5月龄猪最为常见。常无任何表现突然死亡，有的病例可见到病猪疲惫无力，运动僵硬，皮肤发红，有的配种时期死亡，有的数分钟死亡。

猪应激性肌变：轻者生前无症状，严重病例体温升高，呼吸100次/min，背部单侧或双侧肿胀，肿胀部位无疼痛反应。肌肉僵硬，震颤，卧地，呈犬坐或跛行。

生产性能下降：育肥猪生长缓慢，抵抗力下降。哺乳母猪泌乳减少或无乳，公猪性欲下降。

2. 病理剖检诊断 剖检可以发现心性急死病猪可见心肌有白色条纹或斑块病灶，心肌变性，心包积液。猪应激性肌变可见肌肉丰满部位肌肉呈灰白色或白色，有时一端病变一端正常，质地疏松和有液体渗出；病猪死后立即发生尸僵，肌肉温度偏高。反复发作而死亡的见背部、腿部肌肉干硬而色深；重者肌肉呈水煮样色白，松软弹性差，纹理粗糙，严重的肉如烂肉样，手指易插入，切开后有液体渗出。肺水肿。有的胸腔积液。

三、防控

在防控措施上应做好以下几项工作。

①选择抗应激性强的猪种，以减少或杜绝发病内因；有应激敏感病史或对外界刺激敏感的猪群，不宜留作种用。

②减少和避免各种外界干扰和不良因素刺激，保持平稳的饲养管理，混群要多加注意，避免拥挤、咬架等。

③在运输时注意防寒防暑、防压、过劳。长途运输前可给予苯巴比妥，0.25 ~1g/kg体重，肌肉注射。在购买猪时了解有无应激病史。

④对病猪应单独饲养。对重症者，肌注或口服催眠灵，50mg/kg 体重；静注 5% 碳酸氢钠 40 ~ 120ml。为防止过敏性休克和变态反应性炎症，可适量肌注或静注氢化可的松或地塞米松磷酸钠等皮质激素。

⑤在猪转群前 2d 和 9d，用亚硒酸钠维生素 E 合剂，0.13mg/kg 体重，肌肉注射。

第六节　异食癖

猪异食癖是由于代谢机能紊乱、味觉异常所致的一种疾病的综合征，临床上以到处舔食、啃咬为特征。

一、病因

通常认为本病是由于一些矿物质、微量元素不足，某些蛋白质和氨基酸缺乏及体内碱性物质消耗过多而引起；某些神经性障碍亦可导致发生。矿物质缺乏主要见于饲料中钠盐不足或钾盐过多，或饲料钙磷比例不当；维生素缺乏，主要见于 B 族维生素的缺乏。某些消耗性疾病，如慢性消化不良、寄生虫病及饲喂精料或酸性饲料过多等都可引发异食癖。最近研究认为，饲料过细、粗纤维不足是主要原因。

二、诊断

根据典型的临床症状和病理变化可以作出诊断。

临床表现幼猪喜啃泥土、墙壁、食槽、砖瓦块、鸡屎或其他异物。病猪怕惊，被毛粗乱，个别体温增高，脉搏加速，病猪呈现消化不良，初期便秘，后期下痢或便秘、下痢交替出现，食欲降低，生长不良，渐渐消瘦，贫血；育成猪相互啃咬对方耳朵、咬尾等，常可发生相互攻击而致外伤；母猪一般在产后吃食胎衣、咬食仔猪等，泌乳减少，拱背，磨牙，逐渐消瘦、衰弱，日久因衰弱而死。

三、防控

首先应查明病因，对因治疗。加强饲养管理，改善饲料配比给予全价日粮；多喂青贮料或青草，补饲维生素饲料，如麦芽、酵母等。若诊断有软骨症或佝偻病时，应在饲料中加入骨粉、碳酸钙和维生素 A、维生素 D 等。给予病猪含铜、铁、锰、钴等多种微量元素的兽用生长素。单纯性异食癖，可试用碳酸氢钠、食盐、人工盐，每头 10 ~ 30g；也可用草木灰，按 50 ~ 100g/100kg 体重给予。

复习思考题

一、名词解释

1. 钙磷代谢障碍
2. 仔猪白肌病
3. 仔猪缺铁性贫血
4. 锌缺乏症
5. 碘缺乏症
6. 仔猪低血糖症
7. 应激综合征
8. 异食癖

二、填空题

1. 发生钙磷代谢障碍时幼龄猪表现为__________，成年猪则形成__________。临床上以消化紊乱、__________、跛行、______________为特征。

2. 仔猪白肌病以_________________为特征。______________是治疗该病的特效药物。

3. 锌缺乏症在临床上以____________和____________为特征。

4. 碘缺乏症又称为______________，以______________、甲状腺机能减退、______________、小猪生长发育迟缓、繁殖能力和生产性能下降、母猪所生仔猪无毛、颈部呈现黏液性水肿为主要特征。

5. ______________可以用来治疗碘缺乏症。

6. 维生素 B 缺乏症的主要症状是__________________。

三、简答题

1. 引发钙磷代谢障碍的病因有哪些？
2. 简述钙磷代谢障碍的治疗措施。
3. 如何诊断仔猪白肌病？
4. 如何防治仔猪缺铁性贫血症？
5. 如何诊断维生素 A 缺乏症？
6. 如何防治猪急性应激综合征？

第五章　猪产科病

第一节　产后瘫痪

母猪产后瘫痪也称生产瘫痪、产后麻痹、产后低钙血症，亦称乳热症。是产后母猪突然发生的严重钙代谢障碍性疾病，以低血钙、知觉丧失、四肢瘫痪、体温下降和全身肌肉无力为特征。该病多发生于泌乳量高的母猪，一般于产后 12～72h 发病。

一、病因

本病发生最重要的原因之一是产后急性钙代谢调节障碍。产后大量的钙质进入初乳，使母猪丧失的钙量超过它能从肠道吸收和骨骼动用数量的总和，导致血钙浓度急剧下降。母猪怀孕期日粮中钙、磷、维生素 D 等供应不足或失调；随胎儿的生长，压迫母猪腹腔器官，影响胃肠消化和吸收功能；母猪运动不足、光照少、圈舍小或长期睡卧使胃肠蠕动下降可促使发病。经产或老年母猪产仔较多，骨盐降解加速及每次妊娠与哺乳缺钙的积累导致发病。血镁含量降低。镁在钙代谢途径的许多环节中具有调节作用。血液镁含量降低时，机体从骨骼中动员钙的能力降低。因此，低血镁时，生产瘫痪的发病率高，特别是产前饲喂高钙饲料，以致分娩后血镁过低而妨碍机体从骨骼中动员钙，难以维持血钙水平，从而发生生产瘫痪。

二、诊断

产后数小时发病，2～5d 为高发期。少数在妊娠末期发生。轻者精神委靡，轻度不安，行走时后躯摇摆，站立困难，常伏卧。食欲减退，初期粪便干硬而少，以后则停止排粪、排尿。体温正常或稍高。随病情加重，病猪精神极度沉郁，食欲废绝，长期卧地不起，四肢麻木发凉，对外刺激减弱或无反应，甚至一切反射减弱或消失。泌乳减少甚至完全不泌乳，有时病猪伏卧不让仔猪吃奶。呼吸浅表，逐渐消瘦、衰竭而死。

三、防控

1. 治疗措施　在治疗的同时，病猪要喂适量的骨粉、蛋壳粉、碳酸钙、鱼粉。

（1）注射补钙　静脉注射 10% 葡萄糖酸钙溶液 200ml，有较好的疗效。静脉注射速度应缓慢，同时注意心脏情况，注射后如不见好转，6h 后可重复注射，但最多不得超过 3 次，以免用药过多产生副作用。同时肌肉注射维生素 D_3 5ml，或维丁胶钙 10ml，每日 1 次，连用 3～4d。

（2）对症治疗　补液，强心，防止酸中毒，并配合其他辅助疗法。

2. 预防措施　妊娠母猪增加饲料中钙的含量，临产前减少钙的饲喂量，或者产后静脉注射钙剂；科学饲养，保持日粮钙、磷比例适当，增加谷物，减少豆科饲料；提高机体抵抗力；增加光照和运动。

第二节　产后无乳

母猪产后无乳是一种病因复杂的繁殖性疾病，在规模化猪场较常见，初产及老龄母猪发病率较高。该病引起母猪缺乳或无乳，造成仔猪明显饥饿、消瘦、衰竭或感染疾病而死亡。

一、病因

母猪产前便秘、缺乏运动或乳腺先天发育不良等，造成母猪无乳。后备母猪早配，体质瘦弱，母猪过肥、过瘦或胎龄较高等饲养管理不当，造成激素分泌紊乱；天气炎热、母猪饲料霉败变质；突换饲料或变更配方等引起应激反应导致母猪无乳。卫生条件差，配种、人工授精、助产等时操作不当，或产后胎衣碎片不能及时排出，细菌感染而使子宫、乳房发生炎症。母猪低血钙及维生素 E 和硒缺乏。

二、诊断

本病常发生于分娩后 3d 内。一般在分娩前 12h 到分娩结束这段时间还有乳，而产后 1～3d 泌乳量减少或完全无乳。

母猪精神沉郁、眼球下陷、呼吸加快、体温升高（39.5～41.5℃），食欲不振、便秘，乳房松弛或肿胀、坚实发热，触摸敏感，乳房、乳头干瘪，拒绝哺乳，挤不出乳汁或挤出少量清淡乳汁，有时含脓样絮状物。部分母猪阴道流出脓性分泌物，腹股沟淋巴结肿大。

仔猪因吃不到乳汁而饥饿，缺乏营养，饥饿性下痢，逐渐苍白、消瘦、死亡或成为弱仔或僵猪。

三、防控

1. 治疗措施

①发现母猪泌乳不足，可注射 20～80IU 的催产素，每天 3～4 次，连用 2d；或皮下注射 5ml 初乳；母猪无乳时，可用前列腺素 5ml 肌注，每天 2～3 次，连用 3～5d。

②患子宫、阴道炎及引起全身感染时，采取子宫冲洗、灌注抗微生物药，并对乳房用普鲁卡因青霉素局部封闭治疗。必要时结合全身治疗。

③为消除乳房炎症、肿胀及促使泌乳，可用 0.1% 的高锰酸钾水溶液热敷并按摩乳房，每次 10～30min，每天 3～4 次，并注意让仔猪去拱母猪乳房和吸吮母猪乳头。

2. 预防措施

①加强选种工作，淘汰乳房、乳头发育不良及应激反应较强的母猪，选留后备母猪时，重视挑选泌乳力高的母猪后代。

②加强母猪的饲养管理工作，做好分娩舍的卫生和消毒工作，母猪须经严格清洗消毒后才能转入分娩舍。临产前2d供给正常喂料量的60%~80%，以防产后不食而影响泌乳或由于初生仔猪需奶量少而造成乳房炎。分娩后母猪饲喂量应逐渐增加，一周后达到全量采食。仔猪生后3d内剪牙。提供能满足母猪营养需要的饲料，特别是怀孕、哺乳阶段的饲料，使用质量高、适口性好的哺乳母猪料。尽量减少各种应激。母猪应于分娩前一周转入分娩舍，避免临近分娩才将母猪转入分娩舍，在驱赶母猪时，动作应温和。

③夏季完善降温设施，尽量营造一个凉爽、洁净、安静的小气候环境，有条件的分娩舍可安装水帘降温系统，或抽气扇，加大通风量，也可在母猪颈部上方加设滴水降温装置。

④母猪分娩前后各1周，在饲料中添加抗生素，如氟甲砜霉素，按400mg/kg饲料添加，对预防乳房炎和子宫炎有较好的效果。

⑤母猪产前3d至产后7d，在饲料中添加增奶类中药添加剂，能有效地促进母猪泌乳，提高断奶窝重。

第三节　乏情

母猪乏情是繁殖障碍症的重要表现，在母猪养殖场普遍存在。临床上以性机能减退，发情失常，屡配不孕为特征。

一、病因

1. 后备母猪乏情

（1）选种失误　缺乏科学的选种标准，特别是后备母猪市场紧缺时，使不具备种用价值的猪也当后备母猪留作种用。

（2）卵巢发育不良　长期患慢性呼吸系统病、消化系统病或寄生虫病的小母猪，其卵巢发育不全，卵泡发育不良，激素分泌不足，影响发情。

（3）营养或管理不当　后备母猪饲料营养水平过低或过高，喂料过少或过多，造成母猪体况过瘦或过肥，均会影响其性成熟；后备母猪单头饲养和饲养密度过大、频繁咬架等也可导致初情期延迟。

（4）公猪刺激不足　试验证明，当小母猪达160~180日龄时，用性成熟的公猪进行直接刺激，可使初情期提前约30d。

（5）饲料原料霉变　玉米霉菌毒素，尤其是玉米赤霉烯酮，其分子结构与雌激素相似，母猪摄入后，影响其正常的内分泌功能，导致发情不正常或排卵抑制。

2. 经产母猪乏情

（1）年龄胎次　85%~90%的经产母猪在断奶后7d内发情，但初产母猪只有60%~70%在首次分娩后一周内发情。

（2）气温光照　环境温度达30℃以上时，母猪卵巢和发情活动会受到抑制。7~9月份断奶的母猪乏情率比其他月份断奶的高，青年母猪尤为明显。季节对舍外和舍内饲养的母猪发情影响都很明显，每日光照超过12h对发情有抑制作用。

(3) 猪群大小 与后备母猪有所不同，断奶后单独圈养的成年母猪发情率要比成群饲养的母猪高。

(4) 饲养管理 原料质量低劣、营养水平特别是饲料能量不足，使母猪配种时的体况不佳；断奶过迟，哺乳期延长使母猪体重丢失过多、体况偏瘦，从而引起母猪延迟发情或乏情；缺乏较好的配种设施，配种人员对母猪的发情鉴定技术和配种技术不过关，也将引起母猪乏情。

(5) 病源因素 猪瘟、蓝耳病、伪狂犬病、细小病毒病、乙脑等均会引起母猪乏情及其他繁殖障碍症。

二、诊断

经产母猪断奶后甚至几十天以上，后备母猪超过 1 个或多个发情期持续没有发情症状。以初产猪和后备猪为多见。另外，有些母猪性欲减退或缺乏，长期不发情，排卵失常，屡配不孕。

母猪为常年发情动物，发情周期 20～21d（18～24d 也属正常范围），发情持续期 2～3d。以接受爬跨作为发情判定标准，此外还表现急躁不安、爬跨其他母猪、食欲不好、跨圈栏、外阴红肿、流水样黏液等。若无上述表现则为乏情。

三、防控

根据不孕的原因和性质，加强饲养管理是治疗此类不孕症的根本措施。在此基础上，根据具体情况和条件，可选用下述一些方法催情。

1. 调整母猪饲养管理 加强哺乳母猪的饲养管理，减少断奶失重，可有效防止断奶后的乏情。已乏情的母猪改善饲养管理，适当调整母猪的膘情。特别注意饲料中维生素 E、维生素 A、维生素 D 和微量元素、必需氨基酸的添加量，保证饲料营养平衡。

2. 按摩乳房 此法不仅能刺激母猪乳腺和生殖器官的发育，且能促进母猪发情和排卵。按摩法可分为表面按摩和深层按摩。

3. 激素治疗 用于促情排卵的激素主要有孕马血清、人绒毛膜激素、促排三号、氯前列烯醇等，将激素适当组合后使用可获得明显疗效。

4. 淘汰处理 及时淘汰病源性的不育症母猪。

第四节 子宫内膜炎

母猪子宫内膜炎是子宫黏膜所发生的炎症，为母猪生殖器官的常见病，也是导致母猪屡配不孕的重要原因。

一、病因

阴道检查、配种、人工授精操作时，未对外部生殖器官部位及器械和人员手臂进行消毒或消毒不彻底，会引起感染。难产、胎衣不下、阴道脱出、子宫脱出等，造成母猪产道损伤和污染。因各种原因引起的葡萄球菌、链球菌、大肠杆菌、绿脓杆菌等病原微生物侵入子宫引起感染。存在于生殖道内的某些条件性病原微生物在机体抵抗力降低时，造成内源性感染。经产母猪产后感染也可引起子宫内膜炎。

二、诊断

1. 黏液脓性子宫内膜炎 仅侵害子宫黏膜。表现体温略升高，食欲不振，哺乳母猪泌乳量减少，从阴道内流出黏液或黏液脓性分泌物。阴道检查子宫颈稍开张，黏液脓性渗出物从子宫颈流出。

2. 纤维素性子宫内膜炎 不仅侵害子宫黏膜，且侵害子宫肌层及其血管，因而导致纤维蛋白原的大量渗出，并引起黏膜下层或肌层坏死。表现体温升高，精神沉郁，食欲减退，从阴门流出污红色黏膜组织碎片，卧地时排出量增多；如不及时治疗，继续发展可引起子宫壁穿孔，或病理产物经血液吸收进入血管，随血流到达全身，引起全身败血症而死亡。

3. 慢性子宫内膜炎 当上述两种急性子宫内膜炎治疗不及时或处理不当时，可转为慢性子宫内膜炎。在母猪群中，特别是经产母猪群中有的在产后乳量不足，减食或不吃，有时从阴道内流出透明或黄色脓样渗出物，断乳后屡配不孕，或发情时从阴道流出渗出物。进行子宫冲洗（冲洗物静置后有沉淀）后，再配仍然不孕，无其他眼观症状。

三、防控

1. 治疗措施 采取全身与子宫局部相结合的治疗措施。子宫局部治疗分子宫冲洗、子宫用药两个步骤。

（1）子宫冲洗 选用合适的消毒液配制 1 500～2 000ml，将药液灌入子宫内冲洗，让洗液与子宫内容物充分作用一定时间后排净。

（2）子宫内给药 在排净冲洗液后，选用一些抗微生物药（膏）放入子宫内，隔天一次，一般连用 3 次即愈。严重病例，如纤维蛋白性子宫内膜炎或慢性化脓性子宫内膜炎，需冲洗用药 4～6 次。

（3）全身治疗 在子宫局部治疗的同时，选用氨苄青霉素、阿莫西林、丁胺卡那霉素等抗菌药肌肉注射。必要时可作细菌培养和药敏试验，筛选敏感药物进行全身治疗。

2. 预防措施 预防本病，关键在于消除致病原因，防止各种感染。在配种、人工授精、阴道检查时，一定要做好消毒工作。母猪产仔时，要进行外阴及产房清洁消毒，在产仔前，注射缩宫素，产仔后注射抗菌药，预防细菌感染。加强饲养管理，及时治疗各种疾病，防止条件病原体致病。

第五节 流产

母猪流产是由于胎儿或母体的生理过程发生扰乱，或它们之间的正常关系受到破坏使妊娠中断，胚胎在子宫内被吸收，或排出死亡胎儿的一种疾病。它可以发生在怀孕的各个阶段，但以怀孕的早期较多见。

一、病因

1. 传染性流产　由传染病和寄生虫病引起，又分为自发性和症状性两种。

（1）自发性流产　胎膜、胎儿及母猪生殖器官直接受到了病原微生物或寄生虫的侵害，如布氏杆菌、衣原体等。

（2）症状性流产　流产仅为某些传染病或寄生虫病的一个症状，如猪伪狂犬病、猪繁殖和呼吸综合征、猪弓形虫病等。

2. 非传染性流产　也分为自发性流产与症状性流产。

（1）自发性流产　胎膜、胎儿的畸形发育与疾病所致者比较多见。如胎膜异常，胎膜无绒毛或绒毛发育不全，多为近亲繁殖的结果；尿囊液过多，在妊娠中后期，母猪腹围增大过快或特大，直肠检查感知子宫膨大并浮在上面，是由于胎儿与母体之间不协调，胎盘功能不良所致，见于子宫动脉或脐带动脉扭转、子宫内膜发生变性坏死、胎儿发育不良等；胎盘坏死及胎膜炎症，多由于前一胎流产后对子宫处理不彻底而受胎所致，故应在流产后认真处理子宫，以防再流产。

（2）症状性流产　包括以下几种类型。

①饲养性流产。饲料量不足和饲料营养价值不全，饲料霉败、冰冻或有毒，使胎儿发生营养物质代谢障碍。

②损伤及管理性流产。如跌摔、顶碰、挤压、踢跳、重役、鞭打、惊吓等，使母猪子宫及胎儿直接或间接受到冲击震动而流产。

③疾病性流产。母猪生殖器官疾病及功能障碍、大失血、疼痛、腹泻及高热性疾病和慢性消耗性疾病，使胎儿或胎膜受到影响。

④药物性流产。在妊娠期间给予子宫收缩药、泻药、利尿剂及全身麻醉剂等。

⑤习惯性流产。为同一母猪发生连续3次以上流产，可能与近亲繁殖、内分泌功能紊乱和应激性刺激有关。

二、诊断

1. 临床症状　母猪配种并确认怀孕，但过一段时间再次发情；妊娠期内表现腹痛、拱腰、努责，从阴门流出分泌物或血液，进而排出死胎或不足月的胎儿；怀孕后一段时间腹围不再增大而逐渐变小，有时从阴门排出污秽恶臭的液体，并含有胎儿组织碎片。

2. 流产表现形式

（1）胚胎消失（隐性流产）　妊娠初期，胚胎大部分或全部被母体吸收。常无临床症状，只有妊娠后（1.5～2.5个月）性周期又完全恢复而发情。

（2）排出未足月胎儿　①小产（死产）：排出未经变化的死胎，胎儿及胎膜很小，常无分娩征兆而排出，多不被发现。②早产：排出不足月的活胎，有类似正常分娩征兆和过程，但不明显，常在排出胎儿前2～3d，乳腺及阴唇突然稍肿胀。早产的胎儿，虽活力较低，仍应尽力抢救。

（3）胎儿干性坏疽（干尸化）　胎儿死于子宫内，由于黄体存在，故子宫收缩微弱，子宫颈闭锁，死胎未被排出。胎儿及胎膜水分被吸收后体积缩小变硬，胎膜变薄紧包于胎儿，呈棕黑色，犹如干尸。母猪表现随妊娠时间延长腹部并不继续增大，直肠检查感觉不到胎动，子宫内无胎水，但有硬固物，子宫中动脉不变粗且无妊娠样搏动。分娩时见有正常胎儿与干尸化胎儿交替排出。

（4）胎儿浸溶　胎儿死于子宫内，由于子宫颈开张，非腐败性微生物侵入，使胎儿软组织液化分解后被排出，但因子宫开张有限，骨骼留存于子宫内。母猪精神沉郁，体温升高，食欲减退，腹泻、消瘦；努责时排出红褐色或黄棕色的腐臭黏液或脓液，有时排出小短骨片；黏液粘污尾及后躯，干后结成黑痂。阴道检查，子宫颈开张，阴道及子宫发炎，在宫颈或阴道内可摸到胎骨；直肠检查时，在子宫内能摸到残存的胎儿骨片。

（5）胎儿腐败分解（气肿的胎儿）　胎儿死于子宫内，由于子宫颈开张，腐败菌（厌气菌）侵入，使胎儿内部软组织腐败分解，产生硫化氢、氨、丁酸及二氧化碳等气体并积存于胎儿皮下组织、胸、腹腔及阴囊内。母猪腹围增大，精神不振，呻吟不安，频频努责，从阴门内流出污红色恶臭液体，食欲减退，体温升高。阴道检查有炎症表现，子宫颈开张，触诊胎儿有捻发音。

三、防控

1. 治疗措施　保胎、安胎：可肌肉注射黄体酮；促使胎儿排出：可用己烯雌酚和催产素配合应用；对延期流产：开张子宫颈口，排出胎儿及骨骼碎片，冲洗子宫并投入抗菌消炎药，必要时进行全身疗法。

针对不同情况，采取不同治疗措施。

（1）有流产征兆　如胎儿未被排出体外及习惯性流产，应全力保胎。可用黄体酮注射液15～25mg，肌肉注射，每天一次，连用2～3次，亦可肌肉注射维生素E。胎儿死亡，且已排出，应调养母猪。胎儿已死，若未排出，则应尽早排出死胎，并剥离胎膜，以防继发病的发生。

（2）小产及早产的治疗　出现早产症状后，肌注黄体酮保胎，估计保不住胎的，让其早产；注意对母猪的护理；注意早产儿的保温，加强人工哺乳。

（3）胎儿干尸化的治疗　灌注灭菌石蜡油或植物油于子宫内后，将死胎拉出，再以复方碘溶液（用温开水400倍稀释）冲洗子宫。当子宫颈口开张不足时，可肌肉或皮下注射己烯雌酚，促使黄体萎缩、子宫收缩及开张，待宫颈开张较大后，以助产方法拉出死胎。

（4）胎儿浸溶及腐败分解的治疗　尽早将死胎组织和分解物排出，并按子宫内膜炎处理，同时根据全身状况配以必要的全身疗法。

2. 预防措施

①根据母猪特点，实施综合性防控措施：给以数量足、质量高的饲料，日粮中所含的营养成分，要考虑母体和胎儿需要，严禁饲喂冰冻、霉败及有毒饲料，防止饥饿、过渴和过食、暴饮。

②母猪要适当运动，防止挤压碰撞、跌摔踢跳、鞭打惊吓和猛跑。做好冬季防寒、夏季防暑工作。合理选配，以防偷配、乱配，并做好母猪的配种、预产期记录。

③配种（授精）、妊娠诊断、直肠及阴道检查等操作，要严格遵守规程，严防粗暴从事。

④定期检疫、预防接种、驱虫及消毒。凡遇疾病，要及时诊断，及早治疗，用药谨慎，以防流产。发生流产时，先行隔离消毒，一面查明原因，一面进行处理，以防传染性

流产传播。

第六节　乳房炎

母猪乳房炎是由机械性损伤和微生物感染所引起的乳腺实质或间质炎症。其特征为乳中体细胞尤其是白细胞数增多，乳腺组织病理变化。它不仅使泌乳量和质量下降，甚至造成无乳；母猪的发情期也可因而延迟。乳房炎随胎次增加发病率上升。另外，乳房炎尚有一定的遗传性。乳房炎按乳房症状及乳汁变化分为隐性型和临床型；按炎症的性质分为浆液性、黏液性（卡他性）、纤维蛋白性、出血性、化脓性和蜂窝织炎性；按病程分为急性、亚急性和慢性三类。

一、病因

1. 乳房机械性损伤　圈舍面积小，地面粗糙，使乳房受到挤压、摩擦或仔猪咬伤乳房、乳房冻伤等，致使链球菌、葡萄球菌、大肠杆菌或绿脓杆菌等病原菌入侵，特别是乳头损伤更易发生细菌入侵而致病。

2. 病原微生物引起或疾病继发　乳房受到微生物侵害导致发炎，如圈舍卫生不良等；全身疾病或其他器官疾病时可引起乳房炎，如母猪子宫内膜炎时，常并发此病。

3. 饲养管理　母猪产前产后，精料饲喂过多，乳量过大，小猪吃不完可引发此病。断乳方式不当也可引起乳房炎。冬季室外饲养易引起冻伤，酸碱等化学物质刺激也常引起乳房炎。

二、诊断

患猪精神沉郁，体温升高至40℃以上，当发展为慢性时，体温不一定升高。食欲减少或绝食。患病乳房潮红、肿胀，触之热感而有疼痛，变硬。由于乳房疼痛，母猪拒绝仔猪吮乳，使仔猪饥饿不安。慢性乳房炎时，乳房硬肿但不发热。

黏液性乳房炎时，乳汁稀薄，以后变成乳清样，仔细观察可看到乳中含有絮状物。

脓性乳房炎时，乳汁少而浓，混有白色絮状物，有时带血丝，甚至有黄褐色脓液，有腥臭味。严重时，乳房不排乳，还可形成乳房脓肿，久则破溃而排出臭味的脓汁。

三、防控

1. 治疗措施

（1）全身疗法

①加强护理。即暂时性减少或停止泌乳，促进炎症消散。减少日粮中精料和多汁饲料，限制饮水；每4h挤奶一次，以利于及时排除炎性产物。

②合理选用抗菌药物。以抑菌试验的方法选择敏感性抗菌药物，或联合应用抗菌药物，且剂量要充足，每日用药次数以保持血液中的抑菌浓度为准，连用5～7d。

③支持疗法。急性或重症乳房炎，为防止出现毒血症，应静脉注射大量等渗液，尤其是含有葡萄糖和抗组胺类药物。最急性型和急性乳房炎，为减轻疼痛，促进组织修复，用

0.25%盐酸普鲁卡因生理盐水溶液按每千克体重0.5～1ml静脉注射，每日1次。

（2）局部治疗

①急性乳房炎病初冷敷，经1～2d后热敷，每日3～5次，每次20min左右。症状轻的可用温开水洗净乳房，乳房硬结时，轻轻按摩，使硬结消散，挤出患病乳房内的乳汁，局部涂以消炎软膏，如鱼石脂软膏或樟脑软膏、樟脑碘化软膏等。

②乳房基部封闭：用0.25%～0.5%普鲁卡因200～400ml，稀释青霉素50万～100万IU，在乳房实质与腹壁之间的空隙，用注射器平行刺入，注射于乳房周围，1～2d后如症状不减轻，可再注射1次。

③乳池注射：乳头管通透性良好，可用乳导管向乳池腔内注入5万～10万IU青霉素，或再加入链霉素5万～10万IU，一起溶于0.25%～0.5%盐酸普鲁卡因溶液或生理盐水中，1次注入。

④切开排脓：乳房化脓，形成脓肿时，应尽早由上向下纵行切开，排出脓汁。然后用3%过氧化氢溶液或0.1%高锰酸钾溶液冲洗干净。脓肿较深时，可用注射器先抽出内容物，后向腔内注入青霉素10万～20万IU、链霉素10万IU。

2. 预防措施 为了预防本病，母猪在分娩前后3～5d内，以及断乳前3～5d内，酌情减少精料及多汁饲料，以减轻乳腺的泌乳量，同时应防止喂给大量的发酵饲料。保持猪舍清洁、干燥和铺厚垫草。发现乳房有外伤时，及时消毒处理。

第七节 胎衣不下

母猪胎衣在产仔后10～60min即可排出，一般分两次排出，胎儿较少时，胎衣往往分数次排出。如果产后2～3h仍未排出胎衣，或只排出一部分，称为胎衣不下。

一、病因

1. 子宫收缩无力 日粮中矿物质、微量元素比例不当，缺乏运动，母猪消瘦或肥胖，使其虚弱、子宫弛缓。胎水过多，胎儿过大，使子宫过度扩张而继发产后子宫收缩微弱；难产后的子宫肌疲劳，雌激素不足等，都可导致产后子宫收缩无力。

2. 母子胎盘粘连 子宫、胎膜炎症，致母子胎盘难以分离而造成胎衣滞留。常见于微生物感染，维生素A缺乏等。

3. 应激 分娩时，外界干扰引起应激反应，抑制了子宫肌的正常收缩。有时胎衣虽已脱落，但因子宫颈管过早闭锁，或子宫角套叠，致使胎衣不能排出。

二、诊断

母猪每个子宫角内的胎囊绒毛膜端凸入另一绒毛膜的凹端，彼此粘连形成管状，分娩时一个子宫角的各个胎衣往往一起排出来，胎衣排出后检视每个胎衣的脐带断端数与分娩仔猪数是否相符。如有缺少，即说明滞留胎衣数。

母猪完全产仔后，胎衣全部或部分滞留在子宫内，或有部分脱出阴门外的。母猪常卧地不起，不断努责，精神不振，食欲减少或消失，阴门流出暗红色带臭的液体，多引起败血症而死亡。如胎衣在子宫内滞留过久，则从阴门流出暗红或红白色带有臭气或恶臭的排泄物，此时体温升高。

三、防控

1. 治疗措施

①母猪分娩后 2～3h 胎衣仍不下时，可用催产素皮下注射。如仍不下，2h 后再重复一次。但胎衣不下超过 24h，效果不佳。

②用麦角新碱（马来酸麦角新碱 1ml 含 0.2mg）0.2～0.4mg 皮下注射，或用脑垂体后叶激素 20～40IU 皮下注射。

③用 10% 氯化钙 20ml、10% 葡萄糖 100～200ml 静脉滴注。

④如不下胎衣比较完整，可用 10% 氯化钠溶液 500ml 从胎衣外注入子宫，可使胎儿胎盘缩小，与母体胎盘分离而易排出。

⑤手术治疗。将手伸入子宫剥离并拉出胎衣。随即可用 0.1% 高锰酸钾溶液冲洗，导出洗涤液，隔 1～2h 后，注入子宫抗生素溶液，处理过程中应注意严格消毒。

2. 预防措施 在母猪妊娠期，保证饲料中的矿物质和蛋白质含量充足。妊娠母猪饲养于较宽敞的猪舍，每天给予适当运动，控制母猪膘情，使母猪在分娩时子宫和腹肌均有一定的收缩力。

第八节 阴道与子宫脱出

阴道壁的一部分突出阴门外称阴道脱出。子宫角的一部分或全部翻转于阴道内（子宫内翻），或子宫翻转并垂脱于阴门之外称子宫脱出，母猪常在分娩后 1d 之内子宫颈尚未缩小和胎膜还未排出时发病。

一、病因

母猪怀孕期间饲养管理不当、营养不良、运动不足或年老体弱，使阴道、子宫肌肉弛缓。胎儿过大或过多，使子宫过度扩张，骨盆韧带松弛，或分娩延滞使子宫黏膜紧裹胎儿，随着胎儿被迅速拉出而造成的宫腔负压，从而发生子宫脱出。母猪分娩后努责过强，难产或胎衣不下时用力牵引或抽拉胎儿过猛等。严重便秘或腹泻，引起母畜强烈努责时，也可发病。

二、诊断

1. 阴道脱出 常发生于妊娠后期，脱出物约拳头大，呈红色半球形或球形，发病初期患猪卧地时阴门张开，黏膜外露呈半球形，站立时脱出部分可自行缩回。随着疾病发展逐渐形成阴道全脱出，此时脱出物不能自行缩回。脱出物初期充血呈鲜红色，后期由于淤血黏膜变为暗红色，常沾污粪便，脱出时间长者黏膜干裂、坏死。病猪精神食欲大多正常。

2. 子宫脱出 母猪产后有一条或二条红色袋状物突出阴道外，或拖至地面不能缩回，之后变为青紫色，水肿发亮。脱出时间过长则表面干燥，可从裂缝中流出渗出液，黏膜上沾污粪土、草渣，容易感染，并发败血症等。

三、防控

1. 治疗措施

（1）整复脱出的阴道或子宫　局部冲洗消毒；除去坏死组织，用毛巾浸2%明矾水，轻轻挤压排出水肿液，用双手慢慢将脱出的阴道或子宫推回原位。当子宫脱出造成严重损伤、坏死及穿孔时不宜整复，应实施子宫截除术。

还纳子宫的方法有两种：①由子宫角尖端开始，术者一手用拳头顶住一宫角尖端的凹陷处，小心而缓慢地将子宫角推入阴道，另一手和助手从两侧辅助配合，并防止送入的部分再度脱出，同法处理另一子宫角，逐渐将脱出的子宫全部送回盆腔内。②由子宫基部开始，从两侧压挤并推送靠近阴门的子宫部分，一部分一部分的推还，直至脱出的子宫全被送回盆腔内，待子宫被全部还纳后，将手臂尽量伸入其中，以便使子宫恢复正常位置并防止再脱出。

（2）处理　整复后为防止感染，可向子宫内注入抗生素类药物。为使复位后的子宫阴道不再脱出，可灌入消毒药液，或将阴门部分缝合等。可选用圆枕缝合或纽扣缝合或双内翻缝合，但阴门要留有排尿口。5～7d拆线。

（3）阴门组织药物封闭　可选用75%酒精40ml或0.5%普鲁卡因20ml，在阴门两侧深部组织分两点注射封闭。

2. 预防措施

①改善妊娠母猪饲养管理，加强运动，以提高全身组织的紧张性。患产前截瘫不能站立的母猪应加强护理，适当垫高后躯。

②治疗期间，不要饲喂过饱，科学养护。

复习思考题

1. 产后瘫痪的主要原因是什么，如何治疗？
2. 试述母猪产后无乳的诊断与治疗措施。
3. 请分析一下引起母猪乏情的原因。
4. 子宫内膜炎的治疗措施和预防措施是什么？
5. 如何预防母猪流产？
6. 乳房炎的诊断和治疗措施是什么？

第六章　猪其他普通病

第一节　创　伤

创伤是因外力作用于机体组织或器官，使皮肤或黏膜的完整性遭到破坏的机械性损伤。

创伤一般由创围、创缘、创口、创壁、创底、创腔等部分组成。创围指围绕创口周围的皮肤或黏膜；创缘为皮肤或黏膜及其下的疏松结缔组织；创缘之间的间隙称创口；创壁由受伤的肌肉、筋膜及位于其间的疏松结缔组织构成；创底是创伤的最深部分，根据创伤的深浅和局部解剖特点，创底可由各种组织构成；创腔是创壁之间的间隙，管状创腔称创道。

一、创伤的分类及临床特征

（一）按致伤物的性状分

1. 刺创　是由尖锐细长物体刺入组织内发生的损伤。创口小，创道狭而长，一般创道较直，有的由于肌肉的收缩，创道呈弯曲状态，深部组织常被损伤，并发内出血或形成组织内血肿。

2. 切创　是因锐利的刀类等切割组织发生的损伤。切创的创缘及创壁比较平整，组织挫灭轻微，出血量多，疼痛较轻，创口裂开明显，污染较少。一般经适当的外科处理，能迅速愈合。

3. 砍创　是由柴刀等刀具砍切组织发生的损伤。因致伤物体重，致伤力量强，故创口裂开大，组织损伤严重，出血量较多，疼痛剧烈。

4. 挫创　是由钝性外力的作用（如打击、冲撞等）或动物跌倒在硬地上所致的组织损伤。挫创的创形不整，常存有明显的被血液浸润的挫伤破碎组织，出血量少，创内常存有创囊及血凝块，创伤多被尘土、沙石、粪块、被毛等污染，极易感染化脓。

（二）按伤后经过的时间分

1. 新鲜创　伤后的时间较短，不超过24h。创内尚有血液流出或存有血凝块，且创内各部组织的轮廓仍能识别，有的虽被严重污染，但未出现创伤感染症状。

2. 陈旧创　伤后经过时间较长，超过24h。创内各组织的轮廓不易识别，可出现明显的创伤感染症状，有的排出脓汁，有的出现肉芽组织。

（三）按创伤有无感染分

1. 无菌创　通常将在无菌条件下所做的手术创称为无菌创。

2. 污染创 创伤被细菌和异物所污染，但进入创内的细菌仅与损伤组织发生机械性接触，并未侵入组织深部发育繁殖，也未呈现致病作用。污染较轻的创伤，经适当的外科处理后，可能实现第一期愈合。污染严重的创伤，又未及时而彻底地进行外科处理时，常转为感染创。

3. 感染创 进入创内的致病菌大量发育繁殖，对机体呈现致病作用，使伤部组织出现明显的创伤感染症状，甚至引起机体的全身性反应。创伤表现出化脓症状。

二、创伤的愈合

（一）创伤愈合过程

创伤愈合分第一期愈合、第二期愈合和痂皮下愈合。

1. 第一期愈合 是一种较理想的愈合形式。其特点是临床上炎症反应轻微，创缘、创壁整齐，创口吻合，无肉眼可见组织间隙。创内无异物、坏死灶及血凝块，组织有再生能力，没有发生感染，具备这些条件的创伤可完成第一期愈合。

2. 第二期愈合 伤口增生有多量的肉芽组织充填创腔，然后形成疤痕组织被覆上皮组织而愈合。一般当伤口大，伴有组织缺损，创缘及创壁不整，伤口内有血液凝块、细菌感染、异物、坏死组织以及由于炎性产物，致使组织丧失第一期愈合能力时，要通过第二期愈合而痊愈。

3. 痂皮下愈合 是表皮损伤，创面浅在并有少量出血，以后血液或渗出的浆液逐渐干燥而结成痂皮，覆盖在伤口的表面，具有保护作用，痂皮下损伤的边缘再生表皮而治愈。

（二）影响创伤愈合的因素

1. 创伤感染 创伤感染化脓是延迟创伤愈合的主要因素，由于病原菌的致病作用，一方面使伤部组织遭受更大的破坏，延长愈合时间；另一方面机体吸收了细菌毒素和有害的炎性产物，降低了机体的抵抗力，影响创伤的修复过程。

2. 创内存有异物或坏死组织 当创内特别是创伤深部存留异物或坏死组织时，炎性净化过程不能结束，化脓不会停止，创伤就不能愈合，甚至形成化脓性窦道。

3. 受伤部血液循环不良 创伤的愈合过程是以炎症为基础的过程，受伤部血液循环不良，既影响炎性净化过程的顺利进行，又影响肉芽组织的生长，从而延长创伤愈合时间。

4. 受伤部不安静 受伤部经常进行有害的活动，容易引起继发损伤，并破坏新生肉芽组织的健康生长，从而影响创伤的愈合。

5. 处理创伤不合理 如止血不彻底，施行清创术过晚和不彻底，引流不畅，不合理的缝合与包扎，频繁地检查创伤和不必要的换绷带，以及不遵守无菌规则，不合理地使用药剂等，都可延长创伤的愈合时间。

6. 机体维生素缺乏 维生素A缺乏时，上皮细胞的再生作用迟缓，皮肤出现干燥及粗糙；B族维生素缺乏时，能影响神经纤维的再生；维生素C缺乏时，由于细胞间质和胶原纤维的形成障碍，毛细血管的脆弱性增加，致使肉芽组织水肿、易出血；维生素K缺乏时，由于凝血酶原的浓度降低，致使血液凝固缓慢，影响创伤愈合时间。

三、创伤的治疗

一般治疗原则：抗休克、防治感染、纠正水与电解质失衡、消除影响创伤愈合的因素、加强饲养管理。

1. 清洁创围法　清洁创围的目的在于防止创伤感染，促进创伤愈合。局部剪毛，然后可先用3%过氧化氢和氨水（200：4）混合液，再用70%酒精棉球反复擦拭紧靠创围的皮肤，直到清洁干净为止。清洁创围时要防止人为污染创面及创腔。

2. 清洗创面法　揭去覆盖创面的纱布块，用生理盐水冲洗创面后，持消毒镊子除去创面上的异物、血凝块或脓痂。再用生理盐水或消毒液反复清洗创伤，直至清洁为止。

3. 手术清创　用外科手术的方法将创内所有的失活组织切除，除去可见的异物、血凝块，消灭创囊，扩大创口（或作辅助切口），保证排液畅通，力求使新鲜污染创变为近似手术创伤，争取创伤的第一期愈合。

4. 创伤用药　创伤用药的目的在于防止创伤感染，加速炎性净化，促进肉芽组织和上皮新生。药物的选择和应用取决于创伤的性状、感染的性质、创伤愈合过程的阶段等。如创伤污染严重、外科处理不彻底、不及时和因解剖特点不能施行外科处理时，为了消灭细菌，防止创伤感染，早期应用广谱抗菌药物；对创伤感染严重的化脓创，应用抗菌药物和加速炎性净化的药物；对肉芽创应使用保护肉芽组织和促进肉芽组织生长，以及加速上皮新生的药物。

5. 创伤缝合法　根据创伤情况分初期缝合、延期缝合和肉芽创缝合。

6. 创伤引流法　当创腔深、创道长、创内有坏死组织或创底留有渗出物等时，为使创内炎性渗出物流出创外，常用引流。引流方法以纱布条引流最常用，把纱布条适当地导入创底和弯曲的创道，就能将创内的炎性渗出物引流至创外。引流纱布是将适当长、宽的纱布条浸以药液，用长镊子将引流纱布条的两端分别夹住，先将一端疏松地导入创底，另一端游离于创口下角。

7. 创伤包扎法　创伤包扎，应根据创伤具体情况而定。一般经外科处理后的新鲜创都要包扎。创伤绷带用3层，即从内向外由吸收层（灭菌纱布块）、接受层（灭菌脱脂棉块）和固定层（卷轴带、三角巾、复绷带或胶绷带等）组成。对创伤作外科处理后，根据创伤的解剖部位和创伤的大小，选择适当大小的吸收层和接受层放于创部，固定层则根据解剖部位而定。四肢部用卷轴带或三角巾包扎；躯干部用三角巾、复绷带或胶绷带固定。

8. 全身性疗法　受伤组织损伤轻微、无创伤感染及全身症状，可不进行全身性治疗。当受伤病猪出现体温升高、精神沉郁、食欲减退等全身症状时，则应施行必要的全身性治疗。全身治疗使用抗微生物药物，并根据伤情酌情输液、强心，注射破伤风抗毒素或类毒素。

第二节　脓　肿

在任何组织或器官内形成外有脓肿膜包裹，内有脓汁潴留的局限性脓腔称脓肿，是致病菌感染后所引起的局限性炎症过程。在解剖腔内有脓汁潴留称蓄脓，如关节蓄脓、胸膜腔蓄脓等。

一、病因

创伤处理不及时、不彻底，注射时不遵守无菌操作规程而引起感染或肌肉注射刺激性强的药物导致注射部位脓肿；由于血液或淋巴将致病菌由原发病灶转移至某一新的组织或器官内所形成的转移性脓肿。引起脓肿的致病菌主要是葡萄球菌，其次是化脓性链球菌、大肠杆菌、绿脓杆菌和腐败性细菌。

二、诊断

1. 浅在性热性脓肿 常发生于皮下结缔组织、筋膜下及表层肌肉组织内。初期局部无明显界限而稍高出于皮肤表面。触诊局部温度增高，坚实有剧烈的疼痛反应。以后肿胀的界限逐渐清晰并在局部组织细胞、致病菌和白细胞崩解破坏最严重的地方开始软化而呈现波动。由于脓汁溶解表层的脓肿膜和皮肤，脓肿可自溃排脓。但常因皮肤溃口过小，脓汁不易排尽。

2. 浅在性冷性脓肿 一般发生缓慢，局部缺乏急性炎症的主要症状，即虽有明显的肿胀和波动感，但缺乏温热和疼痛反应或非常轻微。

3. 深在性脓肿 常发生于深层肌肉、肌间、骨膜下、腹膜下及内脏器官。由于脓肿部位深在，局部肿胀增温的症状不明显。但皮肤及皮下结缔组织炎性水肿，触诊时有疼痛反应并常有指压痕。深在性脓肿未能及时切开，最后在脓汁的压力下可自行破溃。脓汁沿解剖学通路下沉形成流注性脓肿。由于局部有毒分解产物被吸收而出现全身症状，严重时还可能引起败血症。

4. 内脏器官脓肿 常常是转移性脓肿或败血症的结果。病猪无明显外表局部症状，仅表现慢性消瘦，体温升高，食欲减退和精神不振，血常规检查时白细胞数明显增多，特别是分叶核白细胞显著增多。

三、防控

1. 消炎、止痛及促进炎症产物消散吸收 当局部肿胀正处于急性炎性细胞浸润阶段可局部涂擦樟脑软膏，或用冷疗法，以抑制炎症渗出并具有止痛的作用。当炎性渗出停止后，可用温热疗法、短波透热疗法、超短波疗法以促进炎症产物的消散吸收。局部治疗的同时，可根据病情配合抗生素治疗。

2. 促进脓肿的成熟 当局部炎症产物已无消散吸收的可能时，局部可用鱼石脂软膏、鱼石脂樟脑软膏、超短波疗法、温热疗法等促进脓肿的成熟。待局部出现明显的波动时，立即进行手术治疗。

3. 手术疗法 适合于浅表脓肿的治疗。

（1）脓汁抽出法 适用于关节部脓肿膜形成的完好的小脓肿。其方法是利用注射器将脓肿腔内的脓汁抽出，然后用生理盐水反复冲洗脓腔，抽净液体，最后灌注混有青霉素的溶液。

（2）脓肿切开法 脓肿成熟出现波动后立即切开。切口应选择波动最明显且容易排脓的部位，然后按化脓创处理。

（3）脓肿摘除法　常用以治疗脓肿膜完整的浅在性小脓肿。此时需注意勿刺破脓肿膜，预防新鲜手术创被脓汁污染。

第三节　蜂窝织炎

在疏松结缔组织内发生的急性弥漫性化脓性炎症称蜂窝织炎，以在皮下、筋膜下及肌间的蜂窝组织内形成浆液性、化脓性和腐败性渗出液并伴有明显的全身症状为特征。

一、病因

引起蜂窝织炎的致病菌主要是葡萄球菌和链球菌等化脓性球菌，比较少见的是化脓菌和腐败菌的混合感染。疏松结缔组织内误注或漏入刺激性强的化学制剂后也能引起蜂窝织炎。

蜂窝织炎一般经皮肤的微细创口引起原发性感染，也可能继发于邻近组织或器官化脓性感染的直接扩散，或通过血液循环和淋巴管的转移。

二、诊断

蜂窝织炎病程发展迅速，局部症状主要为大面积肿胀、局温增高、疼痛剧烈和功能障碍。全身症状主要表现精神沉郁、体温升高、食欲不振并出现各系统的功能紊乱。

1. 皮下蜂窝织炎　常发于四肢（特别是后肢），主要由外伤感染所引起。病初局部出现弥漫性渐进性肿胀，触诊时热痛反应非常明显。初期呈捏粉状，有压痕，后稍有坚实感。局部皮肤紧张。

随炎症发展，局部的渗出液由浆液性转为脓性浸润。此时患部肿胀更加明显，热痛反应剧烈，病猪体温显著升高。最后局部坏死组织的化脓性溶解而出现化脓灶，触诊柔软而有波动感。化脓过程局限化或形成蜂窝织炎性脓肿，脓汁排出后病猪局部和全身症状减轻；病情恶化时化脓灶继续往周围和深部蔓延使病情加重。

2. 筋膜下蜂窝织炎　常发生于前肢的前臂筋膜下、鬐甲部的深筋膜和棘横筋膜下，以及后肢的小腿筋膜下和阔筋膜下的疏松结缔组织中。临床特征是患部热痛反应剧烈，功能障碍明显，患部组织呈坚实性炎性浸润。

3. 肌间蜂窝织炎　常继发于开放性骨折、化脓性骨髓炎、关节炎及腱鞘炎之后。有些是由于皮下或筋膜下蜂窝织炎蔓延的结果。

感染可沿肌间和肌群间大动脉及大神经干的径路蔓延。首先是肌外膜，然后是肌间组织，最后是肌纤维。先发生炎性水肿，继而形成化脓性浸润并逐渐发展成为化脓性溶解。患部肌肉肿大、肥厚、坚实、界限不清，功能障碍明显，触诊和运动时疼痛剧烈。表层筋膜因组织内压增高而高度紧张，皮肤可移动性受到很大的限制。肌间蜂窝织炎时全身症状明显，体温升高，精神沉郁，食欲不振。局部已形成脓肿时，切开后流出灰色、常带血样的脓汁。

三、防控

治疗原则：局部和全身疗法并举。减少炎性渗出、抑制感染扩散、减轻组织内压、改善全身状况、增强机体抗病能力。

1. 局部疗法

(1) 控制炎症发展，促进炎症产物消散吸收　最初24~48h以内，可用冷敷，涂以醋调制的醋酸铅散等。用0.5%盐酸普鲁卡因青霉素溶液作病灶周围封闭。病后3~4d，为了促进炎症产物的消散吸收可用上述溶液温敷。

(2) 手术切开　如冷敷后炎性渗出不见减轻，组织出现增进性肿胀，病猪体温升高和其他症状都有恶化的趋向时，应立即进行手术切开。局限性蜂窝织炎性脓肿时可等待其出现波动后再行切开。

2. 全身疗法　早期应用抗微生物药物及盐酸普鲁卡因封闭治疗。加强饲养管理，纠正水和电解质及酸碱平衡紊乱。

第四节　湿　疹

湿疹是由多种因素引起的皮肤表层和真皮乳头层的过敏性炎症反应。一般认为与变态反应有一定关系。特点是患病部位皮肤出现红斑、丘疹、水疱、脓疱、糜烂、结痂和鳞屑等损伤，并伴有热、痛、痒等症状。也是一种过敏性炎症性皮肤病，以皮疹多样性、对称分布、剧烈瘙痒反复发作、易演变成慢性为特征。可发生于任何年龄任何部位，任何季节，但常在冬季复发或加剧有渗出倾向，慢性病程，易反复发作。

根据皮肤损伤特点可分为急性、亚急性和慢性湿疹。三者并无明显界限，可以相互转变。

一、病因

1. 机械刺激　如持续性摩擦、圈舍潮湿、烈日暴晒、干燥、寒冷等使皮肤抵抗力下降，发生湿疹。

2. 化学刺激　如用碱性强的肥皂洗刷，涂擦药物等。药物因素是某些湿疹，尤其是湿疹型药疹的最主要的原因。一般来说任何药物均有引起湿疹性药疹的可能性，但常见者有磺胺类药物、青霉素类药物等。

3. 感染因素　某些湿疹与微生物、肠寄生虫的感染有关。这些微生物包括金黄色葡萄球菌，气源性真菌如交链孢霉、分枝孢霉、烟曲霉、镰刀霉、产黄青霉、黑曲霉及黑根霉等。

4. 饲料因素　饲料一般可分为植物类、动物类、矿物类，在现代的饲料中还经常应用一些化学合成的。这些饲料可引起食源的变态反应，从而导致湿疹的产生，如苜蓿、三叶草等。

5. 其他因素　某些类型的湿疹与遗传有密切的关系。此外，慢性肠胃疾病以及新陈代谢障碍、内分泌失调等因素都是湿疹发生的原因。

二、诊断

1. 急性湿疹　剧烈瘙痒，典型经过为红斑期、丘疹期、水疱期、脓疱期、糜烂期、结痂期和表皮脱落期。但临床上湿疹的发展未必典型，多数患湿疹后，皮肤损伤多形性，红斑、丘疹、丘疱疹或水疱密集成片，易渗出，分界不清，周围散在小丘疹、丘疱疹，常伴糜烂、结痂；亦可发现皮肤粗糙、增厚，湿润和擦伤。被毛脱落或粘着成片，有时可见丘疹和水疱，表层有分泌物。如继发感染，可出现脓包或脓痂。处理适当则炎症减轻，皮损可在 2～3 周后消退，但常反复发作并可转为亚急性或慢性湿疹。

2. 亚急性湿疹　多由急性湿疹转化而来，仍有剧烈瘙痒，皮肤肥厚，被毛粗硬，皮肤裂纹，以丘疹、结痂和鳞屑为主，可见少量丘疱疹，轻度糜烂。治疗恰当数周内可痊愈，处理不当，则可急性发作或转为慢性湿疹。

3. 慢性湿疹　其表现为患处皮肤浸润肥厚，表面粗糙，呈暗红色或伴色素沉着，皮损多为局限性斑块，常见于四肢、下腹部、外阴、肛门等处，边缘清楚。病程慢性，可长达数月或数年，也可因刺激而急性发作。

三、防控

1. 消除病因　保持皮肤清洁、干燥，圈舍通风良好，适当地晒晒太阳。防止药物刺激，供给营养丰富且易消化的饲料。

2. 消除炎症　根据湿疹的时期不同，应用相应的药物治疗，如红斑性、丘疹性湿疹，用胡麻油、石灰水等量，涂于患部；水疱性、脓疱性、糜烂性湿疹，先剪去患部被毛，用1%～2%鞣酸溶液或3%硼酸清洗，然后涂抹3%龙胆紫、5%美蓝或2%硝酸银溶液。也可撒布氧化锌、滑石粉等，以防腐、收敛和制止渗出。后期渗出减少时，可用氧化锌软膏涂擦；慢性湿疹用可的松或碘仿鞣酸软膏涂抹。

3. 脱敏　选用苯海拉明、异丙嗪等抗过敏药物脱敏。

4. 对症治疗　有感染时，可用抗生素注射。同时，注意调整胃肠，给予适当的维生素 C、维生素 B_1 等，有利于疾病恢复。

5. 预防　加强饲养管理，保证营养，保护皮肤，注意清洁，防止化学物质的刺激。

第五节　风湿病

风湿病又称痹症、风瘫，是机体在风、寒、湿的侵袭下，骨骼肌、心肌、关节等部位胶原结缔组织发生纤维蛋白变性的以疼痛为主、经常反复发作的急性或慢性非化脓性炎症。临床特征为体温升高，患部肿胀、疼痛，随运动量的增加而症状减轻，游走性强，易反复发作。感冒、猪舍构造不良、肌肉局部冷却等因素都是本病发生的诱因。多发于早春、晚秋和冬季。

一、病因

风湿病的病因目前尚不明确，一般认为是一种变态反应性疾病，并与溶血性链球菌感染有关。猪舍潮湿、天气寒冷或气候剧变，淋雨、受贼风的侵袭，运动、光照不足等会引发该病。

二、诊断

常突然发病，体温一般正常或升高 0.5～1℃，呼吸、心跳稍增数，食欲正常或稍减。临床表现肌肉、关节、筋腱疼痛，发生弓腰缩腹、跛行等症状，但会因天暖而减轻，天冷和潮湿时加重，并常有游走性。在运动之初跛行明显，持续运动时减轻或消失。触压患部肌肉有疼痛反应，肌肉表面不平滑，僵硬。

急性风湿病病程数日或 1～2 周好转或痊愈，但容易复发；慢性风湿病程较长，可达数周或数月之久，当转为慢性经过时患病肌肉萎缩（臀肌更明显）。

发生部位不同，症状有一定的差异。头颈部肌肉风湿病表现头、颈、耳活动不自如，咀嚼困难。背、腰、臀部肌肉风湿表现喜卧不愿走动，脊柱不敢弯曲、强直不灵活，触诊敏感。四肢患病时，四肢屈曲，运步步幅短小，跛行明显，随运动症状逐渐减轻至消失，触诊关节、肌肉疼痛不安有热感。关节囊、腱鞘常肿胀，有波动感。

临床诊断要与钙、磷缺乏症，无机氟化物中毒，肌炎，多发性关节炎，神经炎，颈部、腰部、四肢损伤等疾病相区别。

三、防控

1. 治疗措施 消除病因，加强护理，改善饲养管理，祛风除湿，解热镇痛，消除炎症，通经活络。

①10% 水杨酸钠 10～30ml、40% 乌洛托品 5～10ml、10% 安钠咖 5～10ml、5% 葡萄糖 200～500ml 混合一次静注，或 30% 安乃近 2～10ml 肌注，1 次/12h，连用 3d。

②消炎痛片每千克体重 2mg 口服，1 日 2～3 次，连用 5～8d，同时给予地塞米松或氢化可的松等药物；或阿司匹林（乙酰水杨酸）3～10g 口服。

③触诊有疼痛的部位，用 10% 樟脑酒精或松节油擦剂涂擦，2 次/d。

④针灸疗法：后肢以百会穴、汗沟穴、大胯穴、小胯穴；前肢抢风穴、膊尖、冲天、寸子等穴；腰背肾俞、肾棚、肾角等穴。

⑤局部温热疗法：将酒精加热到 40℃左右，或将麸皮与醋按 4∶3 的比例混合炒热或粒盐炒热加入食醋装于布袋内进行热敷，每日 2 次，连用 7d。也可用热石蜡、热泥疗法等。

2. 预防措施 保持猪舍干燥清洁，通风保暖，防止雨淋、贼风和潮湿侵袭，运动充足，接受阳光照射。

第六节　关节滑膜炎

关节滑膜炎是关节囊滑膜层一种无菌性的渗出性炎症。滑膜炎是滑膜受到刺激产生炎症，造成微循环不畅、分泌液失调形成积液的一种关节病变，主要发生于关节活动较大的肘关节和膝关节等，其特征表现为关节充血肿胀，疼痛，渗出增多，关节积液，活动困难。

一、病因

关节滑膜炎主要由机械损伤引起，如地面不平、驱赶扭伤、肢势不正或关节软弱等。副伤寒、布氏杆菌病、骨软病等疾病过程也可继发本病。

二、诊断

1. 诊断要点　关节肿胀，关节囊肿大，触诊有波动感，急性热痛明显，慢性无热无痛。

2. 急性关节滑膜炎　站立时患病关节屈曲，不敢负重，如两肢同时发病则交替负重。运动时关节屈伸不全，剧烈疼痛。患病关节肿大、热痛，压之有波动。关节肿胀的位置一般为腕关节在前方、系关节在侧方、膝关节在上方、跗关节在前方及内外侧明显。

3. 慢性关节滑膜炎　关节腔蓄积大量渗出物，关节囊高度膨大，触诊有波动而无热痛。跛行不明显，但关节屈伸缓慢、不灵活，易疲劳。

三、防控

本病的治疗原则是促进吸收，消除积液，恢复机能。

1. 急性炎症初期　为制止渗出，可采用冷却疗法，并装着压迫绷带，同时配合封闭疗法。

2. 可的松疗法　先无菌抽出渗出液，再用0.5%氢化可的松2.5～5ml，注射前以0.5%盐酸普鲁卡因溶液作1∶1稀释，再注射于关节腔内或关节周围皮下，隔日1次，连注3～4次。注射后装着压迫绷带，可提高疗效。

3. 促进吸收　可用温热疗法或装置热湿性压迫绷带，如饱和硫酸镁、饱和盐水溶液湿绷带以及石蜡疗法和复方醋酸铅散外敷等。渗出液较多，不易吸收时可取抽出法。

4. 慢性炎症　可涂擦刺激剂或热敷，装着压迫绷带，并配合理疗，可提高疗效。

第七节　疝

疝又称赫尔尼亚，是腹腔脏器经天然孔或病理性破裂孔脱至临近的解剖腔或皮下的病理现象。本病是猪常见的外科病，临床上较常见的有脐疝、阴囊疝和外伤性腹壁疝。

一、疝的组成及分类

疝由疝轮（环）、疝囊、疝内容物构成 。疝轮为体壁上的天然孔或病理性孔道。疝轮大小不一，陈旧性疝的疝轮多为增生的结缔组织，疝轮光滑而增厚。疝内容物为腹腔内脏器，如胃、肠、肠系膜等。疝囊为包围疝内容物的囊壁，疝囊的大小由疝内容物的多少所决定。

疝的分类：①根据疝囊是否凸出体表分为内疝和外疝。②根据疝内容物能否还纳入腹腔内，又将疝分为可复性疝、粘连性疝和箝闭性疝。③根据发生的部位不同分为脐疝、阴囊疝和腹壁疝等。

二、疝的手术治疗

新发生的或陈旧性的可复性疝，有逐渐增大趋势者，应尽早进行手术修补。粘连性疝已影响到胃肠蠕动而出现消化障碍时，临床上已确定为箝闭性疝，应立即进行手术。

1. 保定与麻醉 将病猪侧卧或半仰卧保定，腹朝外倒提保定等。术部局部浸润麻醉。

2. 手术方法 术部剃毛、清洗、消毒后，用创巾进行术部隔离。可复性疝在疝囊中央部作一梭形皮肤切口，粘连性皮肤囊切口要大于疝轮 。

疝囊的切开：按预定梭形切口，切开皮肤，沿切口两侧分离皮下结缔组织，直至疝轮周围，充分显露结缔组织囊 。充分止血后在疝囊无粘连处作皱襞，小心切开疝囊 。用手指自小切口内伸入囊内，探查有无粘连，然后用手术剪扩大疝囊切口，显露疝内容物和增生肥厚的疝轮情况，并决定缝合方法。

疝轮的缝合：是疝修补术的成败关键。陈旧性疝轮已纤维瘢痕化，组织肥厚而硬固，采用间断水平外翻纽扣缝合法，闭合疝轮。在此闭合的基础上，必须切除疝轮缘的增生纤维化瘢痕组织，使疝轮形成新鲜创面，并在修整后的疝轮上作间断缝合。

疝囊的修整与缝合：为加强疝轮缝合后的牢固性，可将一侧疝囊的纤维性结缔组织囊壁拉向疝轮的一侧，使其紧盖已缝合的疝轮，并将囊壁缝在疝轮外围，同法将另一侧的囊壁按相反的方向覆盖在疝轮外面，并将其缝在疝轮外围。也可将多余的结缔组织囊壁切除，然后对两侧创缘进行间断缝合。

皮肤囊修整与缝合：切除多余的皮肤囊，进行间断缝合，消毒后，打结系绷带 。

3. 术后护理与治疗 术后 4～5d 内，每天上下午应用青霉素、链霉素肌肉注射，以预防术部的感染，术后 10～12d 拆除缝合线。

三、常见疝及防控

（一）脐疝

脐疝多属先天性，可见于初生，或出生后数天仔猪。发生原因是脐孔发育不全、没有闭锁、脐部化脓或腹壁发育缺陷等。

1. 诊断 脐部呈现局限性球形肿胀，质地柔软，也有的紧张，但缺乏红、痛、热等炎性反应。病初多数能在挤压疝囊或改变体位时疝内容物还纳到腹腔，并可摸到疝轮，在饱腹或挣扎时脐疝可增大。箝闭性脐疝虽不多见，一旦发生就有显著的全身症状，病猪极度不安，食欲废绝，呕吐，呕吐物常有粪臭。很快发生腹膜炎，体温升高，脉搏加快，如不及时处理常引起死亡 。

2. 治疗 保守疗法适用于疝轮较小，年龄小的猪只。可用强刺激剂等促使局部炎性增生闭合疝口。也可用一大于脐环的、外包纱布的小木片抵住脐环，然后用绷带加以固定，以防移动。若同时配合疝轮四周分点注射 10% 氯化钠溶液，效果更佳。

手术疗法比较可靠。术前禁食，按常规无菌技术施行手术。

（二）腹股沟疝及阴囊疝

腹股沟阴囊疝见于公猪，母猪可发生腹股沟疝。腹股沟阴囊疝有遗传性。

1. 诊断 临床上腹股沟疝常有内容物被箝闭、出现腹痛时才发现，或只有当疝内容物下坠至阴囊，发生腹股沟阴囊疝时才引起注意。疝内容物可能是网膜、膀胱、小肠、子宫或大肠等。

当发生腹股沟疝时，疝内容物由单侧或双侧腹股沟裂口直接脱至腹股沟外侧的皮下，位于耻骨前缘腹白线两侧，局部膨胀突起，肿胀物大小随腹内压及疝内容物的性质和多少而定。触之柔软，无热、无痛，可还纳。若脱出时间过长发生箝闭，触诊有热痛，疝囊紧张，出现腹痛或因粪便不通而腹胀，肠管淤血，坏死，出现全身症状。

猪的腹股沟阴囊疝症状明显，一侧或两侧的阴囊增大，捕捉以及凡能使腹内压增大的原因均可引起疝囊增大，皮肤紧张发亮，触诊时柔软有弹性，多无痛；也有的呈现发硬、紧张、敏感。听诊时可听到肠蠕动音。可摸到疝内容物（多为小肠），如提举两后肢，可使疝内容物回至腹腔而使阴囊缩小，但放下或腹压加大后又恢复原状。

2. 治疗 箝闭性疝具有剧烈腹痛等全身性症状，应立即手术治疗。可复性腹股沟阴囊疝，尤其是先天性的，可随年龄的增长因腹股沟环逐渐缩小而自愈，但本病的治疗还是以早期进行手术为宜。

猪的阴囊疝可以在局部麻醉下进行手术，切开皮肤和浅、深层的筋膜，然后将总鞘膜剥离出来，从鞘膜囊的顶端沿纵轴捻转，此时疝内容物逐渐回入腹腔。猪的箝闭性疝往往有肠粘连、肠臌气，所以在钝性剥离时要求动作轻巧，稍有疏忽就有剥破的可能。在剥离时用浸以温灭菌生理盐水的纱布慢慢分离，而对肠管则采取轻轻压迫，以减少对肠管的刺激和防止剥破肠管。在确认还纳全部内容物后，在总鞘膜和精索上打一个去势结，然后切断，将断端缝合到腹股沟环上，若腹股沟环仍很宽大，则必须再作几针结节缝合，皮肤和筋膜作结节缝合。术后不宜喂得过早、过饱，适当控制运动。

（三）外伤性腹壁疝

1. 病因 主要是强大的钝性暴力所引起。由于皮肤的韧性及弹性大，仍能保持其完整性，但皮下的腹肌或腱膜直至腹膜易被钝性暴力造成损伤。也可由剖腹产、阉割因腹膜缝合不严造成。

2. 诊断 外伤性腹壁疝的主要症状是腹壁受伤后局部突然出现一个局限性扁平、柔软的肿胀（形状、大小不同），触诊时有疼痛，常为可复性，多数可摸到疝轮。伤后两天，炎性症状逐渐发展，形成越来越大的扁平肿胀并逐渐向下、向前蔓延。疝囊的大小与疝轮的大小有密切关系，疝轮越大则脱出物越多，结果疝囊就越大。但也有疝轮很小而脱出大量小肠的，此情况多是因腹内压过大所致。

箝闭性腹壁疝虽发病比例不高，但一旦发生粪性箝闭，均将出现程度不一的腹痛。

3. 治疗 可采用保守疗法与手术疗法。

（1）*保守疗法* 用特制压迫绷带在猪体上绷紧后可起到固定填塞疝孔的作用。随着炎症及水肿的消退，疝轮即可自行修复愈合。

（2）*手术疗法* 术前应做好确诊和手术准备，手术要求无菌操作。停喂一顿，饮水照常。对疝轮较大的病例，要充分禁食，以降低腹内压，便于修补。

第八节　直肠脱

直肠黏膜或直肠壁全层脱出于肛门之外称为直肠脱。本病常发生于 10～90kg 体重的猪。

一、病因

发生直肠脱的主要原因是：直肠先天性发育不全，如直肠周围结缔组织松弛、盆筋膜软弱、肛门括约肌和提肛肌无力，直肠炎、尿道炎、尿道阻塞引起的努责，过食、便秘，难产时的强烈努责等。

二、诊断

直肠脱出在临床上分为三种类型。脱肛（即直肠黏膜脱出）、直肠全层脱出和直肠及结肠全层脱出。脱出的直肠长时间不能复位，直肠黏膜受到尾巴及外界异物的刺激，很快出现水肿。若仅仅在肛门外出现淡红色圆球形物，则为脱肛。若脱出的肠管呈圆筒状下垂，称为直肠全层脱出。

脱出的肠管黏膜呈半球状或圆柱状，黏膜红肿发亮，脱出时间长则被肛门括约肌钳压，导致血液循环障碍而变得暗红或发黑，水肿加重，有的溃疡。猪反复努责，仅能排出少量水样便或血样便，有时在地面或墙壁上摩擦臀部，肠管表面污秽不洁，或发生破溃和坏死。

三、防控

根据直肠脱出的病理状态，采取不同的治疗方法。

1. 肛门环缩术

（1）适应症　适用于肛门收缩无力或肛门呈松弛状态的直肠脱垂。

（2）保定与麻醉　采用倒吊式保定或侧卧保定。后海穴内注射 0.5% 盐酸利多卡因 20～30ml 以麻醉直肠后神经，减少直肠的努责与收缩。

（3）手术方法　首先用 2% 明矾水或 0.1% 高锰酸钾水洗净脱垂直肠黏膜上的污物，除去坏死的黏膜，然后涂土霉素软膏后，将脱出直肠还纳回正常位置。为防止再次脱出，肛门采用袋口状缝合方法，使肛门缩小，肛门缩小的程度以不明显影响猪排粪为原则。在小猪可仅容纳插入 1～1.5 个手指。即使猪仍有努责动作，也不能使直肠再度脱出。

（4）术后护理　术后注意猪排粪是否通畅，如排便困难，可适当应用缓泻药物，如内服熟豆油、直肠应用开塞露等。

2. 脱垂黏膜环切术

（1）适应症　脱出的仅为直肠黏膜，并有严重水肿及坏死的病例。

（2）保定与麻醉　同肛门环缩术。

（3）手术方法　脱出的直肠黏膜用 0.1% 新洁尔灭液清洗和消毒后，在距肛缘约 2cm 处环形切开黏膜层，深达黏膜下层，但不要切到肌肉层。将发生水肿或坏死的黏膜层向下翻转，作钝性剥离，直到脱出部的顶端为止。用手术剪将翻转下来的黏膜层全部剪除，在其下面的直肠肌层即松弛。然后将脱出部的顶端黏膜层边缘与肛门缘处的黏膜层边缘对合，用肠线作间断缝合。最后将脱出的直肠还纳回肛门内，立即做肛门环缩术，以防止再度脱出。

（4）术后护理　术后使用抗生素 3d，减少饲喂量，减少粗饲，防止便秘。

3. 直肠脱垂部分切除术

（1）适应症　脱出的直肠黏膜严重水肿不能复位，或已有坏死、穿孔的病例。

（2）保定与麻醉　同肛门环缩术。

（3）手术方法　①插入固定钢针，环形切开外层肠壁。在距肛缘 2cm 处十字交叉插入钢针，固定脱垂肠管，防止切除后直肠断端退缩到肛门内。环形切开脱垂肠管外层肠壁（前壁）。②切开外层肠壁，结扎出血点。向下翻转外层肠壁，从外层肠壁环形切口的创缘向下，做一个与环形切口相垂直的纵切口，使相交成“T”字形，以利于外层病变肠管向下翻转展直。③切除病变的内层肠壁。在病变与健康肠管移行部位的健康肠段上切除病变内层肠壁，立即将直肠前、后两环形创缘对合整齐，分次作浆膜肌层间断缝合与全层间断缝合，每针相距 3～5mm。缝合完毕，抽出钢针，将直肠送回肛门内，并使其展平。

（4）术后护理　术后 3d 内给予流质饲料，使用抗生素 3d 以控制感染。防止直肠内蓄粪，可用手指检查直肠。直肠肛门处可用 20% 硫酸镁湿敷，以促进水肿消退。

4. 脱出直肠全切除术

（1）适应症　脱出的直肠已发生肠套叠，并形成粘连，且不能还纳或已有坏死的病例。

（2）保定与麻醉　同肛门环缩术。

（3）手术方法　①固定钢针，切开外层肠壁。②边切断外层肠壁，边间断缝合内外两层肠壁的浆膜肌层，直至全部切断外层肠壁并完成内外肠壁的浆膜肌层间断缝合。③切断内层肠壁，全层间断缝合内、外层肠壁的环形断缘。在内层肠壁浆膜肌层间断缝合处的下方，边切断内层肠壁边做内外肠壁全层断缘的间断缝合。此层缝合的肠壁组织，进针与出针点距两层肠壁断缘为 0.3～0.4cm，不能缝合太多，以免肠管狭窄。④还纳肠管，并用手指逐渐将缝合好的直肠送入肛门内，完成手术。

第九节　便　秘

猪肠便秘是由于肠蠕动及分泌异常，肠腔内容物停滞变干变硬，使肠腔发生完全或不完全阻塞的一种疾病。临床特征为腹痛、排粪减少，粪球干小或不能排便。本病发生于各种猪，而以小猪较多发，便秘部位通常在结肠。

一、病因

饲喂粗硬不易消化的饲料和含粗纤维过多的饲料，如糠麸、坚韧秸秆或干红薯藤、豆秸等劣质饲料。喂粗料过多而青饲料不足。饲料不洁，饲料中混杂多量泥沙或其他异物。

突然变换饲料及饲料中盐不足、饮水和运动不足。某些传染病、肠道寄生虫病或其他热性病、慢性胃肠病经过中，也常继发本病。

二、诊断

病猪不爱吃食而饮欲增加，腹围逐渐增大，呈现呼吸增数，起卧不安，回顾腹部等腹痛表现；有的出现呕吐。

病初只排出少量干硬、附有黏液的粪球；随后经常做排粪姿势，不断用力努责，但除排出少量黏液外，并无粪便排出。时间稍长，则直肠黏膜水肿，肛门突出。

腹部听诊，肠音减弱或消失。对体小或较瘦的病猪，通过腹部触诊，能摸到大肠内干硬的粪块，按压时，病猪表现疼痛不安。严重病例，直肠内充满大量粪球，压迫膀胱颈，可导致尿潴留而停止排尿。如无并发症，一般体温变化不大。

三、防控

1. 治疗措施

①对病猪应停饲或仅给少量青绿多汁饲料，饮以大量微温水。

②内服泻剂：硫酸钠 30～80g，大黄末 50～100g，或石蜡油 50～100ml，加入多量的水内服。并用温水、2% 小苏打水或肥皂水，反复深部灌肠，配合腹部按摩。如在投服泻药后数小时皮下注射新斯的明 2～5mg 或 2% 毛果芸香碱 0.5～1.0ml，可提高疗效。

③腹痛不安时，可肌肉注射 20% 安乃近注射液。病猪极度衰弱时，应用 10% 葡萄糖液 250～500ml，静脉或腹腔注射，每日 2～3 次。

2. 预防措施 应从改善饲养管理着手，合理搭配饲料，粗料细喂，喂给青绿多汁饲料，每天保证足够的饮水，给予适量的食盐、人工盐和适当的运动。不用纯米糠饲喂刚断乳的仔猪。

第十节 胃肠卡他

胃肠卡他又称消化不良，是胃肠黏膜表层的炎症，以胃肠消化机能紊乱、吸收功能减退、食欲减退或废绝、便秘与腹泻交替发生为主要特征。

一、病因

1. 饲养管理不当 受寒潮湿，饱饥不均，久渴暴饮，饮水污染，日粮构成、饲料的稠度和温度以及饲喂的方式方法突然改变，长途运输后立即饲喂等。

2. 饲料品质不良 饲料冰冻、霉变、混杂泥土或含有毒物质，营养不全，难以消化。

3. 误用刺激性药物 如水合氯醛、乳酸、吐酒石等，都可刺激胃肠道黏膜引起卡他性炎症。

4. 继发因素 继发或伴发于其他疾病，如猪瘟、猪丹毒、猪传染性胃肠炎，各种中毒性疾病、胃肠道寄生虫病、热性病、肠便秘等。

二、诊断

病猪精神沉郁，食欲减退或废绝，有呕吐或逆呕现象。饮欲增加或烦渴贪饮，口腔干燥或湿润，口臭，有舌苔，口腔黏膜红黄或黄白。肠音增强、不整或减弱，粪便干或稀软，含有没完全消化的粗纤维或谷粒，常发臭味。尿少、色淡黄，全身症状不明显，体温有时升高。

慢性消化不良的病猪精神不振，食欲不定，有时出现异嗜，舔食平时不愿吃的东西如煤渣、沙土和带粪尿的垫草。患猪逐渐瘦弱，被毛逆立无光泽，可视黏膜苍白或略显黄色，便秘、下痢交替出现，病程长短不等，最终陷入恶病质状态，或转成胃肠炎而死亡。

三、防控

本病的治疗原则是除去病因，改善饮食，清肠制酵，调整胃肠机能。

1. 除去病因，加强护理　属饲料品质不良所致，应改换营养全价易消化的饲料。如是饲养管理制度有问题，改善饲养管理。为防止其他继发疾病，要积极治疗原发病。

2. 改善饮食　病猪少喂或停喂一两天，改喂容易消化的饲料，如稀粥或米汤，给予充足饮水，待彻底康复后再逐渐转为正常饲养。

3. 清洗胃肠，制止腐败发酵　用硫酸钠或人工盐 30～80g 或植物油 100ml，鱼石脂 2～5g，加水适量，一次内服。

4. 调整胃肠功能　一般在清肠后进行，如胃肠内容物腐败发酵不重，粪便不恶臭，可直接应用各种健胃剂，如酵母片或大黄苏打片 2～10 片混于少量饲料内喂给，每日 2 次；或大黄末 8g，龙胆末 8g，碳酸氢钠 16g 分为 4 份，1 日两次，每次 1 份；仔猪可用乳酶生、胃蛋白酶各 2～5g，稀盐酸 2ml，常水 200ml，混合后分两次内服；或取人工盐 3. 5kg，焦三仙 1kg 混合成散剂，按每头每次 1～15g 拌在饲料中给予，便秘时加倍，小猪酌减。

5. 抗菌消炎　病猪久泻不止或剧烈腹泻时，可用抗菌消炎药物。脱水严重的患猪，应同时静脉补给 5% 葡萄糖溶液、复方氯化钠溶液或生理盐水等，以维持体液平衡。

第十一节　胃溃疡

胃溃疡是指发生于贲门与幽门之间的炎性坏死性病变，胃溃疡有时又叫做消化性溃疡。胃黏膜局部组织糜烂和坏死，或自体消化，形成圆形溃疡面，甚至胃穿孔。多因伴发急性弥漫性腹膜炎而迅速死亡，或因出血轻微，呈现慢性消化不良而无明显临床症状。本病的发病率差异很大，不同地区，发病时间及分布不同。

一、病因

1. 原发性胃溃疡　主要由于饲料品质不良，过于精细或粗糙难于消化，酸败与霉败；营养缺乏，尤其是饲料中不饱和脂肪酸以及维生素 E 和硒缺乏；饲养方法不当，饲喂不定时，饱饥不均，突然变换饲料以及饲料过冷过热等都可引起消化功能紊乱，诱发胃溃疡；

环境卫生不良，长途运输、惊恐、拥挤、妊娠、分娩、饥饿等应激条件也能引起神经体液调节功能紊乱，影响消化，发生溃疡。有些胃溃疡是由细菌感染引起的，最常见的是幽门螺旋杆菌。

2. 继发性胃溃疡 通常见于猪瘟，慢性猪丹毒，红色猪圆线虫，猪蛔虫感染，铜中毒，中毒性肝营养不良，桑葚样心脏病等疾病的经过中，致使胃黏膜充血、出血、糜烂、坏死和溃疡。

二、诊断

1. 临床症状诊断

（1）最急性病例 比较少见，任何年龄的猪均可发生。因为溃疡穿孔及弥漫性腹膜炎，外表健康的猪在运动或兴奋之后有可能发生突然死亡或虚脱。由于胃出血而死亡的尸体极度苍白，常在出现症状后24h内死亡。

（2）急性病例 临床呈现溃疡穿孔及局限性腹膜炎症状，临床表现体表苍白、贫血、虚弱及呼吸加快。病初腹痛，疼痛可以因进食、饮水而缓解，或表现阶段性厌食或出现呕吐，便血、便干是常见的特征性症状，体温一般正常或低于正常。

（3）亚急性病例 是临床上最常见的，症状的出现和持续的时间较长，一般胃内的溃疡范围广，深及黏膜下层，损伤胃壁血管，但未贯通浆膜层。临床表现突然厌食，轻度腹痛，渐进性贫血，排泄少量黑色粪便，偶有下痢，体重减轻，经2～8d后好转或转为慢性病理过程。

（4）慢性病例 胃壁出现一处或多处糜烂或浅表的溃疡，出血轻微或出血，无明显的临床症状。临床表现食欲不佳，消化不良，机体消瘦，有的发生贫血，粪便检查可检出潜血，生前诊断比较难，易与消化不良等肠道疾病相混淆，病程约8～50d，预后良好。

2. 病理剖检诊断 最急性型剖检可见广泛性胃内出血，胃膨大，胃内充满血块、未凝固的血液以及纤维性渗出物夹杂不等量的食物混合物。

在急性、亚急性及慢性病例，胃内容物的量、坚实度及颜色取决于出血的程度、出血持续的时间及出血到死亡的时间。几乎所有慢性溃疡胃中均含有不等量的黄褐色液状内容物，其中多数为水样，这些内容物有时具有发酵的气味。用清水冲洗，往往在幽门区及胃底部黏膜皱壁上可见有散在的大小、数量不等，形态位置不一的糜烂斑点，并有界限分明、边缘整齐的圆形溃疡，伴发胃穿孔的胃壁与邻近器官形成广泛粘连，具有穿孔性腹膜炎的病理变化。

慢性胃溃疡出血的猪，因髓外造血，脾脏常肿大，溃疡自愈的猪，在胃壁遗留不明显的瘢痕，除胃部病变，有的病猪往往伴有肠卡他、肝实质变性、贫血以及皮肤苍白。

三、防控

1. 治疗措施 治疗原则是镇静止痛，抗酸止酵，消炎止血，改善饲养，加强护理，促进康复。

（1）加强护理 病情较轻的病例应保持安静，改善饲养，给予富含营养、易消化的饲料，减少刺激和兴奋，避免应激反应。

（2）镇静止痛 为减轻疼痛和反射性刺激，防止溃疡的发展，用安溴注射液10ml静脉注射。

（3）中和胃酸 为防止黏膜受侵害，可用氢氧化铝硅酸镁或氧化镁等抗酸剂，使胃内容物的 pH 值升高，胃蛋白酶的活性丧失，口服鞣酸保护胃黏膜。

（4）保护胃黏膜 为保护溃疡面、防止出血、促进愈合，可于饲喂前投服次硝酸铋 2～6g，每日 3 次，连喂 3～5d；或聚丙烯酸钠 10～15g 溶于水拌饲喂服，每日 1 次，连喂 5～7d。对于出血严重的病例，可给予维生素 K、西咪替丁制剂，亦可用氯化钙溶液或葡萄糖酸钙溶液加维生素 C，静脉注射。

穿孔并发弥漫性腹膜炎的病例，一般不予治疗而淘汰。

2. 预防措施 针对胃溃疡的发生原因，采取相应的预防措施。首先注意饲料的管理和调制，保证营养全面合理，避免饲料太细（患有溃疡的猪，其饲料颗粒最好不小于 3.5mm）或粉碎不全、过粗，饲料中维生素 E 及硒的含量充足，在以乳酪乳清为主要饲料的猪场，应考虑增加粗粉或蛋白质含量高的饲料，以中和胃内容物的酸度。其次要改善饲养管理，避免应激，增强体质，防止继发胃溃疡。

第十二节 咬 癖

猪咬癖症是以猪群相互啃咬为特征的一种恶癖。随着养猪业向规模化、集约化发展，猪群发生咬癖现象较为多见，特别是 50kg 以下猪群发生较为严重。

一、病因

猪群密度过大，或公母同栏、大小同栏，为争饲粮和饮水位置而引起相互间的打斗；或小公猪的攻击性爬跨、猪只以大欺小引起的争斗。猪只最易受伤出血的部位是耳和尾，加上猪有嗜血癖，一旦有 1 头猪某一部位出血，将会引起其他猪的啃咬，并发展成相互间咬耳、咬尾。舍内环境卫生差、通风不良，使舍内有害气体浓度过高，以及舍内光照太强、温度过高或过低等，都将诱发猪之间相互争斗。矿物质、微量元素及维生素的缺乏，如 B 族维生素缺乏，会导致猪体内代谢机能紊乱，引起咬癖现象；日粮中蛋白质或某种氨基酸缺乏和不足，也会引起咬癖症。体外寄生虫、皮炎、湿疹等病症引起的猪皮肤瘙痒，经猪自身啃咬、摩擦、拱咬致伤出血，诱发其他猪的群起啃咬。体表机械性外伤，如撞伤、击伤、刀伤等，引起出血而诱发咬癖症。

二、防控

1. 调整饲养密度 每头猪占有面积为：1～2 月龄 0.3～0.5m^2，3～4 月龄 0.5～0.6m^2，4～6 月龄 0.6～0.8m^2，7 月龄以上 1～1.2 m^2。

2. 合理安排 按猪的大小、公母分群饲养，育肥猪适时去势，体弱、有病的猪单圈饲养。

3. 清洁卫生 保证猪舍清洁卫生。做到通风良好，干燥，避免强光照射，冬季防寒保温，夏季防暑降温。猪舍、用具定期消毒，猪群定期驱虫。

4. 全价营养 饲喂优质的配合饲料，营养要丰富全面，防止蛋白质、矿物质、微量元素、维生素等的缺乏。

5. 加强管理 对咬癖症发生严重的猪，应及时隔离饲养，对症治疗。猪舍内挂有铁链，让猪自由啃咬，这样既能防止发生咬癖，又能防止猪缺铁。保持猪舍安静，防止惊吓及人为造成猪皮肤损伤。

第十三节 日射病和热射病

日射病主要指在炎热的天气，日光长时间的直接照射猪的头部，引起脑及脑膜充血和脑实质的急性病变，导致中枢神经系统机能严重障碍；而热射病则主要由于气候炎热，圈棚低矮，温度高，湿度大，饲养密度大，闷热、拥挤、通风不良，猪产生热能多而发散困难，体内积热或出汗多而饮水不足，引起的严重的中枢神经系统紊乱。日射病和热射病统称中暑。

一、病因

炎热盛夏，肥猪赶路、车船运输使猪头部受到太阳直射会引起脑膜和脑实质的病变，使中枢神经系统机能发生严重障碍。潮湿闷热的环境中，猪新陈代谢旺盛，产热多，散热少，体内积热，或猪过于拥挤，猪体虚弱，耐热能力低，心脏、呼吸机能失调，大量出汗导致失水、失盐过多，缺喂食盐都容易导致本病的发生和发展。

二、诊断

1. 临床症状诊断 中暑的猪突然发病，精神高度沉郁，步态蹒跚，站立不稳，烦渴贪饮，黏膜发绀，血液黏稠且呈暗红色。重者常卧地不起或兴奋不安，口吐白沫，张口喘气，趴地腹式呼吸，体温急剧上升达42℃以上。心率增强，脉搏加快，肌肉震颤，皮肤灼热，呕吐，听诊胸部为湿啰音。痉挛抽搐或昏迷，瞳孔散大，反射消失，迅速窒息死亡。

怀孕母猪中暑后，多因体温过高，血、氧供应不足而流产。

2. 病理剖检诊断 剖检多见肺、脑充血水肿。

三、防控

1. 治疗措施 中暑猪的急救原则是：加强护理，促进散热，及时补水，调节酸碱平衡并维持心肺功能，防止脑水肿和对症治疗。

①发现猪中暑后，应立即将其移至树下或通风良好的荫凉处，保持安静。灌服绿豆汤500～1 000ml，内可加甘草粉、滑石粉各50g。冷水反复喷淋猪体，头部放置冰袋，并用1%冷盐水反复灌肠。

②及时在耳尖、尾尖放血100～300ml（视猪体重灵活掌握）；在天门、太阳、耳根、鼻梁、山根、八字、滴水、涌泉等穴位进行针灸；对于兴奋不安、狂躁不止的猪，肌注镇静剂。

③0.9%生理盐水300～500ml，静脉注射，有酸中毒出现用5%碳酸氢钠50～100ml静脉注射。5%葡萄糖250～750ml，安钠咖注射液0.5～1g，维生素C注射液2g，安乃近

3～5g，混合静注。

④当猪出现呼吸不规则、两侧瞳孔大小不等、颅内压升高等症状时，可用20%甘露醇或25%山梨醇，100～250ml，静脉注射，每隔6h注射1次，直至脑水肿基本消失。

2. 预防措施　炎热季节圈舍要有良好的通风排气设施。外搭凉棚等遮阳；降低饲养密度，喷洒冷水或安装风扇、滴水式降温设备；种猪场设有水池供猪自由洗澡，饮水充足。外购猪尽量安排在早上或傍晚，长途运输时装载不要太挤，保证通风。驱赶（配种）应调整驱赶时间，以早晚为主，中午休息。为了消除热应激，饮水中添加电解多维或口服葡萄糖。育肥猪日粮中添加碳酸氢钠，每头每天按4～8g混入饲料，或按1%比例加入硫酸钠连喂两周，间隔一周复喂。在母猪产前2周和整个泌乳期日粮中添加2～3%陈醋，能有效增进食欲，增加泌乳量，防止流产和中暑。有条件的猪场可于饲料中加入具有清热祛暑功效的中药散剂。

复习思考题

1. 风湿病的病因、诊断与治疗措施有哪些？
2. 关节滑膜炎的诊断与治疗措施？
3. 疝的组成及分类，常见疝的治疗措施是什么？
4. 疝的诊断要点是什么？
5. 直肠脱的治疗方法是什么？
6. 消化不良的治疗原则和方法是什么？
7. 胃溃疡的诊断和治疗？
8. 中暑的原因、诊断和防治措施是什么？

第七章　猪病类症鉴别

第一节　腹泻症候群

猪腹泻症候群常见于仔猪黄痢、仔猪白痢、仔猪红痢、仔猪副伤寒、猪痢疾、猪传染性胃肠炎、猪流行性腹泻、猪轮状病毒病，主要有以下临床特征。

仔猪黄痢常排出黄色糊状稀粪；仔猪白痢常排出灰白色糊状稀粪；仔猪红痢常排出红色黏性稀粪；仔猪副伤寒常排出坏死组织纤维状的稀粪；猪痢疾常排出血性黏液性粪便；猪传染性胃肠炎和猪流行性腹泻常排出灰色或黄色水样稀粪，但猪传染性胃肠炎传播快，猪流行性腹泻传播慢；猪轮状病毒病常排出黄白暗黑色水样或糊状稀粪。

1. 仔猪黄痢　常发生于7日龄内的仔猪，呈地方流行性。产仔季节发病多，发病率和病死率都比较高。很少发生呕吐，排黄色稀粪。病程多为最急性或急性。

2. 仔猪白痢　多发生于10～20日龄的仔猪，发病季节不明显，常呈地方流行性。发病率中等，病死率不高。无呕吐，排灰白色糊状稀粪。病程多为急性或亚急性。

3. 仔猪红痢　常发生于3日龄以内的初生仔猪，1周龄以上的猪很少发病，常呈地方流行性，发病率不定，病死率高。偶有呕吐，排红色黏性粪便。病程多为最急性或急性。

4. 仔猪副伤寒　多发生于1～4月龄的猪，发病无明显季节性，呈地方流行性或散发性。应激因素可促进发病。急性败血症，剧烈腹泻，慢性反复腹泻，皮肤出现紫斑。

5. 猪痢疾　多发生于2～4月龄的猪，发病季节不明显。传播缓慢，流行期长，易复发。发病率高，病死率低。体温基本正常。粪便混有多量胶冻样黏液及血液。

6. 猪传染性胃肠炎　各种年龄的猪都可发病，仔猪病死率高，大猪很少死亡，常见于寒冷季节，传播迅速，发病率高。病初呕吐，排灰色或黄色稀粪，迅速消瘦、脱水。

7. 猪流行性腹泻　流行和症状的特点与猪传染性胃肠炎基本相似，但猪流行性腹泻的病死率低，在猪群中的传播速度较慢。

8. 猪轮状病毒病　多是8周龄以内的仔猪发病，常发生于寒冷季节。发病率高，病死率低。症状与猪传染性胃肠炎基本相似，但较轻且缓和，排黄白色或灰暗色的水样或糊状稀粪。综合鉴别要点见表7－1。

表7－1　常见猪腹泻性传染病的鉴别诊断

病名	仔猪黄痢	仔猪白痢	仔猪红痢	仔猪副伤寒	猪痢疾	猪传染性胃肠炎	猪流行性腹泻	猪轮状病毒病
病原	大肠杆菌	大肠杆菌	C型魏氏梭菌	沙门氏菌	猪痢疾蛇形螺旋体	猪传染性胃肠炎病毒	猪流行性腹泻病毒	猪轮状病毒

续表

病名	仔猪黄痢	仔猪白痢	仔猪红痢	仔猪副伤寒	猪痢疾	猪传染性胃肠炎	猪流行性腹泻	猪轮状病毒病
流行特点	1～3日龄仔猪易发病，7日龄以上很少发病，发病率高，病死率高，窝发，来不及治疗	10～20日龄仔猪发病最多，无季节性，发病率高，病死率低。一窝发病有先后，治疗得当有较好疗效	一年四季均可发生，主要危害1～3日龄仔猪，病死率高。病程短，来不及治疗	1～4月龄仔猪多见，寒冷潮湿季节多发。呈散发或地方性流行。病死率高。低劣饲养条件是引起本病的主要原因	一年四季均可发生，以2～4月龄猪多发。新疫区呈急性，老疫区病势较缓	7日龄以内的仔猪病死率高，断奶猪、育肥猪和成年猪发病后取良性经过。主要发生于冬春寒冷季节	发病情况同猪传染性胃肠炎，病死率低，在猪群中的传播速度较猪传染性胃肠炎缓慢	多是8周龄以内的仔猪发病，发病率高，病死率低。常发生于寒冷季节
临床特征	消瘦、脱水。排黄色或黄白色稀粪	粪便呈乳白色、灰白色、淡黄色或黄绿色糊状	排血样稀便，呈粉红色、棕色，内含灰色坏死组织碎片和气泡	体温升高达41°C左右，持续性下痢，恶臭。病后期多消瘦，皮肤上有紫色斑点	患猪消瘦，粪稀如水，有大量的黏液、血液、纤维素渗出物、坏死组织碎片，呈黑色或黑红色	呕吐，水样腹泻。粪便呈白色、黄色或绿色。迅速失水、消瘦、死亡。一旦发病，几日内可波及全群	症状与猪传染性胃肠炎基本相似，但较轻且缓和	症状与猪传染性胃肠炎基本相似，但较轻且缓和
剖检特征	小肠黏膜充血、出血，肠壁薄，肠系膜淋巴结肿胀	肠壁变薄，呈卡他性炎。胃黏膜潮红，肠系膜淋巴结轻度水肿	小肠黏膜出血性坏死，深红色，覆有灰黄色坏死伪膜，易剥离	盲结肠黏膜有圆形堤状溃疡或弥漫性坏死。肠系膜淋巴结呈干酪样坏死。肝有灰黄色小坏死点	大肠黏膜出血、充血、肿胀。病程长的，表面有点状坏死和灰黄色伪膜积聚，呈豆腐渣样	病变主要在胃和小肠。胃底充血，肠壁变薄而失去弹性，充血。肠系膜淋巴结肿胀	病变同猪传染性胃肠炎	病变同猪传染性胃肠炎
实验室诊断	细菌培养及鉴定	细菌培养及鉴定	细菌培养及鉴定	细菌培养及鉴定	暗视野显微镜观察可见活动的蛇形螺旋体	免疫荧光试验和中和试验确诊	免疫荧光试验和中和试验确诊	免疫荧光试验和中和试验确诊
防控	产前一个月母猪进行预防，仔猪可获得母源抗体。多种中西药均有效	免疫方法同仔猪黄痢。多种中西药均有效	对母猪预防注射菌苗，仔猪可获得母源抗体。发病后对症治疗	可接种仔猪副伤寒疫苗进行预防。多种中西药均有效	无菌苗可用，多种药物可用于治疗	对母猪预防注射疫苗，仔猪可获得母源抗体。发病后对症治疗	对母猪预防注射疫苗，仔猪可获得母源抗体。发病后对症治疗	对母猪预防注射疫苗，仔猪可获得母源抗体。发病后对症治疗

第二节　呼吸系统症候群

呼吸系统症候群常见于猪传染性萎缩性鼻炎、猪支原体肺炎、猪瘟（亚急性呼吸型）、猪流行性感冒、猪繁殖与呼吸综合征、猪伪狂犬病（类流感型）、猪肺疫（呼吸型）、猪弓形虫病，主要有以下临床特征。

体温正常时，见有呼吸困难，鼻有病变，常为猪传染性萎缩性鼻炎；若见呼吸困难，鼻无病变，常为猪支原体肺炎。

体温升高时，多呈流行性：经过不良常为猪瘟（亚急性呼吸型），若良性经过一般为猪流行性感冒；多散发性或地方流行性：经过不良，有较高死亡率常为猪繁殖与呼吸综合征；良性经过多为猪伪狂犬病（类流感型）；若经过不定，一般为猪肺疫（呼吸型）；若经过不良，一般为猪弓形虫病。

1. 猪传染性萎缩性鼻炎　本病可呈现明显的呼吸困难，但其呼吸障碍是吸气困难，鼻部发炎，喷嚏频繁，颜面部变形，有半月形泪斑。应注意与猪传染性坏死性鼻炎、猪骨软病相区别。猪传染性坏死性鼻炎虽有鼻组织坏死，但它是由坏死杆菌引起，发生于外伤，不仅骨组织坏死，而且软组织坏死；猪骨软病也呈现颜面变形，但鼻部肿大而变形，无萎缩现象无喷嚏，无泪斑。

2. 猪支原体肺炎　呼吸器官症状明显，如呼吸困难、咳嗽、呼吸次数增加、腹式呼吸。临床上也可见到猪肺丝虫和猪蛔虫的幼虫可以引起仔猪咳嗽，但比较起来，猪肺丝虫病和猪蛔虫病的呼吸症状没有猪支原体肺炎严重，肺部炎症变化多位于肺膈叶下垂部，药物驱虫有效。还须注意，猪支原体肺炎常与猪肺丝虫病、猪蛔虫病同时发生。

3. 猪瘟（亚急性呼吸型）　各种年龄的猪都易感，发病率和病死率都高，流行猛烈。高热稽留，脓性结膜炎，皮肤点状红斑指压不褪色，先便秘后腹泻，粪便有纤维素性黏液。

4. 猪流行性感冒　发热，急性支气管炎，肌肉关节疼痛。秋冬季节常暴发流行，传播迅速，突然发病，病程短促，发病率高，病死率低。

5. 猪繁殖与呼吸综合征　主要发生于仔猪，通过呼吸道感染。常为流行性，地方流行性或散发。体温升高，仔猪腹泻，呼吸困难，肌肉震颤等。病死仔猪头部水肿，胸腔、腹腔积水，肺可见间质性肺炎变化。

6. 猪伪狂犬病（类流感型）　多种哺乳动物的急性、热性传染病，发热，脑膜脑炎。

7. 猪伪狂犬病　主要呈脑膜脑炎和败血症的综合症状，无奇痒。但由于猪的年龄不同，其差异很大。

仔猪（尤其20日龄以内的仔猪）伪狂犬病为神经败血型，高热，呕吐和腹泻，精神不振，呼吸困难，表现特征性神经症状，先兴奋，后麻痹，多死亡。发病率和病死率都高。

架子猪为类流感型，高热，呼吸困难，流鼻液，咳嗽，有上呼吸道炎症和肺炎症状。有时腹泻、呕吐。几天内可以康复，良性经过。但也有个别病猪出现神经症状而死亡。

大猪为隐性感染，少数呈上呼吸道卡他症状，孕猪流产。

8. 猪肺疫（呼吸型）　发病急剧，高度呼吸困难，口、鼻流泡沫，咽喉部和颈部有炎性水肿。在检疫中，应注意猪肺疫既可单独发生，又可与猪瘟等其他疫病混合感染。当猪肺疫单独发生时，可按上述鉴别要点与其他疫病相区别；当猪肺疫与猪瘟等其他疫病混合感染时，除具有猪肺疫的上述要点外，还具有其他疫病的特点。因而应实事求是地分析，得出客观的结论。

9. 猪弓形虫病　散发，多发生于架子猪。呼吸困难，呈腹式或犬坐姿势，耳根、下腹部、下肢等处皮肤有淤血紫斑或大片紫绀，腹股沟淋巴结明显肿大。病死率高。综合鉴别要点见表7-2。

第三节　神经症状症候群

神经症状症候群常见于猪伪狂犬病、猪狂犬病、猪流行性乙型脑炎、猪瘟（神经型）、猪李氏杆菌病、猪水肿病、猪链球菌病（脑膜脑炎型）、猪破伤风，主要有以下临床特征。

神经症状明显，类流感，败血症，多见于猪伪狂犬病；神经症状明显，攻击人、畜，多见于猪狂犬病；少数有神经症状，流产，睾丸炎，多见于猪流行性乙型脑炎；神经症状较明显，败血症，肠炎，多见于猪瘟（神经型）；神经症状明显，败血症，渐进消瘦，多见于猪李氏杆菌病；神经症状明显，头部水肿，多见于猪水肿病；神经症状明显，败血症，跛行，多见于猪链球菌病（脑膜脑炎型）；神经症状明显，肌肉僵直，多见于猪破伤风。

1. 猪伪狂犬病　神经症状明显，新生仔猪呈败血症，4月龄以上猪呈类流感症状，母猪流产。呈地方流行性或散发性。多发生于仔猪，病死率80%以上。无肉眼病变。

2. 猪狂犬病　神经症状明显，对人、畜有攻击性。大小猪都感染，与咬伤有关。呈散发性，发病不分季节。病死率100%。无特征性肉眼病变。

3. 猪流行性乙型脑炎　神经症状仅少数猪出现，公猪睾丸炎，母猪流产。多发生于成猪。呈散发性，7~9月发生。病死率低。除公猪睾丸炎外，无其他特征性肉眼病变。

4. 猪瘟（神经型）　神经症状较明显，呈败血症，肠炎。发生于少数仔猪。呈流行性或地方流行性，发病不分季节。病死率可达100%。有典型的猪瘟病变。

5. 猪李氏杆菌病　神经症状明显，呈败血症，渐进性消瘦。多发生于仔猪。呈地方流行性或散发性，冬、春季多发生。病死率达70%。无特征性肉眼病变。

6. 猪水肿病　神经症状明显，头部水肿，呼吸困难，速发型过敏反应症状。多发生于仔猪。呈地方流行性，4~9月份多发。病死率高。胃壁大弯部和结肠系膜水肿。

7. 猪链球菌病（脑膜脑炎型）　神经症状明显，呈败血症，跛行。大小猪都感染，呈地方流行性，一年四季可发生，但以5~11月较多，仔猪病死率较高。出血性病变，腹膜炎。

8. 猪破伤风　神经症状明显，全身肌肉僵直，意识清醒。大小猪都易感，呈散发性，无季节性。病死率高。无特征性眼观病变。综合鉴别要点见表7-3。

表 7－2　常见猪呼吸症状传染病的鉴别诊断

病名	猪传染性萎缩性鼻炎	猪支原体肺炎	猪瘟（亚急性呼吸型）	猪流行性感冒	猪繁殖与呼吸综合征	猪伪狂犬病（类流感型）	猪肺疫（呼吸型）	猪弓形虫病
病原	支气管败血波氏杆菌和产毒素多杀性巴氏杆菌	猪肺炎支原体	猪瘟病毒	猪流感病毒	猪繁殖与呼吸综合征病毒	伪狂犬病毒	多杀性巴氏杆菌	弓形虫
流行特点	多见6～8周龄仔猪，1周龄少见。传播缓慢	哺乳猪和刚断奶仔猪症状严重，病死率高。以气候突变、阴湿、寒冷的冬春季多发	各种年龄的猪都易感，发病率和病死率都高，流行猛烈，一年四季均可发生	各种年龄的猪都易感，发病率高，病死率低。传播迅速，呈流行性。多发生于天气骤变的晚秋、早春及寒冷的冬季	主要发生于仔猪	20日龄以内的仔猪发病率和病死率都高。断乳后的仔猪多不发病。一年四季均可发生	各种年龄的猪都易感，多发生在冷热交替、闷热、潮湿多雨的季节	多发生于架子猪。病死率高，散发。气候骤变、营养不良、怀孕等都是发病诱因
临床特征	体温一般正常，出现喷嚏、流涕和吸气困难，鼻黏膜破坏而流鼻血，泪斑。鼻腔和面部变形	体温一般正常，出现咳嗽、呼吸困难、喘气，呈腹式呼吸	高热稽留，脓性结膜炎，皮肤点状红斑指压不褪色，先便秘后腹泻，粪便有纤维素性黏液	发热，体温40.3～41.5℃，呼吸急促，呈腹式呼吸，阵发性痉挛性咳嗽；眼、鼻流出黏液性分泌物；肌肉关节疼痛	仔猪腹泻，呼吸困难，肌肉震颤等	除呼吸困难外，仔猪高热，呕吐和腹泻，特征性神经症状，先兴奋，后麻痹，多死亡	发病急剧，高度呼吸困难，口、鼻流泡沫，咽喉部和颈部有炎性水肿。可视黏膜发绀，皮肤淤血或小出血点	呼吸困难，呈腹式或犬坐姿势，耳根、下腹部、下肢等处皮肤有淤血紫斑或大片紫绀，腹股沟淋巴结明显肿大
剖检特征	鼻腔的软骨和鼻甲骨特别是鼻甲骨的下卷软化和萎缩	肺的心叶、尖叶及膈叶前下缘及中间叶发生“胰变”或“虾肉样变”	除肺有纤维素性胸膜肺炎病变外，皮肤、淋巴结、肾脏、膀胱等处有明显出血病变，回盲口附近有小溃疡	鼻、喉、气管和支气管黏膜充血，表面有大量泡沫状黏液，混有血液；肺部呈紫红色如鲜牛肉样	病死仔猪肺可见间质性肺炎变化	除肺小叶性间质性肺炎外，脑膜充血、出血和水肿，脑脊髓液增多；肝脾脏有坏死点；胃底黏膜出血	特征性病变是纤维素性肺炎，呈大理石样外观，胸膜常有纤维素性附着物，严重的胸膜与病肺黏连；胸腔和心包积液；支气管、气管内含有多量泡沫状黏液	肺间质增宽，有针尖至粟粒大出血点和灰白色坏死灶。肝、脾、肾亦有坏死灶和出血点，心包、胸腹腔液增多

续表

病名	猪传染性萎缩性鼻炎	猪支原体肺炎	猪瘟（亚急性呼吸型）	猪流行性感冒	猪繁殖与呼吸综合征	猪伪狂犬病（类流感型）	猪肺疫（呼吸型）	猪弓形虫病
实验室诊断	细菌培养鉴定	细菌培养鉴定，X射线检查	病毒分离鉴定或免疫荧光试验	病毒分离鉴定或中和试验	间接免疫荧光试验或酶联免疫吸附试验	病毒分离鉴定或免疫荧光试验	细菌培养鉴定	在肺、淋巴结或胸腹腔渗出液中检出虫体
防控	可用自家苗进行预防。磺胺类及多种抗生素类药物有效	可用疫苗进行预防。多种抗生素类药物有效	预防注射疫苗。无特效药物治疗	加强饲养管理，猪舍防寒、保暖。无特效药物治疗	可用疫苗防疫。无特效药物治疗	预防注射疫苗。发病后不易治疗	预防注射疫苗。磺胺类及多种抗生素类药物有效	由于猪摄入猫粪便中卵囊而感染，在畜舍内应严禁养猫。磺胺类药物有一定疗效

表7－3　常见猪神经症状传染病的鉴别诊断

病名	猪伪狂犬病	猪狂犬病	猪流行性乙型脑炎	猪瘟（神经型）	猪李氏杆菌病	猪水肿病	猪链球菌病（脑膜脑炎型）	猪破伤风
病原	伪狂犬病病毒	狂犬病病毒	乙型脑炎病毒	猪瘟病毒	李氏杆菌	大肠杆菌	链球菌	破伤风梭菌
流行特点	多发生于仔猪，病死率80%以上。呈地方流行性或散发性	发病不分年龄和季节。病死率100%。呈散发性	多发生于成猪。病死率低。呈散发性，7～9月发生	发病不分年龄和季节。病死率可达100%。呈流行性或地方流行性	多发生于仔猪。病死率达70%。呈地方流行性或散发性，冬、春季多发生	多发生于仔猪。病死率高。呈地方流行性，4～9月份多发	大小猪都感染，仔猪病死率较高。一年四季可发生，但以5～11月较多，呈地方流行性	大小猪都易感，病死率高。无季节性，呈散发性
临床特征	神经症状明显，新生仔猪呈败血症，4月龄以上猪呈类流感症状，母猪流产	神经症状明显，对人、畜有攻击性。大小猪都感染，与咬伤有关	神经症状仅少数猪出现，公猪睾丸炎，母猪流产，并有关节炎	神经症状较明显，呈败血症，肠炎。发生于少数仔猪	神经症状明显，呈败血症，渐进性消瘦	神经症状明显，头部水肿，呼吸困难，速发型过敏反应症状	神经症状明显，呈败血症，跛行	神经症状明显，全身肌肉僵直，意识清醒

续表

病名	猪伪狂犬病	猪狂犬病	猪流行性乙型脑炎	猪瘟（神经型）	猪李氏杆菌病	猪水肿病	猪链球菌病（脑膜脑炎型）	猪破伤风
剖检特征	无特征性眼观病变	无特征性病变	除公猪睾丸炎外，无其他特征性肉眼病变	有典型的猪瘟病变	无特征性病变	胃大弯黏膜和结肠系膜水肿	出血性病变，腹膜炎	无特征性病变
实验室诊断	病毒分离鉴定或免疫荧光试验	检查中枢神经的海马角、大脑皮层、小脑等细胞中的内基氏小体	病毒分离鉴定或中和试验	病毒分离鉴定或免疫荧光试验	细菌培养及鉴定	细菌培养及鉴定	细菌培养及鉴定	细菌培养和动物试验
防控	可接种疫苗进行预防。无特效药物治疗	无特效药物治疗	对母猪预防注射疫苗。无特效药物治疗	可接种疫苗进行预防。无特效药物治疗	多种药物可用于治疗	预防注射疫苗。发病后用抗生素治疗	预防注射疫苗。发病后用抗生素治疗	防止外伤，可用破伤风类毒素预防。发病后注射破伤风抗毒素，对症治疗

第四节　繁殖障碍症候群

繁殖障碍症候群常见于猪繁殖与呼吸综合征、猪细小病毒病、猪流行性乙型脑炎、猪伪狂犬病、猪钩端螺旋体病、猪布氏杆菌病，主要有以下临床特征。

母猪体温升高，厌食，末梢皮肤发绀，常见于猪繁殖与呼吸综合征；流产发生于初产母猪，常为猪细小病毒病；流产有明显的季节性，且公猪多见单侧性睾丸肿大、坏死，常见于猪流行性乙型脑炎；流产以死胎为主，且仔猪表现发热、呕吐、腹泻、神经症状，常见于猪伪狂犬病；夏秋多见，母猪流产的同时有贫血与黄疸症状，常见于猪钩端螺旋体病；母猪妊娠1～3月时流产，且公猪多见双侧性睾丸与附睾有化脓灶和坏死，常见于猪布氏杆菌病。

1. 猪繁殖与呼吸综合征　主要发生于怀孕母猪和仔猪，通过呼吸道感染。常为流行性，地方流行性或散发。母猪体温升高，厌食，末梢皮肤发绀。产死胎、弱胎、木乃伊胎。仔猪腹泻，呼吸困难，肌肉震颤等。病死仔猪头部水肿，胸腔、腹腔积水，肺可见间质性肺炎变化。

2. 猪细小病毒病　初产母猪发生流产、死胎、木乃伊胎。其他猪呈隐性感染。死胎、流产胎儿可见充血、出血。

3. 猪流行性乙型脑炎　有明显的季节性，与蚊虫活动有关。散发或呈地方性流行。母猪发生流产、死胎、木乃伊胎，子宫内膜充血、出血，并附有黏稠分泌物。死胎、弱胎常见脑水肿，腹水增多。公猪常发生单侧性睾丸炎，睾丸肿大、坏死。

4. 猪伪狂犬病　常呈散发或地方性流行。无季节性。母猪发生流产、死胎、木乃伊胎。仔猪表现发热、呕吐、腹泻、神经症状等。

5. 猪钩端螺旋体病　夏秋多见。母猪发生流产，有贫血与黄疸症状。皮下脂肪及多处内脏器官都有黄染并有出血。

6. 猪布鲁氏菌病　无季节性。母猪妊娠到1～3月时流产多见，木乃伊胎极少，母猪子宫内膜有灰黄色化脓小结节。公猪常发生双侧性睾丸炎，公猪睾丸与附睾有化脓灶和坏死。综合鉴别要点见表7－4。

表7－4　常见猪繁殖障碍传染病的鉴别诊断

病名	猪繁殖与呼吸综合征	猪细小病毒病	猪流行性乙型脑炎	猪伪狂犬病	猪钩端螺旋体病	猪布鲁氏菌病
病原	猪繁殖与呼吸综合征病毒	猪细小病毒	乙型脑炎病毒	伪狂犬病病毒	钩端螺旋体	布鲁氏菌
流行特点	主要发生于怀孕母猪和仔猪	常见于初产母猪	有明显的季节性，与蚊虫活动有关	主要发生于怀孕母猪和仔猪，无季节性	夏秋多见。经皮肤、消化道黏膜、眼结膜感染	无季节性，经皮肤、口、鼻腔及交配感染

续表

病名	猪繁殖与呼吸综合征	猪细小病毒病	猪流行性乙型脑炎	猪伪狂犬病	猪钩端螺旋体病	猪布鲁氏菌病
临床特征	母猪体温升高，厌食，末梢皮肤发绀，耳尖发蓝。产死胎、弱胎、木乃伊胎。仔猪腹泻，呼吸困难，肌肉震颤等	母猪常出现流产、死胎、弱胎、木乃伊胎。以木乃伊胎为主。其他猪呈隐性感染	母猪发生流产、死胎、木乃伊胎，胎儿大小有很大差异，公猪常见单侧睾丸炎	母猪发生流产、死胎、木乃伊胎，胎儿大小无差异。仔猪表现发热、呕吐、腹泻、神经症状等	母猪发生流产，有贫血与黄疸症状	母猪妊娠到1～3月时流产多见，木乃伊胎极少，公猪常发生双侧性睾丸炎
剖检特征	病死仔猪头部水肿，胸腔、腹腔积水，肺可见间质性肺炎变化	死胎、流产胎儿可见充血、出血	死胎、弱胎常见脑水肿，腹水增多。睾丸肿大，坏死	无特征性病理变化。内脏器官可有不同程度点状出血	皮下脂肪及多处内脏器官都有黄染并有出血	母猪子宫内膜有灰黄色化脓小结节。公猪睾丸与附睾有化脓灶和坏死
实验室诊断	间接免疫荧光试验或酶联免疫吸附试验	血凝抑制试验	荧光抗体技术、中和试验或血凝抑制试验	免疫荧光技术或动物接种	取病料制片经显微镜检查钩端螺旋体	凝集试验或皮内变态反应试验
防控	可用疫苗防疫。无有效药物治疗	可用疫苗防疫。无有效药物治疗	对种猪于流行前期一个月注射乙型脑炎疫苗。尚无有效药物治疗	可用疫苗防疫。早期可用高免血清治疗	可用疫苗防疫。链霉素，土霉素治疗有效	可用疫苗防疫。一般不予治疗

第五节　皮肤病变类症鉴别

皮肤病变类症常见于猪炭疽、猪肺疫、猪瘟、猪丹毒（亚急性型）、猪副伤寒（急性败血型）、猪链球菌病（急性型）、猪弓形虫病，主要有以下临床特征。

咽部肿胀时见于猪炭疽和猪肺疫，猪炭疽呈明显的咽部肿胀，多为慢性经过，呈急性经过时多见于猪肺疫；不出现咽部肿胀时见于猪瘟、猪丹毒（亚急性型）、猪副伤寒（急性败血型）、猪链球菌病（急性型）、猪弓形虫病。

各年龄猪都发生，红斑指压不褪色一般是猪瘟；红斑凸出皮肤，有棱角多见于猪丹毒（亚急性型）；伴有腹泻、皮肤湿疹多见于猪副伤寒（急性败血型）；多发生于仔猪，红斑多在体末梢，伴有跛行、神经症状多见于猪链球菌病（急性型）；多发生于生长肥育猪，红斑指压褪色，红斑不凸出皮肤，无棱角一般是猪弓形虫病。

1. 猪瘟 各种年龄的猪都易感，发病率和病死率都高，流行猛烈。高热稽留，脓性结膜炎，皮肤点状红斑指压不褪色，先便秘后腹泻，粪便有纤维素性黏液。

2. 猪丹毒（亚急性型） 主要侵害架子猪，常呈地方流行性。体温高达42℃以上，突出皮肤带棱角的红斑，指压不褪色。

3. 猪肺疫 发病急剧，高度呼吸困难，口、鼻流泡沫，咽喉部和颈部有炎性水肿。在检疫中，应注意猪肺疫既可单独发生，又可与猪瘟等其他疫病混合感染。

4. 猪副伤寒（急性败血型） 多发生于仔猪，呈散发性或地方流行性。与降低抵抗力的诱因有关。耳根、前胸、腹下有紫斑，腹痛，腹泻。应注意猪副伤寒除可单独发生外，还常继发于猪瘟等其他疫病。

5. 猪链球菌病（急性型） 多发生于仔猪，呈地方流行性，传播快，发病急，经过短。腹下、四肢下端、耳尖等末梢部位紫红色，有出血点。有神经症状，跛行。

6. 猪弓形虫病 散发，多发生于架子猪。呼吸困难，呈腹式或犬坐姿势，耳下、下腹部、下肢等处皮肤有淤血紫斑或大片紫绀，腹股沟淋巴结明显肿大。病死率高。综合鉴别要点见表7－5。

表7－5 常见猪皮肤病变传染病的鉴别诊断

病名	猪瘟	猪丹毒	猪肺疫	仔猪副伤寒	猪链球菌病	猪弓形虫病
病原	猪瘟病毒	猪丹毒杆菌	多杀性巴氏杆菌	沙门氏菌	链球菌	弓形虫
流行特点	不分年龄、性别、品种、季节均可发生。传染快，死亡率高。通常在发病一周后，其发病率和死亡率达到高峰。呈流行性	以4～6月龄猪多发。炎热夏季多发。多呈散发、地方性流行。死亡率、发病率较猪瘟低	中小猪多发，秋末春初气候骤变时多发。呈散发，偶成地方性流行。常继发猪瘟与气喘病	多发于4月龄以下仔猪。饲养管理条件常是本病发生诱因。呈地方流行，死亡率高。慢性病例多见	不分年龄、性别和品种均可发生。呈地方性流行。传染快、发病快、死亡率高	一年四季均可发生。多发于3～5月龄猪，散发，死亡率低
临床特征	体温41.5°C，化脓性结膜炎，初便秘后腹泻，皮肤有小出血点，指压不褪色，包皮积尿，小猪有的有神经症状	体温42°C或更高。急性皮肤有红斑，指压褪色，常突然死亡；亚急性可在皮肤出现疹块；慢性有关节炎、跛行，皮肤坏死，四肢下部水肿	体温41°C左右，急性咽喉部肿胀，呼吸困难，犬坐姿势，后期口鼻有泡沫液体，皮肤上有出血点或红斑	体温41.5°C左右，持续下痢，粪臭，病末期十分消瘦。皮肤有紫色斑	高热稽留，绝食，高度跛行。呼吸困难。皮肤有淤血斑。神经症状明显。病程短、死亡快。关节炎、淋巴结化脓	体温41.5°C左右，结膜充血，有眼屎，粪干结或腹泻，呼吸困难，咳嗽，流鼻涕，皮肤发绀，踉跄

续表

病名	猪瘟	猪丹毒	猪肺疫	仔猪副伤寒	猪链球菌病	猪弓形虫病
剖检特征	以小点出血为主。淋巴结周边出血、大理石样。肾色淡有出血点，心内外膜、喉头及膀胱黏膜有出血点。脾边黏膜有钮扣状溃疡	淋巴结肿大，切面多汁，胃、十二指肠黏膜红肿、出血，肾淤血肿大，皮质部有出血点，脾肿大呈紫红色；慢性心内膜炎，皮肤坏死，增生性关节炎	咽喉部肿大，周围组织胶样浸润；肺切面呈大理石样，纤维性胸膜炎和心包炎	盲结肠黏膜有圆形堤状溃疡或弥漫性坏死，肠系膜淋巴结肿大、出血、坏死，肝脏有灰黄色小坏死灶，脾肿大	全身黏膜和浆膜有小点出血。脾肿淤血。淋巴结弥漫性出血，脑膜和脑实质充血和出血	胃和大肠黏膜充血、出血，肺水肿，淋巴结肿胀、充血、出血和坏死
实验室诊断	病毒分离鉴定或免疫荧光试验	细菌培养鉴定	细菌培养鉴定	细菌培养鉴定	细菌培养鉴定	在肺、淋巴结或胸腹腔渗出液中检出虫体
防控	预防注射疫苗。无特效药物治疗	预防注射疫苗。青霉素有效	预防注射疫苗。青霉素、链霉素和磺胺类药物有效	预防注射疫苗。抗菌药物有效	预防注射疫苗。青霉素等抗菌药物有效	由于猪摄入猫粪便中卵囊而感染，在畜舍内应严禁养猫。磺胺类药物有一定疗效

第六节　跛行类症鉴别

跛行类症鉴别常见于猪肺疫（慢性型）、猪丹毒（慢性型）、猪链球菌病（慢性型）、猪布鲁氏菌病，主要有以下临床特征。

皮肤出现痂样湿疹，关节肿胀为猪肺疫；皮肤出现坏死，关节变形多见于猪丹毒；多发生于仔猪，伴有跛行、神经症状多见于猪链球菌病；皮肤无病变，同群母猪怀孕后期见到流产时为猪布氏杆菌病。

1. 猪肺疫（慢性型）　皮肤出现痂样湿疹，关节肿胀，并表现慢性肺炎和慢性胃肠炎症状。持续性咳嗽与呼吸困难，鼻流少量黏脓性分泌物。食欲不振，常有泻痢现象。进行性营养不良，极度消瘦，衰竭而死。

2. 猪丹毒（慢性型）　有关节炎、跛行，病猪四肢关节（特别是腕关节）炎性肿胀，病腿僵硬、疼痛，关节变形，出现跛行或卧地不起。慢性心内膜炎表现为消瘦、贫血、喜躺卧，行走时举步缓慢，全身摇晃，心跳加快，呼吸困难，衰竭而死。

3. 猪链球菌病（慢性型）　一肢或多肢关节发炎。关节周围肌肉肿胀，高度跛行，有痛感，站立困难。严重病例后肢瘫痪。最后因体质衰竭、麻痹死亡。

4. 布鲁氏菌病关节炎　常发生于个别关节（特别是膝关节和腕关节），关节肿胀疼痛，呈现跛行，严重者导致关节硬化和骨、关节变形。综合鉴别要点见表7-6。

表7-6　常见猪跛行传染病的鉴别诊断

病名	猪肺疫	猪丹毒	猪链球菌病	猪布鲁氏菌病
病原	多杀性巴氏杆菌	猪丹毒杆菌	链球菌	布鲁氏菌
流行特点	中小猪多发，秋末春初气候骤变时多发。呈散发，偶成地方性流行	以4～6月龄猪多发。炎热夏季多发。病初期常见急性经过突发死亡。多呈散发、地方性流行	不分年龄、性别和品种均可发生。呈地方性流行	不分年龄、性别和品种均可发生。呈地方性流行
临床特征	皮肤出现痂样湿疹，关节肿胀，持续性咳嗽与呼吸困难，鼻流少量黏脓性分泌物。常有泻痢现象。极度消瘦，衰竭而死	皮肤坏死，四肢下部水肿。病腿僵硬、疼痛，关节变形，出现跛行或卧地不起，有时见心内膜炎，全身摇晃，心跳加快，呼吸困难，衰竭而死	关节周围肌肉肿胀，高度跛行，有痛感，站立困难。严重病例后肢瘫痪。衰竭、麻痹死亡	常见膝关节和腕关节肿胀疼痛，呈现跛行
剖检特征	尸体极度消瘦、贫血，关节肿大；肺有多处坏死灶，内含干酪样物质；肺、胸膜及心包有纤维素性絮状物附着或粘连；肺门淋巴结化脓	增生性关节炎，有时见心内膜炎，心脏有菜花性赘生物	浆液性、化脓性关节炎	关节硬化和骨、关节变形
实验室诊断	细菌培养鉴定	细菌培养鉴定	细菌培养鉴定	凝集试验
防控	预防注射疫苗。青霉素、链霉素和磺胺类药物有效	预防注射疫苗。青霉素有效	预防注射疫苗。青霉素有效	预防注射疫苗。无有效治疗方法

第七节　口、蹄有水疱的类症鉴别

口、蹄有水疱的类症鉴别常见于一般性口蹄疫、猪口蹄疫、猪水疱病、猪水疱性疹、猪水疱性口炎，主要有以下临床特征。

偶蹄家畜感染为一般性口蹄疫；猪感染，人也可感染，若病情重常为猪口蹄疫，若病情轻常为猪水疱病；仅猪感染常为猪水疱性疹；各种家畜均感染常为猪水疱性口炎。

1. 一般性口蹄疫 牛、羊、猪等偶蹄兽都易感染，人也感染，呈地方流行性或大流行性。发病率高，成畜病死率3%，仔畜病死率60%。口腔水疱少而严重，蹄部水疱多而严重。

2. 猪口蹄疫 猪易感，人也可感染，呈流行性。主要发生于集中饲养的猪场，发病率高，病死率成猪3%、仔猪60%。口腔水疱少而严重，蹄部水疱多而严重。

3. 猪水疱病 猪易感，人也可感染，呈流行性。主要发生于集中饲养的猪场，发病率较高，不致死。口腔水疱少而轻，蹄部水疱多而轻。

4. 猪水疱性疹 仅猪易感染，呈地方流行性或散发性。发病率10%~100%，无病死。口腔和蹄部水疱都多。

5. 猪水疱性口炎 各种家畜和人都易感染，常在一定地区散发。发病率30%~95%，无病死。口腔水疱多，蹄部水疱很少或没有。综合鉴别要点见表7－7。

表7－7 常见猪有水疱的传染病的鉴别诊断

病名	一般性口蹄疫	猪口蹄疫	猪水疱病	猪水疱性疹	猪水疱性口炎
病原	口蹄疫病毒	口蹄疫病毒	猪水疱病病毒	猪水疱性疹病毒	猪水疱性口炎病毒
流行特点	牛、羊、猪等偶蹄兽都易感染，人也感染，呈流行性或大流行性。发病率高，成畜病死率3%~5%，仔畜病死率60%以上	猪易感染，人也感染，呈流行性。发病率较高，成猪病死率3%~5%，仔猪病死率60%以上	猪易感染，人也感染，呈流行性。发病率较高，无死亡	仅猪易感染，呈地方流行性或散发性。发病率10%~100%，无死亡	牛、马、猪易感染，人也感染，散发。发病率30%~95%，无死亡
临床特征	口腔水疱少，蹄部水疱100%	口腔水疱少，蹄部水疱100%	口腔水疱少，蹄部水疱100%	口腔水疱100%，蹄部水疱100%	口腔水疱100%，蹄部无水疱或很少
动物接种试验	2日龄小鼠死亡，7~9日龄小鼠死亡	2日龄小鼠死亡，7~9日龄小鼠死亡	2日龄小鼠死亡，7~9日龄小鼠不死亡	2日龄小鼠不死亡，7~9日龄小鼠不死亡	2日龄小鼠死亡，7~9日龄小鼠死亡
猪口蹄疫血清保护性试验	能保护	能保护	不能保护	不能保护	不能保护
猪水疱病血清保护性试验	不能保护	不能保护	能保护	不能保护	不能保护
防控	预防注射疫苗。发病后对症治疗	预防注射疫苗。发病后对症治疗	预防注射疫苗。发病后对症治疗	预防注射疫苗。发病后对症治疗	预防注射疫苗。发病后对症治疗

第八章　养猪生产生物安全体系

第一节　养猪生产生物安全体系的意义和内容

一、养猪生产生物安全体系的意义

生物安全是杜绝或减少致病微生物的传播和扩散，从而防止或减少对动物的致病攻击的一系列相关管理措施。其总的目标是保持猪群的高生产性能，发挥最大的经济效益。因此，规模化猪场建立生物安全体系是保证猪群健康、防止疫病发生和流行的重要措施。

养猪生产中的生物安全有多个含义，其一是养猪生产中采取相应的措施确保猪只远离疫病，健康生长，包括养猪生产过程中的隔离、消毒、疫苗接种、药物保健等一系列措施；其二是养猪生产中对环境造成的影响，养猪生产不能破坏周围的环境，更不能向环境中释放有害的有机或无机物质或病原微生物；其三是猪肉及其产品对人类生物安全的影响，除了化学药物、抗生素和重金属等的残留对人体有危害的化学物质之外，病原微生物和潜在的病原微生物也是关键。

建立养猪生产生物安全体系的必要性有以下几点。

①现代化的育种手段使猪的生产性能得到了很大提高，而猪的体质、抗逆性等明显下降，对营养、管理等环境条件要求更加苛刻，对环境的变化更加敏感。

②随着规模化养猪的发展，使集约化程度不断提高，一旦发生疫情，就难以控制，导致巨大的经济损失。

③国际上品种交流日趋频繁，而目前监测手段滞后，造成旧病未除，新病又起，疫情和病情更加复杂，多以综合症状表现，临床确诊难度加大。全球疫情恶化、复杂，危机四伏。

④我国养猪业发展中的生物安全问题更加突出，一方面随着养猪规模的扩大，各种疫病的流行，临床上药物的滥用、乱用现象越来越严重；另一方面为了提高效益而用来改善养猪生产性能的化学产品、重金属、生物激素的大量使用以及养猪环境污染对畜产品质量的危害日益加重；更为重要的是生猪和相关产品贸易的发展，造成一些重大动物疫病和新发传染病日益复杂，对生猪生产构成严重威胁，而生物安全意识淡薄，技术落后，亟须加快实施养猪场生物安全体系的建立。

因此，在规模化猪场，采取各种主动措施，提高猪群的健康水平，从过去狭窄地致力于对特定疫病进行控制转变为对全群健康进行保护，免受各种疾病的侵袭。这对于保证猪群健康，防止疫病发生和流行，乃至保障人类食品安全和健康具有重大意义。

二、养猪生产生物安全体系的内容

集约化猪场生物安全体系就是通过各种手段以排除疫病威胁，保护猪群健康，保证猪场正常生产发展，发挥最大生产优势的方法集合体系总称。总体包括：猪场环境控制，猪群的健康管理，饲料营养，饲养管理，卫生防疫、药物保健、免疫监测等几个方面。

（一）猪场的环境控制

1. 合理的选址和布局 科学选择场址、布局合理、远离传染病原的猪场建筑是猪群生物安全体系的基础条件。猪场场址首先要选择自然生态环境优越的地方，保持区域养殖场容纳量符合环保要求和地方经济区域规划要求；做到生活区、生产区与生产管理区严格分开，符合兽医卫生防疫的要求。

2. 温度控制 温度在养猪生产中也是关键一环。适宜的温度可以减少死亡，加快增重，降低料肉比。猪舍要求冬暖夏凉，有利于种猪发情、配种、仔猪的存活和增重。温度太高导致公猪热应激，降低精液的活力，从而增加配种难度，出现返情率高、产仔少，影响繁殖成绩。低温使仔猪抗病力降低、死亡率升高，料肉比升高。

3. 猪场小气候的控制 对场区内规划绿化带，可有效改善猪场小气候，能使场区空气中有毒有害的气体、臭气、尘埃、细菌数减少，美化环境。

4. 严格的隔离、消毒制度 对猪场内不同功能区实施有效隔离。对各功能区和猪场入口、环境实施严格的卫生消毒制度。对进入场区的人员、车辆实施严格的消毒措施，防止外来病原体的传播和扩散。

（二）猪群健康管理

加强引种的隔离饲养和检疫，建立和实行“全进全出”的饲养管理模式，实施早期断乳和隔离断乳、早期断乳三点式饲养措施，全面提高猪群的健康水平。

（三）环境卫生的消毒

猪场要制定严格的场内、场外消毒制度与消毒用药制度，杀灭环境中可能存在的病原微生物，为猪提供一个空气新鲜、舒适的生存环境。

（四）营养

根据猪各生长阶段的营养需要，提供优质、营养、全价饲料，保证其发挥最佳的生产性能。

（五）兽医防疫

1. 兽医管理 及时检查消毒效果，每天观察并记录猪只健康状况、舍内温度、湿度、气味、通风等。兽医技术人员应每日深入猪舍，巡视猪群，对猪群中发现的病例及时进行诊断治疗和处理。对怀疑或已确诊的常见多发性传染病病猪，应及时组织力量进行治疗和控制，防止其扩散。

2. 预防药物的使用 规模化养猪生产，对于猪的某些生产阶段或某些传染病在临床上可以采用对整个猪群投放药物的措施进行群体性预防或控制。

3. 免疫程序的制定 根据猪场猪群的实际抗体效价，结合本场流行病的特点，制定合理的免疫程序。

4. 实验室免疫监测 根据实验室检测计划，按时检测抗体水平，选择最佳的免疫时机；对疾病进行诊断检测以了解猪群微生物体系，为疾病预防提供依据。

5. 其他检测　对规模化养猪场的其他各项措施如消毒、杀虫、灭鼠、驱虫、药物预防与临床诊断等方面的效果进行检测，最佳防治药物的筛选等，都可进一步提高防疫质量。而对猪舍内外环境如水质、饲料等进行检测也都有益于猪场的疫病防控。

总之，集约化猪场生物安全体系的建立重点是群体的疫病控制，在目前疫病复杂的形势下，通过健全环境、猪群的健康、卫生防疫、营养、兽医管理各方面的努力，建立可靠的生物安全体系，切实采取综合性的管理和技术措施，才能有效地控制疫病的发生和发展，确保猪场的生物安全，保证猪场可持续发展。

第二节　猪场建设与环境的卫生防疫要求

一、猪场的生物隔离

（一）场地选择

按照动物防疫条件要求和无公害生猪生产基地建设标准，为满足生猪健康生长所必需的生活环境，猪场选址应该达到以下标准。

1. 地形地势　地形整齐开阔，地势较高、干燥、平坦或有缓坡，面积充足（按年出栏每头 2.5～4m^2 计），背风向阳，周围有足够的农田、果园或鱼塘，以便能够充分利用猪场的粪尿。

2. 交通、电力状况　猪场必须选在交通便利的地方，但不能过于靠近交通干道、居民点和公共场所，猪场应远离自然保护区、水源保护区、旅游规划区和工业污染区等；电力供应充足。

3. 水源　猪场水源要求水量充足，水质良好，便于取用和进行卫生防护。水源水量必须能满足场内生活用水、猪只饮用水及饲养管理用水（如清洗调制饲料、冲洗猪舍、清洗机具、用具等）的要求。

（二）猪场建设布局

场区布局要符合兽医防疫和环境保护要求，便于现代化生产操作。场区周围设围墙、绿化带或防护沟。场区内根据地势高低和常年主流风向，依次划分为生活管理区、饲养生产区和污物处理区 3 部分（图 8－1），每区之间也要设围墙进行隔离。

1. 生活管理区　位于上风向和地势最高处。该区设大门，大门口设与门等宽，与一周半大型机动车轮等长，20～25cm 深，水泥结构的消毒池和人员出入消毒用的消毒室；区内设办公室、生活用房、饲料加工仓储用房及水、电、暖供应设施等，为生产提供管理、后勤支持。此外，猪场周围应建围墙或设防疫沟，以防盗和避免闲杂人员进入场区。

2. 饲养生产区　包括各类猪舍生产设施，这是猪场中的主要建筑区。种猪舍要求与其他猪舍隔开，形成种猪区，应设在人流较少和猪场的上风向；分娩舍既要靠近妊娠舍，又要接近保育猪舍；育肥猪舍应设在下风向，并尽量靠近出猪台。各类猪舍与污物处理区之间应设有污道，或将舍内粪污通过漏缝地板下的粪沟，经舍外排污暗沟流向污物处理区，以便于运送病、死猪和处理粪便。另外，在生产区的入口处，应设专门的消毒间或消

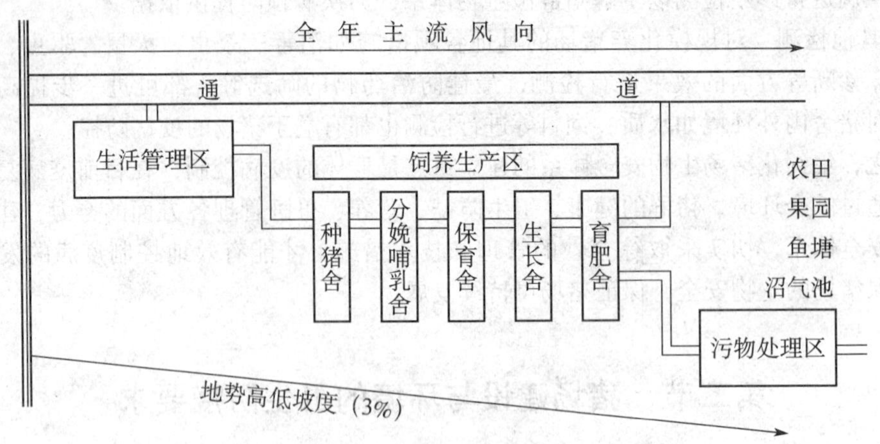

图8-1 场区布局与风向、地势关系示意图

（杨中和，方旭．现代无公害养猪．北京：中国农业出版社）

毒池，以便进入生产区的人员和车辆进行严格的消毒。

3. 污物处理区 设在距饲养生产区的下风向和地势较低处，以免影响生产猪群。此区包括兽医室、病猪隔离舍、解剖室、化制室、贮粪场、氧化池等无害化处理设施。

4. 道路 道路对生产活动正常进行、对卫生防疫及提高工作效率起着重要的作用。场内道路应分净、污道，互不交叉，出入口分开。净道的功能是人行和饲料、产品的运输，污道为运输粪便、病猪和废弃设备的专用道。

5. 水塔 自设水塔是清洁饮水正常供应的保证，位置选择要与水源条件相适应，且应安排在猪场最高处。

6. 绿化 绿化不仅美化环境，净化空气，也可以防暑、防寒，改善猪场的小气候，同时还可以减弱噪声，促进安全生产，从而提高经济效益。因此，在进行猪场总体布局时，一定要考虑和安排好绿化。

（三）生物隔离措施

①外来车辆进场前，必须先进行严格冲洗消毒，才能进入生活管理区和靠近装猪台，严禁任何车辆和外人进入生产区。人员进场应经过消毒人员通道，严禁闲人进场，把好防疫第一关。

②各区之间应以围墙隔开，人员入口和饲料入口应以消毒池隔开，人员必须在更衣室沐浴、更衣、换鞋，经严格消毒后方可进入生产区。生产区的每栋猪舍门口必须设立消毒脚盆，生产人员经过脚盆再次消毒工作鞋后进入猪舍，生产人员不得互相“串舍”，各猪舍用具不得混用。

③场内生活区严禁饲养狗、猫、鸡、鸭等畜禽。消灭老鼠、蚊蝇，严防狗、猫和野生动物窜入猪舍。补充猪群时，必须从安全区购买并备有当地畜禽防疫机构出具的检疫证明；购回后，需要在隔离猪舍饲养、检疫后，证明无病时经预防注射后方可与本场猪群混群饲养。

④来源于生活区和生产区的污物和粪便应及时的清除和处理，防止发生不必要的污染和传播。

二、严格的消毒措施

建立严格的卫生消毒制度，采用机械清扫、冲洗和使用各种化学消毒药物相配合的方法进行消毒。

1. 大门　在大门入口处要设消毒池，池内配制2%烧碱溶液或20%石灰水，对来往车辆的轮胎和人的鞋底进行消毒；设喷雾消毒装置，对车身和车底盘进行消毒。

2. 生产区　工作人员在进入生产区之前，必须经过在消毒间，用紫外线灯消毒，然后换上工作衣、帽、鞋，工作结束，将其留在更衣室内，严禁带出场外，工作衣、帽、鞋要经常清洗、消毒，保持清洁。参观人员的消毒方法与工作人员相同，并按指定的路线参观。

3. 猪舍和用具　猪舍每年至少于春、秋季进行两次大清扫、消毒，每月进行一次一般消毒，消毒药液常用2%烧碱或0.5%过氧乙酸；饲槽和其他用具需每天洗刷，定期用0.1%新洁尔灭消毒；肥育猪舍采取“全进全出”的消毒方法，分娩后采取小区“全进全出”消毒；每批猪出栏后彻底大消毒，空圈一周后方可进猪。

4. 猪体　日常消毒可用0.1%新洁尔灭、2%～3%来苏尔或0.5%过氧乙酸等对猪体进行喷雾消毒，喷雾粒子要求50～100μm。母猪分娩前用0.1%高锰酸钾消毒乳房和阴部。分娩完毕，再用消毒药抹拭乳房、阴部和后躯。

三、死猪尸体及粪污处理

1. 死猪尸体的处理　猪只的尸体及分娩时产出的胎盘、死胎，及时清理后，由卫生人员以专用容器集中运至固定场所，高温或毁尸坑处理。

2. 粪污的处理　猪场应有完备的粪污处理设施，包括猪栏漏缝地板、冲洗设备、排污沟、集污池、发酵池等。对粪污进行处理时应做到粪稀分流，分离后的污水入污水处理池净化处理后排放出去，粪渣运到农区经堆肥或发酵池发酵后使用。

第三节　猪群健康监测与维护

做好猪群的健康监测与维护的目的在于：及时发现亚临床症状，早期控制疫情，把疾病消灭在萌芽状态；及时解决营养、饲养以及管理等方面存在的问题；及时纠正环境条件中的不利因素。因此猪群健康的监测和维护是猪场日常管理中一项重要的工作。

一、观察猪群

通过遥控监测系统对猪场的整个生产环节实施全天候监测，或猪场技术人员和兽医每日至少2～3次巡视猪群，并经常与饲养人员取得联系，互通信息，做到“三看”，即“平时看精神，饲喂看食欲，清扫看粪便”。及时分析、确诊、治疗、消毒、隔离、淘汰、扑杀。

二、测量统计

生产水平的高低是反映饲养管理水平和健康水平的晴雨表。如受胎率低、产仔数少，可能是饲养管理的问题，也可能是细小病毒病、乙脑等引起；初生重小，有可能是母猪妊娠期营养不良；21d窝重小，整齐度差，可能是母乳不足，补料过晚或不当，环境不良或受到疾病侵袭；生长速度慢、饲料转化率低，其主要原因是猪群潜藏某些慢性疾病或饲养管理不当。所以通过对各项生产指标的测定统计，便可反映饲养管理水平是否适宜，猪群的健康是否处于最佳状态。

三、饲料监测

饲料中的营养是猪生长、繁殖以及健康的基础。但在生产实践中，由于饲料原料自然变异、加工方法与技术的不同、掺杂使假、不适当的运输和贮存导致养分的损失与变质等因素，造成因营养缺乏、不平衡或有害有毒物质而降低猪的生产性能，危及猪的健康。因此通过化学分析测定、物理检验、动物试验以及感官检验判断等检测、检验方法对饲料的品质与质量进行全面监测是十分必要的。

四、环境监测

猪场环境监测是养猪环境控制的基础。通过对猪舍内温度、湿度、气流、光照、水质、空气中的微粒、微生物以及有害气体等指标的监测，可以及时了解舍内、外环境的变化及其对猪群的影响。根据实测数据与标准环境参数对比分析，结合猪群的健康、行为和生产状况，及时发现问题，采取措施。应该注意的问题是：环境因素互相影响、错综复杂，对猪的健康和生产力的作用是综合效应。

五、尸体剖检

通过对病猪的剖检，观察内脏器官组织有无病变或病变种类、程度等，以便及时了解猪病的种类及严重程度，以利对症用药。

六、血清学监测

定期检测血液中的抗体水平，是了解猪群免疫状况的有效方法之一。抗体的出现意味着猪体正在患病或曾经患过病，或意味着接种疫苗后已经产生效果。接种疫苗后测定抗体，可以明确人工免疫的有效程度，并可作为再次接种疫苗的参考依据。怀孕母猪接种疫苗后，仔猪可通过初乳获得母源抗体。测定仔猪体内的母源抗体，可及时了解仔猪的免疫状态，也可作为确定仔猪再次接种疫苗的重要依据。

第四节　猪病综合防控措施

集约化规模饲养的条件下，猪群饲养密度过大，圈舍相对密闭，光照和空气流动较差，使传染病和寄生虫病传播和流行的几率明显增大。严重影响猪场的经济效益，危害养猪业的健康发展和人民群众的身体健康。所以，必须严格遵循“预防为主、养防结合、防重于治”的原则，因地制宜建立行之有效的疾病综合防御体系。

一、种源净化

频繁引种极易造成传染病的流行，应提倡自繁自养。在种猪选育过程中要注重提高抗病能力，弃弱留强，淘汰生产性能差、四肢纤细、抗病力弱的个体及后代。若必须购买或引种时，应选择安全区，并经当地兽医检疫部门检疫，出具有效的检疫证明。引进后再经本地或本场兽医验证、检疫，并隔离观察1个月后，确认健康者，经消毒、驱虫、免疫接种后方可混群饲养。种猪场应满足如下三个条件：确定可靠的免疫程序；有良好的供应历史；保证没有特定的传染病。种群建立后，应做好疾病监测，定期检疫净化，防止疫病的传播和扩散。

二、隔离饲养，全进全出

在规模化猪场，应按猪的品种、性别、年龄等分群分舍饲养，根据不同生长阶段的营养需要确定饲料标准和营养标准。同时实行早期断奶（或激素处理），形成天然的同期发情、同期配种、同期产仔，即同龄猪同期进舍、同期出舍，经彻底清扫消毒空栏1～2周，再进下一批猪。最好实行多点饲养的方式，将种猪舍、分娩哺乳舍、保育舍和肥育舍分开。这样既能有效避免循环交叉感染，给每次新进猪群提供一个清洁的环境，又能便于实现机械化、自动化规模生产。

三、消毒

消毒是贯彻“预防为主”方针和执行综合性防控措施中的重要环节。消毒的目的就是消灭被传染源散播在外界环境中的病原微生物，以切断传播途径，阻止传染病继续蔓延。

1. 消毒的种类 根据目的及进行的时机，消毒可分为以下几类。

（1）预防性消毒 结合平时的饲养管理对猪舍、场地、用具和饮水等进行定期消毒，以达到预防一般传染病发生的目的。

（2）随时消毒 在发生传染病时，为了及时消灭刚从病猪体内排出的病原微生物而进行的不定期消毒。消毒的对象包括病猪所在的圈舍、隔离场地，病猪的分泌物、排泄物以及可能被污染的一切场所、用具和物品。通常在疫区解除封锁前，应定期多次消毒，病猪隔离舍应每天消毒。

（3）终末消毒 在病猪解除隔离、转移、痊愈或死亡后，或者在疫区解除封锁之前，为了消灭疫区内可能残留的病原微生物所进行的全面彻底的大消毒。

2. 消毒的方法

（1）机械清除法 是指用清扫、洗刷、通风、过滤等机械方法清除病原微生物。随着污物的清除，大量病原微生物也被消除，因而是最普通、最常用的方法。在清扫之前，可根据需要先用清水或某些化学消毒剂喷洒，以免打扫时尘土飞扬，造成病原微生物散播。通风也具有消毒的意义。此法虽不能杀灭病原微生物，但可在短期内使舍内空气交换，减少病原微生物的数量。通风时间视温差大小可适当掌握，一般不少于30min。

（2）物理消毒法 是指用阳光、紫外线、干燥、高温等物理方法杀灭病原微生物。

（3）化学消毒法 是指用化学药物杀灭病原微生物。在选择消毒剂时应考虑对该病原微生物的消毒力强、对人和动物的毒性小、不损害被消毒的物体、易溶于水、在消毒的环境中比较稳定、消毒持续时间长、使用方便和价格低廉等特点。

(4) 生物热消毒法　主要用于粪便、污水和其他废物的生物发酵处理，也是简便易行、普遍推广的方法。在粪便的堆沤过程中，利用粪便中的微生物发酵产热，可使温度高达70℃以上，经过一段时间后，就可以杀死病毒、细菌（芽孢除外）、寄生虫虫卵等病原微生物而达到消毒的目的，同时又保持了粪便的良好肥效。

四、杀虫灭鼠

杀灭猪场中的有害昆虫—蚊蝇等节肢媒介昆虫和老鼠等野生动物，是消灭疫病传染源和切断其传播途径的有效措施，是猪群综合性防疫体系中一项重要措施。

1. 杀虫　规模化猪场有害昆虫主要指蚊、蝇等媒介节肢动物。杀灭方法可分为物理学、化学和生物学方法。物理学方法除捕捉、拍打、黏附等外，电子灭蚊灯在猪场中也有一定的应用价值。生物学灭虫法的关键在于环境卫生状况的控制，首先要搞好猪舍内的清洁卫生，及时清除舍内地面及排粪沟中的积粪、饲料残屑及垃圾，其次应保持场区内的环境清洁卫生，割除杂草，填埋积水坑洼，保持排水、排污系统的畅通，加强粪污管理和无害化处理。化学杀虫法则是使用化学杀虫剂，在猪舍内进行大面积喷洒，向场区内外的蚊蝇栖息地、孳生地进行滞留喷洒。

2. 灭鼠　在有鼠害的猪场，应在对鼠的种类及其分布和密度调查的基础上制订灭鼠计划。为了能有效地控制鼠害，应动用全场工作人员，人人动手，采用坚壁清野的方法，使鼠类难以获取食物，挖毁其室外的巢穴，填埋、堵塞室内鼠洞，用烟熏剂熏杀洞中老鼠，使其失占栖身之所，破坏其生存环境，达到驱杀之目的。与之同时，使用各类杀鼠剂制成毒饵后在场区内外大面积投放。对鼠尸应及时收集处理，防止猪只误食后发生二次中毒。参加灭鼠的人员应注意自身保护防止中毒。规模化猪场应严禁养猫捕鼠。

五、免疫接种

免疫接种是激发动物机体产生特异性抵抗力，使易感动物转化为非易感动物的一种手段。有组织、有计划地进行免疫接种，是预防和控制动物传染病的重要措施之一。根据进行的时机不同，免疫接种可分为预防接种和紧急接种两类。

1. 预防接种　在经常发生某些传染病的地区，或有某些传染病潜在的地区，或受到邻近地区某些传染病经常威胁的地区，为了防患于未然，在平时有计划地给健康猪群进行的免疫接种，称为预防接种。预防接种通常使用疫苗、类毒素等生物制剂作为抗原激发免疫。用于人工自动免疫的生物制剂可统称为疫苗。根据所用生物制剂的品种不同，采用皮下、皮内、肌肉注射或皮肤刺种、点眼、滴鼻、喷雾、口服等不同的接种方法。接种后经一定时间，可获得数月至1年以上的免疫力。

2. 紧急接种　在发生传染病时，为了迅速扑灭和控制疫病的流行，而对疫区和受威胁区尚未发病的猪进行的应急性免疫接种。在有特异性高免血清供应时，可优先考虑使用高免血清进行紧急接种。免疫血清较为安全有效。但血清用量大、价格高、免疫期短，在大批猪接种时往往供不应求，因此在实践中具有很大局限性。因此在实践中对于病猪采取先接种高免血清，病情稳定后再接种疫苗的联合措施；而对健康猪群和疑似健康猪群往往使用疫苗进行紧急接种，接种后由于健康猪群中可能混有处于潜伏期的患猪，因而对外表正常的猪群进行紧急接种后一段时间内可能出现发病、死亡增加，但保证了群体的安全。

3. 注意事项

（1）拟订每年的预防接种计划　在掌握当地各种传染病的发生和流行情况后，拟订每年的预防接种计划。

（2）疫苗反应　由于个体差异和疫苗因素，疫苗接种后会出现程度不同的不良反应，分为以下几种类型：

①正常反应。是指由生物制品本身的特性而引起的局部或全身反应，其性质与反应强度随制品而异，但正常反应一般在几个小时或1～2d内可自行消失。

②严重反应。是指反应较重或发生反应的动物数量超过正常比例。发生严重反应的原因可能是由于某批生物制品质量较差，或是使用方法不当（如接种剂量过大、接种途径错误等），或是个别动物对某种生物制品过敏等引起。

③合并症。是指与正常反应性质不同的反应，主要包括超敏感（血清病、过敏性休克、变态反应等）、扩散为全身感染和诱发潜伏感染。

六、寄生虫控制

在集约化饲养条件下，寄生虫病对养猪生产的影响日益突出，因此，防控寄生虫是提高猪群体健康水平的又一重要措施。具体措施主要包括药物驱虫、粪便管理和保护性预防措施。

（一）药物驱虫

药物驱虫应选择高效、广谱、低毒、低残留的药物进行。

1. 体外寄生虫　对虱、疥螨可使用0.5%～2%的敌百虫溶液局部涂擦或伊维菌素皮下注射。

2. 体内寄生虫　可选择左旋咪唑、阿苯达唑、伊维菌素或复方伊维菌素等药物进行预防和治疗。

（二）粪便管理

对生产中产生的大量粪便、污水、垃圾及杂草采用发酵法杀灭病原微生物、虫卵。可采用堆积发酵、沉淀池发酵、沼气池发酵等，有条件的可采用液固分离术，将固形物制成高效有机肥料，液体经发酵后用于渔业养殖。

（三）保护性预防措施

在搞好猪舍卫生、消毒、防疫的基础上，还要做好预防性药物驱虫。

1. 驱虫药物选择　伊维菌素制剂为首选药物。

2. 蠕虫和外寄生虫的控制程序

①执行本控制程序前，对全场猪进行彻底驱虫。

②种公猪每年春、秋两季各驱虫一次；外寄生虫感染严重的猪场每年应用药4～6次。

③种母猪在配种后45～60d驱虫一次。

④后备母猪在配种前驱虫一次。

⑤所有的仔猪在转群时驱虫一次。

⑥用于育肥的仔猪分别于断奶后和体重达50kg左右时各驱虫一次。

⑦新购进的猪用伊维菌素驱虫两次，每次间隔 10 ~ 15d，隔离饲养 30d 后才能混群饲养。

七、药物预防

规模化养猪生产，对于猪的某些生产阶段或某些传染病在临床上可以采用对整个猪群投放药物的措施进行群体性预防或控制。

1. 药物防病种类

（1）预防或控制传染病　根据猪场历年的疫病发生和流行情况，在猪可能发病的年龄期、可能流行的季节，或在发病的初期对相关猪群进行群体投放抗菌药物，通常可有效地防止疫病发生或终止其流行。例如猪痢疾、猪传染性萎缩性鼻炎、猪气喘病、仔猪黄白痢、母猪无乳综合征、猪流感等用抗菌药物防治都能取得较好的效果。

（2）防止某些营养元素缺乏引起的群发病和多发病　规模化养猪多采用水泥地面猪舍，往往由于饲料中营养调控不当导致仔猪缺铁性贫血、生长发育迟缓及孕母猪的缺锌性皮肤病、蹄病，维生素 E、生殖激素缺乏所致的母猪不发情、低受配率等多发、群发性疾病。这类疾病如及时使用药物进行防治后均能收到明显的疗效。

（3）防治猪的应激　生产中猪群的转栏、合群、长途运输等许多因素均会导致猪的应激性增高，发生腹泻，使猪只大量失水，电解质丢失，体液 pH 值下降，代谢紊乱，内分泌失调，造成猪只脱水、减重和死亡。在生产中适时合理地使用口服补液盐能预防或迅速缓解应激状况，可大量而方便地给猪群补充水分和电解质，从而纠正酸中毒、调节猪体代谢和内分泌。

2. 药物预防的方法

（1）服用活苗制剂　如促菌生、调痢生、乳康生等，内服后可抑制和排斥病原菌或条件致病菌在肠道内的增殖和生存，调整肠道内菌群的平衡，既能预防仔猪黄、白痢等消化系统传染病的发生，又有促进仔猪生长发育的作用。

（2）服用抗生素添加剂　某些抗生素不仅能预防和治疗某些疾病，而且具有促进生长的作用。在猪饲料中长期使用抗生素将导致病原微生物产生抗药性，并且也给人类带来公害。长期使用化学药物预防，容易产生耐药性菌株，影响防治效果，因此需要经常进行药物敏感试验，选择有高度敏感性的药物。

八、发生传染病时的扑灭措施

规模化猪场一旦发生传染病，应采取如下措施。

①发生疑似传染病时，必须及时隔离，尽快确诊。病因不明或剖检不能确诊时，应将病料及时送往上级畜牧兽医部门进行实验室诊断。

②确认为传染病时，应逐级上报，迅速采取紧急措施，根据传染病的种类，划定疫区进行封锁，全场进行紧急消毒，对假定健康猪进行必要的紧急接种或采取血清和药物等防治措施。

③对患病猪和圈舍应有明显的标志，有专人管理，被患病猪污染的用具、工作服及其他污染物等必须进行彻底消毒，粪便应无害化处理，垫草等应予以烧毁。

④患传染病及疑似传染病病猪的肉等经兽医检查，根据规定分别作无害化处理后再利

用，或焚烧深埋。屠宰场地及污染物应彻底消毒。

⑤在确保不散毒，即严格隔离的情况下对患病猪进行治疗。

⑥发生一类传染病时按国家有关规定处理。

复习思考题

1. 什么是生物安全？猪场生物安全体系包括哪些内容？
2. 规模化养猪场环境控制方面有哪些具体的要求？
3. 规模化养猪场疫病综合防控包含哪些内容？
4. 何为健康监测？有哪些内容？
5. 结合本地实际，谈一谈如何有效的建立和实施生物安全体系？

综合实训

实训一　猪场的防疫措施

【目的要求】

通过本次实训，使学生了解和掌握猪场的常见消毒方法、免疫接种方法，了解防疫管理制度的制定程序。

【器械材料】

化学药品：新鲜生石灰、氢氧化钠、碳酸钠、来苏尔、福尔马林、高锰酸钾、季铵盐类、过氧乙酸等，生物制剂、抗生素及各类药品。

仪器设备：天平或台秤，盆、桶、缸、手套、电炉，消毒设备如喷雾器、喷枪，清扫及洗刷等工具，注射器、保定器材、镊子等。

计划表：预防接种计划表，检疫计划表，生物制剂、抗生素及贵重药品计划表，普通药械计划表，动物免疫程序和药物预防程序计划表。

【实训内容】

一、猪场的消毒

（一）配制要求

根据需要选择相应的消毒药品，配制浓度应符合消毒要求使药品完全溶解，混合均匀。

（二）消毒方法

1. 物理消毒法

（1）机械清除法　单纯用清扫、冲洗等机械的方法除去病原体。如打扫舍内卫生，清除污物、粪便，清洗棚顶、墙壁，清洗水槽、网床、栅栏等工作。

（2）焚烧法　设置专门的焚尸炉或焚尸坑，主要用于病猪尸体的消毒。

（3）火焰喷射　用专用的火焰喷射消毒器，喷出的火焰具有很高的温度，这是一种最彻底而简便的消毒方法，可用于金属栏架、水泥地面的消毒。

（4）紫外线消毒　猪场、猪舍入口处、更衣室等处设置紫外灯，主要用于空气、地面和物体表面的消毒。

2. 生物热消毒　主要用于粪便、污物等的消毒。

3. 化学消毒法

（1）喷洒消毒　猪舍喷洒消毒一般以“先里后外、先上后下”的顺序。用药量视猪舍结构和性质适量控制。水泥地面、顶棚、砖混墙壁的建筑，控制在800ml/m^2左右；土地面、土墙或砖木结构建筑，用1 000～1 200ml/m^2；舍内设备用200～400ml/m^2。猪舍启用前用清水刷洗料槽、水槽，开门窗通风，消除药味。

（2）熏蒸消毒　密闭的圈舍常用高锰酸钾和福尔马林搭配进行熏蒸消毒，每立方米高锰酸钾7g、福尔马林14 ml或每立方米高锰酸钾14g、福尔马林28 ml或每立方米高锰酸钾21g、福尔马林42 ml。要求室温一般不应低于15℃，相对湿度为60%～80%，先在容器中加入高锰酸钾后再倒入福尔马林，密闭门窗12～24h便可达到消毒目的，然后敞开门窗通风换气，排出残余的气味。

（3）几类常用的消毒剂

①含氯消毒剂。价格便宜，并且对病毒、细菌的繁殖体、芽孢、真菌均有良好的杀灭作用。在酸性环境中作用更强。缺点是稳定性差。常用的药物有：二氯异氰脲酸钠、三氯异氰脲酸、漂白粉等。

②氧化剂。包括过氧化氢、过氧乙酸、高锰酸钾等。其中过氧乙酸常用于环境消毒，它的特点是作用迅速、高效、广谱。对细菌的繁殖体、芽孢、真菌和病毒均有良效。可用于消毒除金属和橡胶外的各种物品。市售成品有40%水溶液，须密闭避光存放在低温处，有效期半年。低浓度水溶液易分解，应现用现配。具有腐蚀性、刺激皮肤黏膜，分解产物是无毒的。

③季铵盐类。现在常用的是双链季铵盐类，消毒效果优于单链季铵盐类。这类消毒剂的优点是毒性低、无腐蚀性、性质稳定、能长期保存。缺点是对病毒效果差。此类消毒剂市场上甚多。

④碱类消毒剂。常用的是氢氧化钠（火碱）。它的消毒作用非常可靠，对细菌、病毒均有强效。常用1%～2%的溶液。缺点是有腐蚀性，对金属物品消毒完毕要冲洗干净。猪舍消毒6h后，应以清水冲洗后，才能放猪进舍。石灰乳也是常用消毒剂，它是生石灰加水配制成10%～20%混悬液用于消毒，消毒作用强，但对芽孢无效。石灰乳吸收二氧化碳变成碳酸钙则失去作用，所以应现用现配。直接将生石灰洒在干燥的地面上不起作用。

⑤酚类消毒剂。优点是性质稳定、成本低廉、腐蚀性小。缺点是对病毒效果差。常用消毒剂有来苏尔、复合酚。

⑥醛类。常用的有甲醛、戊二醛，消毒效果良好，对芽孢杀灭能力强，常见的病毒、细菌均对其敏感。戊二醛杀菌强于甲醛。甲醛常用于熏蒸消毒。

（三）预防性消毒

通常是指在未发现传染病的情况下，对可能被病原微生物污染的圈舍、环境、场地、饲养用具、车辆、粪便、污水等的消毒。

1. 猪圈（舍）的消毒　对猪圈要每天清扫1次，每周消毒1～2次。养猪场的各栋猪舍，应定期每月消毒1～2次。用喷雾机按顶棚、墙壁、床面的顺序，普遍喷洒消毒液，不留死角。对多发呼吸道病的猪舍，每周消毒1次。做带猪消毒时，不得使用有毒性、刺激性的药物，以选用季铵盐类、过氧乙酸等消毒剂为宜。

2. 饲养用具的消毒　猪饲槽、水槽等用具，需每天刷洗1次，保持清洁卫生，并每周用新洁尔灭、过氧乙酸、苛性钠等消毒1～2次。

3. 运动场的消毒　运动场平时应经常清扫，保持清洁卫生，定期选用适当的消毒药物喷洒消毒；在猪出栏后进行大消毒。运动场为水泥地时，则与圈舍一样先用水彻底冲洗，晾干后再用消毒液喷洒消毒。运动场为泥土地时，可将地面深翻30cm左右，在翻地的同时洒上新鲜石灰或漂白粉（每平方米用0.5kg），然后洒水湿润，压平。

4. 环境道路的消毒　要经常清扫，保持清洁卫生，定期选用适当消毒药物喷洒消毒。

5. 地面土壤的消毒　病猪的排泄物（粪、尿）和分泌物（鼻汁、唾液、乳汁和阴道分泌物等）内常含有病原微生物，可污染地面、土壤。为防传染病继续发生和蔓延。消毒土壤表面可用含5%～10%漂白粉溶液、4%甲醛或5%～10%氢氧化钠溶液。

如果土壤受到芽孢杆菌的污染，可先用消毒药水喷洒，然后挖出表层土30cm深，焚烧或堆积发酵，地面再用新土填平。其他传染病所污染的地面消毒，如为水泥地，则用消毒液仔细刷洗，如为土地，则可将地面翻一下，深度约30cm，在翻地的同时撒上干漂白粉，然后以水湿润、压平。

6. 粪便和污物的消毒　少量含有强传染性病原体的粪便可焚烧处理，稀的粪便可加入10%～20%漂白粉溶液或20%的石灰乳等浸泡处理。大量粪便目前多采用生物热消毒法处理粪便，常用的方法有两种：

（1）*发酵池法*　根据猪场每天出粪量建造若干个大小合适的水泥发酵池。使用时先在池底倒一层干粪，然后将每天清除出的粪便倒入池内，快满时，在粪便表面铺一层干粪或杂草后，泥土封盖。经过1～3个月即可作为肥料使用。

（2）*堆积发酵法*　适用于较干的粪便。具体做法是，在猪场外合适位置挖一个宽2m、深20cm而长度不限的浅沟，先放一些健康猪粪便垫底，然后堆放1～2m病猪粪便和污物，再加盖10cm厚的健康猪粪或杂草，最后用10cm厚的泥土封严，3～12周后即可作为肥料使用。

7. 污水的消毒　少量污水可与粪便一起发酵。污水量较多时，引入污水池后，加入化学药品，如漂白粉或生石灰进行消毒处理（一般1 000ml污水用2～5g漂白粉）。

（四）紧急消毒

猪场或周围区域内发生疫病时，需要对可能被病原体污染的区域进行消毒。消毒对象主要包括病猪分泌物、排泄物和可能污染的一切场所、用具和物品。通常在疫区解除封锁前定期进行多次消毒，病猪隔离场所应每天进行消毒。可选用3%～5%氢氧化钠（火碱）溶液、过氧乙酸、季铵盐类等消毒剂每天消毒1～2次。并做好猪体、饲养用具、排泄物及污水的消毒及无害化处理，彻底阻断传播途径。

（五）终末消毒

在病猪解除隔离、痊愈或死亡后，或者在疫区解除封锁之前，为了消灭疫区内可能残留的病原体所进行的全面彻底的消毒。

1. 清扫和器具整理　空舍或空栏后，及时清除舍内的垃圾，清洗墙面、顶棚、通风口、门口、水管等处的尘埃及料槽内的残料，并整理各种器具。疫病平息后，则要将清除的粪便和污染物进行深埋、焚烧或其他无害化处理。

2. 栏舍、设备和用具的清洗　首先对空舍内的所有表面进行低压喷洒并确保其充分湿润，必要时进行多次的连续喷洒以增加浸泡强度。喷洒范围包括墙面、料槽、地面或床面、猪栏、通风口及各种用具等，尤其是料槽，有效浸泡时间不低于30min。然后使用冲洗机高压彻底冲洗墙面、料槽、地面或床面、饮水器、猪栏、通风口、各种用具、粪沟，做到清洁干净。

3. 栏舍、设备和用具的消毒 视消毒对象不同可选用烧碱、过氧乙酸等消毒剂。空舍消毒用0.3%~0.5%的过氧乙酸等进行空气喷洒消毒，喷洒时特别要注意那些容易残留污物的地方，如角落、裂隙、接缝和易渗透的表面，喷洒时先猪舍顶棚，沿墙壁到地面。

4. 恢复舍内的布置 在空舍干燥期间对舍内的设备、用具等进行必要的检查和维修，重点是料槽、饮水器等，堵塞舍内鼠洞，做好舍内药物灭鼠工作，充分做好进猪前的准备工作。

二、猪的免疫接种技术

（一）预防接种前的准备

①根据猪免疫接种计划，确定接种日期，准备足够的生物制剂、器材、药品、免疫登记表，安排及组织接种和保定人员，并进行免疫接种知识培训，按照免疫程序有计划地进行免疫按种。

②免疫接种前，必须对所使用的生物制剂进行仔细检查，不符合要求的一律不得使用。

③免疫接种前，对预防接种的猪群进行临床观察，必要时进行体温检查。凡体质过于瘦弱的猪只，妊娠后期的母猪，未断奶的仔猪，体温升高者或疑似患病猪均不应接种疫苗，对这些猪只等条件适宜时及时补种。

④器械的消毒：将所用器械利用高压蒸汽灭菌器灭菌20~30min或煮沸消毒30min，冷却后用无菌纱布包裹备用。

（二）疫苗的稀释

疫苗的稀释液、稀释倍数和稀释方法必须严格按照使用说明书进行。稀释疫苗过程中严格遵照无菌操作原则，用灭菌注射器先吸取少量稀释液注入疫苗瓶中，充分溶解后，再补足剩余的稀释液。

（三）免疫接种的方法

1. 皮下注射法 常选择耳根后方。方法：左手拇指与食指捏取皮肤成一皱褶，右手持注射针管在皱褶底部稍倾斜快速刺入皮肤与肌肉之间，缓缓推药。注射完毕，将针拔出，轻揉使药液散开。

2. 肌肉注射法 可在臀部或颈部进行，多在颈部。方法：左手固定注射部位，右手拿注射器，针头垂直刺入肌肉内，将疫苗慢慢注入。

3. 后海穴注射法 后海穴位于尾根和肛门之间的凹陷处。方法：助手保定好待免猪只，提起尾巴，局部消毒后针头平行于脊柱刺入。进针深度0.5~4cm，3日龄仔猪0.5cm，成年猪4cm。

4. 口服 按瓶签注明头份，临用前用生理盐水等稀释液稀释后给猪灌服，或稀释后均匀地拌入少量新鲜冷饲料中，让猪自行采食。最好在喂食前服用，以使每头猪都能获得足够的免疫剂量。

5. 滴鼻 按瓶签注明头份，用稀释液稀释后缓缓滴入鼻孔内。如猪伪狂犬病疫苗的免疫接种。

（四）紧急接种

在发生传染病时，为了迅速扑灭和控制疫病的流行，而对疫区和受威胁区尚未发病的猪进行的应急性免疫接种。在有特异性高免血清供应时，可优先考虑使用高免血清进行紧急接种。免疫血清较为安全有效。但血清用量大、价格高、免疫期短，在大批猪接种时往往供不应求，实践中具有很大局限性。因此在实践中对于病猪可先接种高免血清，病情稳定后再接种疫苗；而对健康猪群和假定健康猪群往往使用疫苗进行紧急接种，接种后由于假定健康猪群中可能混有处于潜伏期的患猪，因而对外表正常的猪群进行紧急接种后一段时间内可能出现发病、死亡增加，但保证了群体的安全。

（五）注意事项

①注意疫苗的贮存和运输。疫苗应在0℃以下或2～8℃温度下贮存和运输。

②用过的疫苗瓶、器具和未用完的疫苗（活苗）等应进行消毒处理，防止散毒。

③注意不要给病弱猪接种疫苗。病弱猪的免疫系统较虚弱，接种疫苗或菌苗后不能承受疫苗或菌苗的攻击，甚至加重病情。所以应等病猪康复后再接种疫苗或菌苗。

④在免疫接种前后一周内，尽量不要使用抗菌类药物，以免影响免疫效果。

⑤注意更换针头，以防交叉感染，人为散毒。

三、防疫管理制度的制定

（一）猪场防疫制度的内容

制定防疫制度是猪场防疫规范化管理的要求。严格的制度是防疫计划实施的重要保障，是保证安全生产，防止疫病发生，获得更大经济效益的重要措施。具体包括以下内容。

1. 场址选择和场内布局

（1）*场址选择*　地形、地势、周围环境等。

（2）*场内布局*　生产区、管理区、生活区等。

2. 饲养管理

①饲料的营养标准和饮水的卫生标准。

②全进全出的饲养管理模式。

3. 检疫　引种检疫、进场后的隔离检疫、猪在饲养过程中定期检疫。

4. 消毒

①消毒池的设置，消毒药品的采购、保管和使用。

②生产区环境消毒。

③猪舍消毒和猪体消毒，产房消毒。

④粪便清理及无害化处理。

⑤人员、车辆、用具消毒。

5. 预防接种和驱虫

①疫苗和药品的采购、保管、使用。

②制定免疫程序和定期免疫监测。

③驱虫时间安排和驱虫效果监测。

④疫情报告。

⑤病猪及其排泄物、病死或死因不明猪尸体的处理。

⑥灭鼠、灭虫，禁止养犬、猫。

（二）防疫计划的编制

1. 防疫计划编制的范围 大型养猪场防疫计划编制的范围，包括一般的猪病预防、某些慢性疫病的检疫及控制、遗留疫情的扑灭等工作。

2. 防疫计划编制的内容 综合性防疫计划编制的内容包括基本情况，预防接种，诊断性检疫，兽医监督和兽医卫生措施，生物制品和抗生素贮备、耗损及补充计划，普通药械补充计划，防疫人员培训，经费预算等。养猪场可根据本场实际需要制订综合或单项防疫计划。本实训就综合性防疫计划介绍如下。

（1）基本情况 简述该养猪场与疫病流行特点有关的自然因素和社会因素；猪的种类、数量；饲料生产及来源；水源、水质、饲养管理方式；防疫基本情况，包括防疫人员、防疫设备、是否开展防疫工作等；本场及其周围地带目前和最近两三年的疫情，对来年疫情的估计等。

（2）预防接种计划 应根据猪场及其周围地带的基本情况来制定，对国家规定的强制性免疫的疫病，必须列在预防接种计划内。预防接种计划表格式见表1。

表1 ______年预防接种计划表

疾病名称	类 别	应接种头数	计划接种头数				
			第一季度	第二季度	第三季度	第四季度	合 计

（3）诊断性检疫计划表 格式见表2。

表2 ______年检疫计划表

检疫名称	类 别	应检疫头数	计划检疫头数				
			第一季度	第二季度	第三季度	第四季度	合 计

（4）兽医监督和兽医卫生措施计划 包括消灭现有疫病和预防出现新发传染病的各种措施的实施计划，如改造猪舍的计划，建立隔离室、产房、消毒室等的计划；加强对猪饲养全过程的防疫监督，加强对养殖人员的防疫宣传教育工作。

（5）生物制剂和抗生素计划表 格式见表3。

表3 ______年生物制品抗生素及贵重药品计划表

药剂名称	单位	全年需要量					库存		需要补充量					备注
		第一季度	第二季度	第三季度	第四季度	合计	数量	失效期	第一季度	第二季度	第三季度	第四季度	合计	

(6) 普通药械计划表　格式见表4。

表4　______年普通药械计划表

药械名称	用　途	单　位	现有数	需补充数	要求规格	待用规格	需用时间	备　注

(7) 防疫人员培训计划　培训的时间、人数、地点、内容等。

(8) 经费预算　也可按开支项目分季列表表示。

3. 防疫计划编制注意事项

(1) 重视基本情况　防疫计划中的基本情况是整个计划制订的依据。编制者要熟悉本场一切情况，包括现在和今后发展情况，要了解猪场所在区域与疫病流行病学有关的自然因素和社会因素，特别要明确区域内疫情和本场应采取的对策，为制订具体计划奠定基础。

(2) 防疫人员的素质　在制订防疫计划时，要充分考虑场内防疫人员的力量、技术水平，根据实际需要对防疫人员进行防疫知识、技术和法律、法规培训，将防疫人员的培训纳入防疫计划中。

(3) 计划制定要有重点　根据猪场技术力量、设备等实际条件，结合防疫要求，将有把握实施的措施和国家重点防控的疫病作为重点列入当年计划，次要的可以结合平时工作来实施。

(4) 防疫时间的安排要恰当　平时的预防必须考虑到季节性的生产活动和疫病的特性，既避免防疫和生产冲突，也要把握灭病的最佳时期。

防疫计划制定后要经过讨论并广泛征求意见，确定后要按计划实施防疫。

【实训报告】

1. 简述猪场常见的消毒方法。
2. 猪场免疫接种的注意事项有哪些？
3. 根据疫情调查写出猪场疫病预防计划。

实训二　猪的采血与血清分离技术

【目的要求】

通过本实训，使学生了解和掌握兽医临床猪的常用采血与血清分离技术，并能够根据实际情况熟练运用。

【实训内容】

①猪的静脉采血方法。

②血清分离方法。

【器械材料】

灭菌的采血针、采血器或注射器、试管、镊子、量筒、量杯、脱脂棉、纱布、灭菌玻璃瓶、0.1%新洁尔灭溶液、0.05%洗必泰溶液或3%来苏尔溶液、3%碘酊、70%酒精等。

【方法步骤】

（一）猪的静脉采血

1. 耳静脉采血法 将猪站立或横卧保定，耳静脉局部按常规消毒处理。

方法：用酒精棉球涂擦耳背静脉，手指捏压耳根部静脉管处或用胶带于耳根部结扎，使静脉充盈。术者一手把持猪耳，将其托平并使采血部位稍高，另一只手持连接针头的采血器，沿静脉管使针头与皮肤呈30°~45°，刺入皮肤及血管内，如见回血即为已刺入血管，再将针管放平并再沿血管稍向前伸入，即可采集血液。

2. 前腔静脉采血法 适用于大量采血，采血部位在第一肋骨与胸骨柄结合处（多于右侧进行采血）。

方法：可采取站立保定或仰卧保定。

（1）成猪采用站立式保定方法 针头刺入部位在右侧耳根至胸骨柄的连线上，距胸骨端约1~3cm处，稍斜向中央并刺向第1肋骨间胸腔入口处。

助手用保定绳将猪上颌骨吊起，使猪前肢刚刚着地不能踏地，充分暴露两侧胸前凹陷窝。保定完成后用70%酒精棉球消毒进针部位，术者手持一次性注射器（选用16mm×50mm针头），朝右侧胸前凹陷处且垂直凹底部方向进针，边刺入边回血，见有回血即标志已刺入，采血完毕后取出采血针，用酒精棉球消毒进针部位按压止血后，解除保定。

（2）仔猪和小猪多取仰卧保定法 助手抓握两后肢，尽量向后牵引，另一助手用手将下颌骨下压，使头部贴地，并使两前肢与体中线基本垂直。此时，两侧第一对肋骨与胸骨结合处的前侧方呈两个明显的凹陷窝。消毒皮肤后，术者持一次性注射器向右侧凹陷窝处，由上而下，稍偏向中央及胸腔方向刺入，见有回血，即可采血，采血完毕，用酒精棉球紧压针孔处，拔出采血针管，为防止出血，应压迫片刻，并涂擦碘酒消毒。

（二）血清分离方法

1. 常规方法 采血时一般不加抗凝剂，全血在室温中自然凝固，先置于37℃恒温箱内1~2h，然后置于4℃冰箱内3~4h，于3 000r/min离心15min，取上清液加入防腐剂（浓度为0.01%硫柳汞或0.02%叠氮钠），分装后，置4℃冰箱中保存备用。

2. 斜面法 如手边无离心机，应将盛血容器斜置，使血凝块形成斜面，也可获取较多较好的血清。

3. 自然凝固加压 如果采集的血量较大，可将血液采集于灭菌容器内，置室温自然凝固约2~4h，有血清析出时，往容器内放入灭菌不锈钢压陀，经24h后，用虹吸法将血清吸入灭菌瓶中加入防腐剂后保存备用。

4. 血清快速分离 如需迅速分离血清，可将盛血离心管放入离心机内，以2 500r/min离心5min，使红细胞与血浆分离，然后放入37℃温箱内30min促使血块加速凝固、收缩，可迅速分离到较多的血清。

【实训报告】

概述猪常用的采血与血清分离方法及操作步骤。

实训三　猪常用给药技术

【目的要求】

通过本实训，使学生掌握兽医临床猪常用的给药方法和技术，并能够根据实际情况加以灵活运用。

【实训内容】

①经口投药法。

②药物注射法。

③直肠投药法。

④输液。

【器械材料】

开口器或木棒、灌药瓶、胶管、食槽、水槽、灌肠器、玻璃注射器、金属注射器和连续注射器、输液管、各种规格注射针头、常用口服粉剂药物和水剂药物、注射药物、药物稀释液、饲料和饮用水以及皮肤消毒药等。

【方法步骤】

（一）经口投药法

1. 拌料法　这种方法是将药物（多为粉剂）拌入饲料中喂服，适用于群体给药。先将药物按规定的剂量称好，放入少量精饲料中拌匀，然后将含药的饲料拌入日粮饲料中，认真搅拌均匀，再撒入食槽任其自由采食。

2. 灌药法　适用于个别猪给药。可在药物中加适量淀粉和水制成舔剂和丸剂（或直接用片剂药物），将猪保定，术者一手用木棒撬开口腔，另一只手将药丸或舔剂放入舌根部，抽出木棒，即可咽下；水剂药物可先把配好的药液放入灌药瓶，将猪保定，术者一手撬开口腔，另一手持药瓶，将药液缓缓地倒入口腔，待其咽下一口后，再倒另一口，以防误咽。

3. 导管投药法　首先将开口器（也可用木棒）由口的侧方插入，开口器的圆形孔置于中央，术者将导管的前端通过圆形孔插入咽头，随着猪的下咽动作而送入食管内，确认无误后即可将药剂容器连接于导管而投药，最后投入少量的清水，吹入空气后拔出导管。若导管插入时有咳嗽并有空气回流时，表明导管插入气管，应拔出导管重插。

（二）药物注射法

猪的药物注射方法，常用的有皮下注射、肌肉注射、静脉注射、胸腹腔注射和气管注射等。

1. 皮下注射法　将药物注射于皮下结缔组织之内，多用于易溶解、无强刺激性的药品及菌苗。注射部位可在耳根后方或股内侧。

具体方法是：局部消毒后，应以左手的拇指与中指捏起皮肤，食指压其顶点，使其成三角形凹窝（耳根后注射时，局部消毒后，由于局部皮肤紧张，可不捏起皮肤而直接垂直刺入），右手持注射器垂直刺入凹窝中心皮下约2cm，左手放开皮肤，抽动活塞不见回血时，推动活塞注入药液。注射完毕，以酒精棉球压迫针孔，拔出注射针头，最后以碘酊消毒针孔处皮肤。

2. 肌肉注射法 将药液注射入肌肉组织中，临床上应用较多。注射部位可在耳根颈部，后腿部内、外侧和臀部等处。

方法：局部消毒后，针头迅速垂直刺入肌肉内3～4cm（小猪要浅些）注入药液，注射完毕，拔出注射针，涂布碘酊。在使用金属注射器进行肌肉注射时，一般在刺入动作的同时将药液注入，但应该防止“打飞针”等操作误区。

3. 静脉注射法 将药液直接注于静脉内，对局部刺激性较大的药液可采用本方法。部位多选择耳部大静脉。

方法：用酒精棉球涂擦耳朵背面耳大静脉，以手指压迫耳基部静脉，使静脉隆起。持注射器将针头迅速刺入（约45°角）静脉，如刺入血管，可见回血，此时可注入药液；如无回血，调整进针方向，直到刺入血管。药液中如有气泡，注射前必须排除。注射完毕，左手拿酒精棉球紧压针孔，右手迅速拔出针头。为了防止血肿，应继续紧压局部片刻，最后涂布碘酊。

4. 腹腔注射法 将猪倒提保定，使其内脏前移，然后将针头刺入趾骨前缘3～5cm的正中线旁的腹壁内。术部皮肤用5%碘酊消毒，针头与皮肤垂直刺入腹腔，回抽活塞，如无空气和液体时，即可缓缓注入药液。注入大量药液时，应将药液加温至与体温相同。

5. 胸腔注射法 注射部位于肩胛骨后缘3～6cm处，两肋间进针。

方法：用5%碘酊消毒皮肤，左手寻找两肋间位置，右手持针垂直刺入胸腔。针头进入胸腔后，立即感到阻力消失，即可注入药液或疫苗。

6. 气管注射法 将药物注射到气管内，适用于肺部驱虫及治疗气管和肺部疾患。

方法：猪仰卧，前躯抬高成30°角，选在气管上1/3，两个气环之间进针，刺入气管内。抽动抽柄，如有大量气泡抽入气管，说明针头已进入气管。

（三）直肠投药法

直肠投药法常用于猪的大便秘结、排便困难、直肠炎等的治疗。

方法：猪采用站立或侧卧保定，将猪尾拉向一侧。术者一只手提举盛有温水或温肥皂水或药液的灌肠器或吊桶，另一只手将连接于灌肠器或吊桶上的胶管涂布润滑油缓慢插入直肠内，然后抽压灌肠器或举高吊桶，使药液自行流入直肠内。可根据猪个体的大小确定灌肠所用药液的量，一般每次200～500ml。

（四）输液

猪发生各种疾病如大失血，腹泻，呕吐，饥饿，饮水不足，酸、碱中毒，贫血，肾脏疾病或败血症，休克及烧伤，手术后伴发并发症，营养衰竭等重症情况时可进行补液。

给猪补液时，必须根据病情及补液原则，选择适宜的药液，如生理盐水、5%葡萄糖溶液等，并制定出合理的补液方案。若发病猪尚有饮欲，可口服进行补液；必要时可通过灌肠的方法进行补液。最常用的补液方法是静脉注射、腹腔注射两种。静脉注射补液时需根据猪的病情、补液目的和心脏状况决定补液量和补液速度，大量补液时应注意等渗及药液温度，补液中加入其他药剂时要避免配伍禁忌。

【实训报告】

概述猪常用的给药方法及其具体操作方法和步骤。

实训四　猪病病理剖检诊断与猪病料采集技术

【目的要求】

掌握猪尸体剖检方法、病料的采集和处理。

【实训内容】

①病理剖检方法。

②病料的采集、处理。

【器械材料】

器械药品包括剥皮刀、解剖刀、外科刀、肠剪、骨剪、尖头剪、圆头剪、弓锯、双刃锯、骨锯、电动多用锯、斧子、尺子、探针、镊子、工作服、眼镜、胶皮手套、围裙、胶靴、碘酊、福尔马林、高锰酸钾、95%乙醇、50%甘油缓冲盐水、30%甘油缓冲盐水、Zenker液。

【方法步骤】

一、尸体剖检

（一）尸体剖检前的准备

进行尸体剖检，尤其是传染病尸体时，术者既要注意防止病原扩散，又要注意加强自身防护。

1. 剖检场地的选择　一般应在剖检室进行，以便消毒和防止病原扩散；在室外剖检时应选择地势较高，环境干燥，并远离水源、道路、猪舍。

2. 剖检人员的防护　剖检人员，特别是剖检传染病病猪时，应穿戴专门的工作服、手套、口罩等护具。在剖检过程中，应保持清洁、注意消毒，及时清除手上和器械上的血液、脓液等污物。剖检后用肥皂、消毒液、清水等彻底清洗双手和局部皮肤。

（二）猪病理剖检的步骤

1. 外部观察　尸体外部检查基本顺序是从头部开始，依次检查颈、胸、腹、四肢、背和外生殖器。

①观察皮肤有无脱毛、创伤、充血、淤血、疹块。蹄部有无水疱、烂斑。

②对尸体变化和卧位的观察。对尸体变化的检查，对判定死亡时间以及病理变化有重要的参考价值。卧位的判定与成对器官（肾、肺）的病变认定有关，以便区别生前的淤血与死亡后的赘积性淤血。

2. 剖检步骤　置死猪成仰卧位，先切断肩甲骨内侧和髋关节周围的肌肉，使四肢摊开，然后沿腹壁中线进刀，向前切至下颌骨，向后切至肛门，掀开皮肤，按顺序逐次打开腹腔、胸腔、颅腔等，取出各部器官组织进行检查，具体为：

（1）剥皮　通常不进行剥皮，也可根据需要进行部分剥皮。剥皮的同时检查皮下组织的含水程度，皮下血管的充盈程度，血管断端流出血液的颜色、性状，皮下有无出血性浸润及胶样浸润、有无脓肿，同时检查皮下脂肪的颜色、厚度。检查体表淋巴结的颜色、体积，然后纵切或横切，观察切面的变化。

（2）肌肉、关节　在剥皮后检查四肢关节有无异常，同时检查肌肉的变化，是否有肌肉变白、多水、变软。纵切或横切各部肌肉，注意外观颜色，光泽度，有无出血、血肿、脓肿、肿瘤等病变，应注意检查旋毛虫和住肉孢子虫。

（3）腹腔剖开　由剑状软骨向耻骨联合，沿腹正中线切开腹壁，然后沿肋骨弓向左右切开，暴露腹腔器官。观察腹腔液的数量和性状，有无异常渗出物，腹腔脏器的位置、色泽有无异常。按脾、胃、肠、肝、肾的顺序依次将内脏取出。

（4）胸腔剖开　切断肋软骨和胸骨连接部，移除胸骨，暴露胸腔，注意观察胸腔液的数量和性状、胸膜有无纤维素性渗出物，心脏、肺的色泽、大小有无异常。分离喉头、气管、食道周围的肌肉和结缔组织，将喉头、气管、食道、心和肺一同摘出。

（5）在下颌骨内侧切开，观察扁桃体　是否有肿胀、化脓、坏死，检查舌有无出血溃疡，喉头、会厌软骨是否有出血。

（6）检查心脏　是否有心包积液，积液数量，有无纤维素渗出物；心冠脂肪是否出血；心肌是否松软；心外膜是否有出血斑，有无坏死灶。切开心脏，检查心瓣膜有无赘生物及心内膜有无出血。

（7）对气管和肺检查　观察气管内有无泡沫状液体，以及液体颜色、气管黏膜有无充血。检查肺的颜色、体积、光泽、硬度，判断是否存在淤血出血，间质性炎，有无肉变，是否水肿。

（8）观察脾的厚度、形态、颜色　有无出血、梗死或坏死、机化。检查其切面是否外翻，刀刮切面检查刮取物数量。

（9）肝脏检查　观察肝的体积、颜色、形态、被膜紧张情况。判断是否存在出血、淤血、变性和肝硬化。

（10）肾脏　先检查肾脏的形态、大小、色泽和质地。注意包膜的状态，是否光滑透明和容易剥离。包膜剥离后，检查肾表面的色泽，有无出血、梗死等病变。然后由肾的外侧向肾门部将肾纵切为两半，检查皮质和髓质的厚度、色泽，最后检查肾盂，注意有无积尿、积脓、结石等，以及黏膜的性状。

（11）膀胱　先检查其充盈程度，浆膜有无出血等变化。然后从基部剖开检查尿液色泽、性状、有无结石，翻开膀胱检查黏膜有无出血溃疡等。

（12）颅腔的剖开及脑的检查　常规方法除去颅顶骨，露出大脑。用外科刀切断硬脑膜，将脑上提，同时切断脑底部的神经和各脑的神经根，即可将脑取出。检查脑膜血管的充盈状态，有无出血。检查脑回和脑沟的状态。将脑沿正中线纵向切开，进行观察，然后进行横向切开。

（13）胃　先观察其大小，浆膜面的色泽，有无粘连，胃壁有无破裂和穿孔等，然后由贲门沿大弯剪至幽门，检查胃内容物的数量、性状、含水量、气味、色泽、成分，有无寄生虫等。最后检查胃黏膜的色泽，注意有无水肿、充血、溃疡、肥厚等病变。

（14）肠　对十二指肠、空肠、回肠、大肠、直肠分段进行检查。在检查时，先检查肠管浆膜面的色泽，有无粘连、肿瘤、寄生虫结节等。然后剪开肠管，随时检查肠内容物的数量、性状、气味，有无血液、异物、寄生虫等。除去肠内容物后，检查肠黏膜的性状，注意有无肿胀、发炎、充血、出血、寄生虫和其他病变。

（15）生殖器官　公猪检查睾丸和附睾，检查其外形、大小、质地和色泽，观察切面有无充血、出血、结节、化脓和坏死等。母猪检查子宫、卵巢和输卵管，观察卵巢的外形、大小，数量、色泽，有无充血、出血、坏死等病变。观察输卵管浆腹面有无粘连、膨大、狭窄、囊肿，然后剪开，注意腔内有无异物或黏液、水肿液，黏膜有无肿胀、出血等病变。检查阴道和子宫时，观察子宫大小及外部病变、内容物的性状及黏膜的病变等。

二、病料的采集

（一）病料采集

病料采集遵守无菌原则，所用器械均应灭菌处理，采取一种病料，应用一套器械，不可用其再采集其他病料。根据不同疾病采集不同的脏器或内容物，在无法估计是某种疾病时，可进行全面采集。检查血清抗体时，采取血液，凝固后析出血清，将血清装入灭菌小瓶内送检。为避免杂菌污染，病变检查应在病料采集完毕后进行。

1. 脓汁 用灭菌注射器或吸管取样后放入灭菌试管中，若为开口的化脓灶可用灭菌棉签浸蘸后，放入灭菌试管中。

2. 显微镜检查用的脓汁、血液及黏液 可用载玻片制成涂片或触片，为防止不同玻片间的相互接触，可在两块玻片的两端用牙签彼此隔开、重叠摆放，标记、包扎后备用。

3. 淋巴结及内脏 将淋巴结、肺、肝、脾、肾等有病变的部位采集 $1 \sim 2cm^3$ 的组织块，置灭菌容器中。若为供病理组织学检查，应将典型病变部分和相连的健康组织一并切取。

4. 血液

（1）血清 无菌采取10ml 血液置灭菌试管中，析出血清供血清学检查。

（2）全血 供血常规检查的血液9ml 加入3.8%柠檬酸钠1ml 置灭菌试管中轻摇混合。

（3）心血 心血通常在右心房处采集，先对心肌表面消毒，然后用灭菌手术刀自消毒处刺一小孔，再用灭菌注射器或吸管取样后放入灭菌试管中。

5. 胆汁 烧烙胆囊表面，用灭菌注射器吸取胆汁，放入灭菌试管中。

6. 肠 用线扎紧一段肠道的两端，然后在两端外侧切断，将切下的肠段放入灭菌容器中。

7. 水疱性疾病 采取水疱皮、水疱液放入50%甘油缓冲盐水中。

8. 流产胎儿 整个装入不透水的容器内。

9. 脑、脊髓 如采取脑、脊髓做病毒检查。可将脑、脊髓浸入50%甘油生理盐水溶液中。如供病理组织学检查，将其固定于 Zenker 液中。

10. 毒物材料 剖检有毒物中毒可疑的尸体时，因毒物的种类、投入途径不同，材料的采取亦各有不同，可采集以下材料：

①胃肠内容物：急性死亡取胃内容物500～1 000g，肠内容物200g。

②血液：200ml。

③尿液：全部采取。

④肝：500～1 000g。

⑤肾：取两侧。

⑥经皮肤、肌肉注射的毒物，取注射部位皮肤肌肉以及血液、肝、肾、脾等送检。

采集完毕后外贴标签记好材料名称和编号及日期。

（二）病料处理

1. 细菌学检验病料 脏器组织一般用灭菌的液体石蜡、30% 甘油缓冲生理盐水或饱和氯化钠溶液来保存；液体病料，可装在封闭的毛细管或试管中保存。

2. 病毒学检验材料 脏器组织一般使用 50% 甘油缓冲生理盐水进行保存。

3. 血清学检验材料 从发病猪无菌采取血液，析出血清注入灭菌试管中 4℃或 -15℃保存备用。

4. 病理组织学检查材料 采用 10% 甲醛或 95% 乙醇等固定。固定液体积应为病料的 10 倍。如用 10% 甲醛固定组织，经 24h 必须更换一次新鲜溶液。严寒季节为防止病料冻结，可将上述固定好的病料放入甘油和 10% 甲醛等量混合液中保存。

【实训报告】

概述猪病病理剖检诊断的一般程序和猪病料采集和处理方法的原则。

实训五　猪瘟的诊断技术

【目的要求】

掌握猪瘟的诊断技术

【实训内容】

①猪瘟兔体交互免疫试验。

②猪瘟荧光抗体试验。

【器械材料】

1. 仪器及材料 荧光显微镜、冰冻切片机、煮沸消毒锅、染色缸、注射器（1 ~ 10ml）、注射针头、肛门体温计、灭菌乳钵、剪刀、镊子、兔笼等。

2. 药品 0. 01 mol/L pH7. 2 PBS、伊文思蓝溶液、丙酮、青霉素、链霉素、生理盐水、猪瘟荧光抗体、猪瘟兔化弱毒苗等。

3. 实验动物 1. 5kg 以上健康家兔。

4. 病料 疑似猪瘟病料。

【方法步骤】

1. 兔体交互免疫试验 选择健壮、体重 1. 5kg 以上、未做过猪瘟试验的家兔 6 只，分成 2 组，试验前连续测温 3d，每天 3 次，间隔 8h，体温正常者才可用。将可疑病猪的淋巴结及脾脏制成 1∶10 悬液（每毫升悬液加青霉素、链霉素各 1 000IU 处理），给试验组家兔每只 5ml 肌注。如用血液须加抗凝剂，每头接种 2ml。对照组不注射。注射后对试验组和对照组兔测温，每 6h 一次，连续 3d（应无体温反应）。5d 以后，用 1∶20 稀释的猪瘟兔化弱毒疫苗同时给试验组与对照组家兔耳静脉各注射 1ml。24h 后，每隔 6h 测温一次，连续测温 3d。

判定标准：因一般猪瘟病毒不能使兔发生热反应，但可使之产生免疫力，而猪瘟兔化弱毒苗则能使家兔发生热反应。据此原理，如试验组接种病料后无热反应，后来接种猪瘟兔化弱毒苗也不发生热反应，对照组有热反应，则为猪瘟。如试验组接种病料后有热反应，后来接种猪瘟兔化弱毒苗不发生热反应，则表明病料中含有猪瘟兔化弱毒。如试验组接种病料后无热反应，后来接种猪瘟兔化弱毒苗发生热反应；或接种病料后有热反应，后来对猪瘟兔化弱毒苗又发生热反应；则都不是猪瘟（见表5）。

表5　兔体交互免疫试验结果判定

接种病料后体温反应	接种猪瘟兔化弱毒苗后体温反应	结果判定
-	-	含猪瘟病毒
-	+	不含猪瘟病毒
+	-	含猪瘟兔化病毒
+	+	含非猪瘟病毒热原质

注："+"表示2/3或以上的兔子有反应

2. 荧光抗体诊断法

（1）扁桃体冰冻切片或组织压片的制备　采取活体或新鲜尸体的扁桃体，按常规方法用冰冻切片机制成4μm切片，吹干后在预冷的纯丙酮中于4℃固定15min，取出风干。制作压片时，首先切取病猪的扁桃体、淋巴结、脾或其他组织一小块，用滤纸吸去外面的液体，取干净载玻片一块，稍为烘热，将组织小块的切面触压玻片，制成压印片，置室温内干燥。

（2）染色　用1/40 000伊文思蓝溶液将荧光抗体作8倍稀释，将稀释的荧光抗体滴加到标本片上，于37℃温箱内作用30～40min。再用0.01mol/L pH 7.2 PBS充分漂洗，分别于2min、5min、8min更换PBS，最后蒸馏水漂洗2次，风扇吹干，滴加缓冲甘油数滴，加盖玻片封片，用荧光显微镜检查。

（3）镜检　在腺窝（隐窝）上皮细胞内可见到明显的猪瘟病毒感染的特异性荧光。在100倍放大观察时能清楚地看到腺窝的横断面，上皮细胞部分呈现新鲜的黄绿色，腺腔呈红色，其他组织呈淡棕色或黑绿色。高倍放大观察时细胞核呈黑色圆形或椭圆形，细胞质呈明亮的黄绿色。

注意事项：注意废弃物的处理，防止散毒。

【实训报告】

写出一份猪瘟综合诊断报告。

实训六　猪伪狂犬病检测方法

【目的要求】

掌握猪伪狂犬病常用的检测方法，熟悉结果的判定。

【实训内容】

（1）伪狂犬病乳胶凝集试验进行抗体测定（定性）。

（2）伪狂犬病琼脂扩散试验。

（3）伪狂犬病血凝和血凝抑制试验。

一、伪狂犬病乳胶凝集试验

（一）材料准备

伪狂犬病乳胶凝集抗原、伪狂犬病阳性血清、阴性血清、稀释液，玻片，溶液配制见附录 E（标准的附录）。

（二）操作步骤

①待检血清不需灭活处理。

②将待检血清用稀释液做倍比稀释后，各取 15μl 与等量乳胶凝集抗原在洁净干燥的玻片上用竹签搅拌充分混合，在 3～5min 内观察结果；可能出现以下几种凝集结果。

100% 凝集：混合液透亮，出现大的凝集块

75% 凝集：混合液几乎透明，出现大的凝集块

50% 凝集：约 50% 乳胶凝集，凝集颗粒较细

25% 凝集：混合液浑浊，有少量凝集颗粒

无凝集：混合液浑浊，无凝集颗粒出现

如出现 50% 凝集程度以上的（出现 50% 凝集的血清最高稀释倍数为该血清的凝集价，凝集价≥1∶2）判为伪狂犬病抗体阳性，否则判为抗体阴性。如为阴性，可用微量中和试验进一步检测。

二、伪狂犬病琼脂扩散试验

（一）材料准备

猪伪狂犬病琼脂扩散抗原、阴性血清、阳性血清、优质琼脂粉、培养皿。

（二）操作步骤

1. 0.8%琼脂板的制作　将 1g 琼脂粉溶于 100moL Tris－盐酸缓冲液（Tris 6.5g，NaCl 2.9g，NaN_3 0.2g，蒸馏水 1 000ml，用 HCl 调 pH 值至 7.2）中，趁热倾倒于培养皿内，厚度为 2～3mm，待冷却凝集后，打孔，中央一孔，周围 6 孔，孔径为 2mm，周围孔之间距离 2mm，周围孔与中央孔间距为 4～6mm，用酒精灯微热封底。

2. 加样　将琼脂扩散抗原加到中央孔中，周围孔加经热灭活的待检血清，设阴性血清和阳性血清对照。置湿盒 37℃作用，24～48h 后观察结果。

3. 结果判定　在抗原孔与待检血清孔之间出现白色沉淀线，可判为阳性；如待检血清抗体水平较低，可以观察到与待检血清相邻的阳性血清沉淀线末端略向抗原弯曲。阴性血清与抗原孔之间则没有沉淀线。

三、伪狂犬病病毒血凝（HA）与血凝抑制（HI）试验方法

1. 红细胞的制备　将小白鼠尾尖剪断，插入盛有灭菌阿氏液的离心管的抽气瓶中，负压抽吸，采血完毕后，将离心管取出，用 PBS 洗涤 3 次，每次 1 500r/min 离心 10min，使用时加 PBS 配成 0.1% 的红细胞悬液。

2. 待测血清的预处理　取待测血清 0.1ml 加 PBS 0.3ml，56℃灭活 30min，加入 0.4ml 25% 白陶土 25℃振荡 1h，离心取上清液加入 0.1ml 配好的 0.1% 红细胞悬液 37℃作用 1h，离心除去红细胞，上清液作为 1∶8 稀释的血清用于 HI 试验。

3. HA 试验操作　选用 96 孔 V 形板每孔加入 PBS 50μl，在第一排孔的前 6 孔内加入 50μLl 病毒液，后两孔作为空白对照，用微量加样器作倍比稀释，从 1∶2～1∶1 024，即将第一排孔病毒液混匀后吸出 50μl 至第二排孔均匀混合，再从第二排孔吸出 50μl 至第三排孔，依次类推至最后一排孔取 50μl 弃掉，每孔加入 50μl0.1% 的红细胞，在振荡器较微

振荡混合均匀，在一定的温度下作用2h，观察结果，以完全凝集红细胞的最大稀释倍数作为一个血凝单位。

4. HI 试验操作 在96孔V形板中每孔加入50μl PBS液，然后在第一排孔的前6孔内加入50μl已处理的血清作为对照，用微量加样器将血清倍比稀释从1：2～1：1 024，然后各孔加入50μl用PBS稀释好的4个血凝单位的病毒液，每孔分别加入50μl 0.1%红细胞悬液，混合均匀后室温放置2h，观察结果。

【实训报告】

写出一份用乳胶凝集试验进行抗伪狂犬病体测定报告。

实训七 口蹄疫的主要检验技术

【目的要求】

掌握口蹄疫的主要检验技术。

【实训内容】

①乳鼠接种试验。

②血清中和试验。

③口蹄疫琼脂扩散试验。

【器械材料】

（1）器材 灭菌注射器（蓝心1ml）及注射针头、灭菌吸管及试管、灭菌剪刀、镊子、橡胶手套等。

（2）药品 口蹄疫A、O、C和Asia型鼠化毒及标准阳性血清、猪水疱病病毒及标准阳性血清。

（3）实验动物 1～2日龄和7～9日龄乳鼠。

（4）病料 被检血清、被检病料（病猪水疱皮、水疱液）。

【方法步骤】

一、乳鼠接种试验

1. 被检病毒液的制备 将病猪的水疱皮先用灭菌的生理盐水或磷酸盐缓冲液冲洗两次，并用灭菌滤纸吸去水分，称重，剪碎，研磨，然后用每毫升加有青霉素、链霉素各1 000IU的无菌生理盐水或无菌磷酸盐缓冲液制成10倍稀释乳剂，在4～10℃冰箱中作用2～4h或37℃温箱中作用1h，备用。

2. 乳鼠接种病毒液 选择营养良好，并有母鼠哺乳的2日龄和7～9日龄乳鼠各4～8只，分为两组，分别于其背部皮下各注射被检病毒液0.1ml，待全部注射完毕后放回母鼠。注射时须用镊子夹着小鼠的背部皮肤提出，不要用手接触，以免吃奶小鼠体表因染上人体气味而被母鼠吃掉，如果手碰摸了小鼠，可在注射后于它的体表擦少许乙醚以除去气味。为了避免母鼠吃掉小鼠，可在注射前提出母鼠置于另一容器内，待全部注射后再放回母鼠。结果判定：注射后观察7d，乳鼠如发病多在24～96h死亡，如2日龄和7～9日龄乳鼠均死亡，即可认为是口蹄疫；如2日龄乳鼠发病，而7～9日龄乳鼠仍健活，即可认为是猪水疱病。

二、口蹄疫中和试验

病毒或毒素与相应抗体结合后，能使其失去对易感动物的致病力或对细胞的感染力，称为中和试验。中和试验不仅可在易感的试验动物体内进行，亦可在细胞培养或鸡胚中进行。

1. 体外中和试验 5～7 日龄小白鼠对人工接种口蹄疫病毒易感染，产生特征性症状和规律性死亡。因此利用这一特性进行乳鼠中和试验。操作步骤如下。

①将待检血清用生理盐水或 pH 值为 7.6 的 0.1M PBS 稀释成 1∶4、1∶8、1∶16、1∶32、1∶64，分别与等量的 10^{-3} 口蹄疫乳鼠适应毒混合，37℃水浴保温 60min。

②每次试验应设阴性血清（1∶8）与 10^{-3} 病毒的混合液作为病毒对照；已知阳性血清与 10^{-3} 病毒的混合液作为阳性对照，处理方法同（1）步骤。

③每一稀释度血清中和组分别于颈背皮下接种 5～7 日龄乳鼠 4 只，对照组接种 2 只，0.2ml/只，由母鼠哺乳，观察 5d 判定结果。

④判定标准：先检查对照鼠，阴性对照鼠应于 48h 内病死；阳性对照鼠应健活。待检血清任何一组的乳鼠健活或仅死二只，判定该份血清为阳性。以能保护 50% 接种乳鼠免遭病毒感染的血清最大稀释度为乳鼠中和效价。

该法特异性强，结果可靠，简单易行，基层可采用。但存在需时较长，乳鼠易被母鼠所吃或咬死，敏感性低等缺点。

2. 体内中和试验 待检血清稀释成 1∶5，接种乳鼠 12h 或 24h 后，用 10^{-3} 病毒攻毒，同时设阴性血清和已知阳性血清（均为 1∶5 稀释）作为对照。观察 5d 后判定结果。在阴性和阳性血清对照成立的前提下，待检血清组的乳鼠健活，判定该份血清为阳性，反之，则判为阴性。

该法多用于定性检测，一般不作为定量检测手段。

三、口蹄疫琼脂扩散试验

抗原抗体在琼脂凝胶中，各以其固有的扩散系数扩散，当二者相遇时，在比例适当处发生结合而形成肉眼可见的沉淀带。

操作步骤如下。

①称取琼脂糖或琼胶素 1g，叠氮钠 1g，氯化钠 0.85g 加 pH 值为 7.6 的 0.01M PBS 100ml。置沸水中煮熔化或 1.013×10^5 磅高压 10min。趁热倾入培养皿中，厚度 3～4mm。

②琼脂冷却凝固后，用打孔器打成中央一孔周围 6 孔的梅花形孔；中央孔径 4～5mm，周围孔径 3mm，与中央孔的孔距 3～4mm。

③中央孔加已知型别的浓缩抗原，四周孔加不同稀释度的待检血清和阴性、阳性对照血清（1∶2 稀释），静置扩散 1h。

④移入湿盒内于室温或在 37℃温箱内自由扩散 3～5d，也可放置于 4～6℃冰箱内扩散。

⑤判定标准：出现沉淀线判阳性，反之，则判为阴性。

该法无需特殊仪器，设备通常用于定性检测，但需时长，敏感性差，漏检率高。

【实训报告】

写出一份口蹄疫琼脂扩散试验报告。

实训八　猪链球菌病的诊断

【目的要求】

掌握猪链球菌的实验室诊断方法。

【实训内容】

猪链球菌病的实验室诊断方法。

【器械材料】

培养箱、酒精灯、接种环、美蓝染色液、革兰氏染色液、载玻片、硫乙醇盐肉汤、血液琼脂平板、生化管、胆汁七叶苷琼脂斜面、健康 1.5～2kg 的家兔、健康小鼠、解剖器械、疑似链球菌病猪（或死亡不久的尸体）。

【方法步骤】

1. 病料的采集和处理　根据不同病型采取不同的病料。败血症型病猪，无菌采取心、脾、肝、肾和肺等；淋巴结脓肿病猪可用无菌的注射器吸取未破溃淋巴结脓肿内的脓汁；脑膜炎型病猪可以无菌采取脑脊髓液或少量脑组织。直接涂片镜检或进行细菌分离培养和鉴定试验。

2. 细菌学检查　将采集到的病料制成涂片，用碱性美蓝染色或革兰氏染色法染色后镜检。如见到多数散在的或成双排列的短链圆形或椭圆形细菌，无芽孢，有时可见到带荚膜的革兰氏阳性球菌，可作初步诊断。成双排列的往往占多数，注意与双球菌和巴氏杆菌的区别。

3. 分离培养　怀疑为败血症的病猪，可先采取血液用硫乙醇盐肉汤增菌培养后，再接种于血液琼脂平板上；若为肝、脾、脓汁、炎性分泌物、脑脊髓液等可直接用铂金耳钩取少许病料划线接种于血液琼脂平板上进行分离培养，37℃培养 24～48h，形成大头针帽大小、湿润、黏稠、隆起半透明的露滴状菌落，菌落周围出现 β 溶血环。

4. 生化试验　链球菌的某些致病株可产生许多毒素和酶类，如溶血素、杀白细胞素、透明质酸酶、蛋白酶、链激酶、脱氧核糖核酸酶、核糖核酸酶、二磷酸吡啶核苷酸酶等。不同菌株其产生的毒素和酶也不同，因此反映出的生化特性也有很大差异。引起猪链球菌病的主要病原其生化特性见表 6。

5. 动物接种试验　用病料（肝、脾、脑或血液等）制成 5～10 倍乳剂或培养物，给 1.5～2kg 的家兔腹腔或皮下注射 1～2ml 或给小鼠皮下注射 0.2～0.3ml，接种后家兔或小鼠均于 12～48h 死亡。但应注意不同菌株其敏感性有差异。

6. 耐胆汁水解七叶苷试验　将被检菌接种于胆汁七叶苷琼脂斜面，于 37℃培养 24～48h，所有 D 群链球菌在此培养基上生长，并能水解七叶苷使培养基变黑。本试验对检测鉴定 D 群链球菌有 100% 的敏感性和特异性。

表6　猪链球菌病主要病原生化特性

项目 菌名	血清群别	溶血性	0.1%美蓝牛乳	60.5%氯化钠	4.0%胆汁	pH9.6肉汤	水解				糖类发酵										生长温度		致病情况
							马尿酸钠	淀粉	精氨酸	明胶	葡萄糖	乳糖	甘露醇	蔗糖	山梨醇	水杨苷	七叶苷	蕈糖	菊糖	伯胶糖	10	45	
兽疫链球菌																							猪败血症、关节炎、脓肿
类马链球菌																							猪关节炎、脓肿
猪链球菌																							仔猪脑膜炎、关节炎、肺炎，败血症等
E链球菌																							猪颈淋巴结炎
L链球菌																							猪子宫炎、败血症

【实训报告】

根据实际操作写出猪链球菌病的诊断报告。

实训九　猪附红细胞体病的诊断

【目的要求】

通过本实训，使学生掌握猪附红细胞体病的诊断方法。

【实训内容】

①临床诊断要点。

②病理剖检诊断。

③病原学检查。

【器械材料】

手术刀、镊子、酒精灯、酒精棉球、注射器、灭菌试管、载玻片、盖玻片、吸管、生理盐水、洗耳球、瑞氏染液、染液缸及染色架、洗液、吸水纸、香柏油、显微镜、擦镜纸等。

【方法步骤】

（一）临床诊断要点

猪附红细胞体病以幼猪发病较多，主要发生于温暖季节，夏季较为常见。病猪发热，皮肤发红，可视黏膜苍白、黄染。

（二）病理剖检诊断

血液稀薄，凝固不良。皮下组织水肿，有胸水或腹水。肝脏肿大，呈黄棕色，表面有灰黄色或灰白色坏死灶。脾脏肿大，呈蓝灰色，质地柔软。肾脏肿大，有时有出血点。全身淋巴结肿大，切面有灰黄色或灰白色坏死灶。心包积水，心外膜有出血点，心肌松弛，色淡，质地脆弱。

（三）病原学检查

1. 病料采集　猪附红细胞体寄生于患猪血液当中，因此用注射器进行耳静脉采血，以血液作为检查对象。

2. 直接显微镜检　取新鲜猪血一滴滴于载玻片中央，再滴加生理盐水一滴于血液所在位置，将两者混匀后盖上盖玻片制成悬滴片，在盖玻片上滴加香柏油一滴，用油镜头进行观察，在暗视野下，若观察到以下现象，即可确诊：红细胞呈菠萝状、锯齿状、星状等不规则形状，其边缘附着许多球形、杆形、环形、逗点形等多种形态的虫体；虫体亮度较高，呈淡蓝色；游离于血浆中的虫体做伸展、收缩、翻滚等运动；附着虫体的红细胞在血浆中震颤或上下、左右摆动。

3. 染色标本片显微镜检查　将血液制成涂片，待自然干燥后进行瑞氏染色，油镜观察，若观察到以下现象，即可确诊：红细胞表面凹凸不平，边缘不整齐；红细胞表面或血浆中有许多淡蓝色的虫体，虫体呈现圆形、杆形等多种形态，调节微螺旋时，虫体的折光性较强，中央发亮，形似气泡。采用姬姆萨染色时，虫体呈紫红色或粉红色。

【实训报告】

根据实际操作写出猪附红细胞体病的诊断报告。

实训十　猪常见寄生虫的剖检技术

【目的要求】

剖检是采集寄生虫标本和诊断寄生虫病比较可靠和常用的方法，通过训练，使学生掌握猪的剖检技术。

【实训内容】

猪常见寄生虫病的剖检、病料采集、保存和固定方法。

【器械材料】

利用兽医院门诊病例或猪场病例进行实训。器械药品有剥皮刀、解剖刀、外科刀、肠剪、骨剪、尖头剪、圆头剪、烧杯、广口瓶、培养皿、试管、载玻片、盖玻片、弯头解剖针、毛笔、尺子、探针、镊子、工作服、工作帽、眼镜、胶皮手套、围裙、胶靴、碘酊、福尔马林。

【方法步骤】

尸体剖检应该符合寄生虫学检查的要求，对于捕杀的猪，可采取颈动脉放血，最好先绝食 1d，减少胃肠内容物，以便于检查。

①采血制作涂片，剥皮前检查体表、眼睑和创伤等，发现体表寄生虫随时采集，遇有皮肤可疑病变时则应刮取病料备检。

②剥皮时，应注意皮下组织寄生虫的收集，观察病变。剥皮后切开浅在淋巴结进行观察，或切取其小块供以后详细检查。

③剖开胸腔、腹腔，取出内脏。切开腹壁后应注意观察内脏位置和特殊病变。吸取腹腔液体，用生理盐水稀释以防凝固，随后直接用显微镜检查，或沉淀后检查沉淀物。应注意和观察收集各脏器表面的虫体，最后收集腹腔内的血液混合物，并观察腹膜上有无病变和虫体。切开胸腔以后注意收集胸腔液体进行检查。

④剖开头颅，检查各种腔、窦、舌、颊部肌肉、眼和结膜囊。鼻孔后方，向后沿水平线锯开，再由两眼内眼角连接线向下垂直锯开后，检查虫体；然后，在水中冲洗，沉淀后检查沉淀物。脑和脊髓先查表面，再切成薄片压片检查。

⑤消化器官。将食道、胃、小肠、大肠以及肝脏和胰腺，分别结扎剥离，按不同脏器分别进行检查。

食道：沿纵轴剪开，仔细检查黏膜和浆膜，尤其注意有无肿胀。如有脓肿部分，应以小刀或载玻片刮取全部黏液，做压片在放大镜或低倍镜下检查；发现蠕虫，则用毛笔或标本针小心挑出。

胃：沿胃大弯剪开，将其内容物倒入大盆内，检出较大的虫体。在盆内将胃壁用生理盐水洗净，取出胃壁，使液体自然沉淀，并刮取胃黏膜进行压片检查。内容物采用连续洗涤法，即加水用玻璃棒搅拌，静置沉淀后，倒去上清液，再加水沉淀，如此反复数次，直至上清液清澈为止，最后将沉淀物分批在培养皿内用放大镜检查。

小肠、大肠：应分别处理，方法同胃。肠系膜分离后，将其上的淋巴结剖开，切成小片压薄镜检；然后，提起肠系膜，迎着光线检查血管内有无虫体；最后，在生理盐水内剪开肠系膜血管，洗净后取出肠系膜，加水进行反复沉淀后检查沉淀物。

肝脏：分离胆囊，把胆汁压出盛在烧杯中，用生理盐水稀释，待自然沉淀后检查沉淀物。将胆囊黏膜刮下，压薄，镜检。发现坏死灶剪下，压片检查。沿胆囊将肝脏剪开，检查虫体；然后，将肝脏撕成小块，浸在多量水内，洗净后取出肝块，加水进行反复沉淀，检查沉淀物。

胰腺：检查法与肝脏相同。

⑥呼吸器官。剪开喉头、气管和支气管，先用肉眼观察，然后刮取黏液以放大镜检查。肺组织撕碎后放在水中压榨，使其下沉，再连续洗涤后检查。

⑦泌尿器官。摘取肾脏后切开，先以肉眼检查，再进行肾盂刮取物的检查，肾组织切成薄片做压片以放大镜检查。输尿管和膀胱切开后，用连续洗涤法检查尿液。尿道黏膜作压片检查。

⑧其他组织器官

生殖器官：其内腔刮取黏膜压薄镜检；性腺切成薄片检查。

眼：眼睑黏膜及结膜在水中刮取表层，沉淀后检查。剖开眼球，将房液收集在培养皿内镜检。

心脏及大血管：观察内膜，再将内容物放在水内洗，沉淀后检查。将心肌切成薄片，压薄后镜检。

肌肉：咬肌、腰肌和臀肌检查囊尾蚴；采取膈肌检查旋毛虫；采取猪隔肌检查肉孢子虫。

血液：连续洗涤法检查。

各器官内容物不能立即检查完毕，可在反复洗涤沉淀后，在沉淀物内加入福尔马林溶液保存，待以后再进行详细检查。

剖检结果要记录在猪寄生虫病剖检登记表中（见表7）。对于发现的虫体，应按种分别计数，最后统计寄生虫的总数，各种（属、科）寄生虫的感染率和感染强度。

表7　猪寄生虫病剖检登记表

日　期		编　号		畜　种		
品　种		性　别		年　龄		
动物来源		动物死因		剖检地点		
主要病理解剖变化			寄生虫总数	吸　虫		
				绦　虫		
				线　虫		
				棘头虫		
				昆　虫		
				蜱　螨		

资料来源：周新民．兽医操作技巧大全．北京：中国农业出版社

【实训报告】

根据检查过程中，观察到的各器官有无病理变化、有无寄生虫情况（包括种类和数量），最后综合判断，写出报告。

实训十一　猪常见寄生虫病的诊断技术

一、蠕虫病的诊断

【目的要求】

掌握通过粪便检查猪常见蠕虫及虫卵的方法。

【实训内容】

蠕虫的粪便检查法。

【器械材料】

显微镜、解剖镜（放大镜）；各种容器（烧杯、浮聚瓶、试管等）；玻片、金属筛

（40～60 目、100 目等）、260 目锦纶筛、尼龙筛、医用纱布、棉签或牙签、铁丝圈（0.5～1cm）；药品（碘酊、福尔马林、乙醚、鲁格尔液、生理盐水、食盐等）；离心机、恒温箱。利用兽医院门诊病例或猪场病例进行实训。

【方法步骤】

蠕虫病的生前诊断包括蠕虫虫体检查法、蠕虫虫卵检查法和蠕虫幼虫检查法。

1. 蠕虫虫体检查法 为了发现粪便中的肉眼可见的虫体或绦虫节片，可用肉眼直接检查或用放大镜检查病畜的粪便。较好的办法是采用反复洗涤法，即将被检查的粪便放在较大的容器内，加入 5～10 倍清水，彻底搅拌后静置一段时间，将上层液体和杂物倒去，要注意倒时，不要使沉淀物浮起，然后再加入清水，搅拌均匀后静置。如此反复进行数次，直至上层液透明为止。然后弃去上层清液，将剩下的沉渣分小批摊放在瓷盘内，用肉眼或放大镜检查，将发现的虫体和绦虫节片用针或毛笔挑出，然后进行逐条鉴定。

2. 蠕虫虫卵检查法 可根据各种虫卵的特性，采取某种适宜的方法，或同时采用几种方法进行检查。

（1）直接涂片法 这种方法简单方便，适于快速检查，但检出率很低。方法是先取甘油和水的等量混合液 1～2 滴，滴于载玻片上。然后用火柴棍醮取少量粪便，在载玻片上与甘油水等量混合液充分拌匀再用摄子夹去其中不能破碎的粪渣，必要时再滴入 1～2 滴甘油水等量混合液，调匀，加盖玻片镜检。此法检出率低，每次至少要检查 3～4 张涂片。

（2）沉淀法（反复沉淀法、连续洗涤法） 用密度低于蠕虫卵的常水，使粪便中的虫卵沉淀集中。

自然沉淀集卵法是取粪便 5～10g 加水混合成悬浮液，经 40～60 孔/cm^2 铜筛或双层纱布过滤，滤液静置 15min 后倾去上清液，如此反复操作，直至上层液体透明为止，最后弃去上层液体，用吸管自容器底部吸取沉淀物滴于载玻片上，加盖玻片镜检。

离心沉淀法是取 1～2g 被检粪便于试管中，加 5 倍量的水制成悬浮液，经 40 孔/cm^2 铜筛过滤到离心管中，以 800r/min 离心 3～5min，弃上清液，将沉渣置载玻片上，镜检虫卵。

本法也适用于检查尿液内的虫卵、吸虫卵和棘头虫卵。

（3）漂浮法 原理是采用密度大的溶液稀释粪便，将粪便中比重较小的虫卵浮集到溶液的表面。此法适用于检查大多数线虫和绦虫卵，对比重较大的吸虫卵和棘头虫卵一般效果较差。缺点是高比重的漂浮液易使虫卵和卵囊变形，检查时必须迅速，也可在制片时补加一滴清水。

常用的漂浮液为饱和食盐水。在 1 000ml 的沸水中加 400g 食盐，继续加温，使完全溶解；用纱布或脱脂棉过滤，装瓶备用。冷却后如有结晶析出，即为饱和食盐水，其密度为 1.18kg/L。作检查时，取 5～10g 粪便置于一个 100～200ml 的圆柱形容器内（其口径不宜超过 5cm）加入少量饱和食盐水，搅拌均匀；继续加入饱和食盐水约至 20 倍，静置半小时左右，这时，比重小于饱和食盐水的虫卵，均已浮集于液面上。检查时，用一直径 5～10mm（铅笔直径大小）的铁丝圈，水平轻触液面，使液体的铁丝圈中形成一个液膜，然后将液膜抖落在载玻片上，加盖玻片后镜检。

为了提高漂浮液的检出率，可用其他密度较大的饱和溶液代替饱和食盐水，如饱和硫酸钠溶液、饱和硝酸钠溶液、饱和硝酸铅溶液和饱和硫酸镁溶液等。这些饱和溶液适于漂浮密度较大的虫卵如吸虫卵（见表8）。各种盐类溶液均应保存于13℃以上的室温中。

表8　常见虫卵及漂浮液的密度

寄生虫卵的比重		漂浮液的比重		
虫卵的种类	密　度	漂浮液	试剂克数/1 000ml 水	密　度
猪蛔虫卵	1.145	饱和盐水	380	1.170～1.190
钩虫卵	1.085～1.090	氯化钙溶液	440	1.250
毛圆线虫卵	1.115～1.130	硫代硫酸钠溶液	1 750	1.370～1.390
猪后圆线虫卵	1.20 以上	硫酸镁溶液	920	1.260
姜片吸虫卵	1.20 以上	硝酸铅溶液	650	1.30～1.40
华枝睾吸虫卵	1.20 以上	硝酸钠溶液	1 000	1.20～1.40

资料来源：周新民．兽医操作技巧大全．北京：中国农业出版社

（4）锦纶筛兜集卵法　取粪便5～10g，加水搅匀，先通过40目或60目金属丝筛过滤；滤出液再通过260目锦纶筛兜过滤，并在锦纶筛兜中继续加水冲洗，直至洗出液体清澈透明为止，而后挑取兜内粪渣检查。此法操作迅速，简便，适用于宽度大于60μm的虫卵（如肝片吸虫卵）的检查。

（5）麦氏计数法　常用的虫卵计数方法之一。通过虫卵计数，可以估计动物感染强度。

取粪样2g放入三角烧瓶内，加饱和盐水58ml和玻璃珠若干，充分振荡使成混悬液，吸取混悬液注入麦氏计数室，置显微镜下计数室（$1cm^2$）内虫卵数。由于每室混悬液等于0.15ml，结果乘以200，即为每克粪便虫卵数。通常一次计数4室，然后按平均值计。本法只适用于可被饱和盐水漂起的各种虫卵。

麦氏计数室由二片载玻片制成。为了使用方便，其中一片较另一片窄。在较窄的玻片上刻有1cm见方的划度2个，两载片间的距离为1.5mm。这样，两个划度便形成了2个麦氏计数室。（图1）

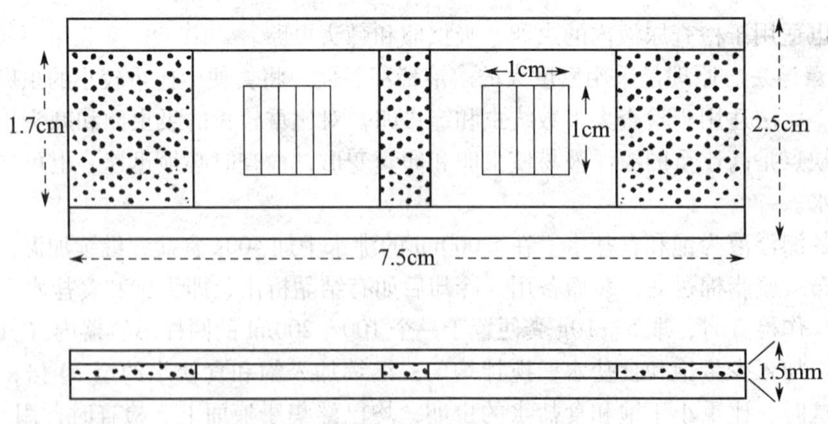

图1　麦氏计数板

3. 线虫幼虫检查法

（1）贝尔曼法（漏斗幼虫分离法）　主要用于诊断家畜的肺线虫病（网尾线虫病、

原圆线虫病和缪勒线虫病等)，也用于从家畜的组织或器官、饲料和土壤中分离线虫幼虫。供检粪便应直接采自动物的直肠。取大约15～20g的粪便，放入直径约10cm的铜筛中。再取一直径约15cm的玻璃漏斗，下端连接一个长约10cm的胶皮管。将漏斗放于漏斗架上，向漏斗里注入40℃的温水，然后将铜筛浸入水中，使粪便淹没，在室温下静置1～2h，此时新孵出的活泼幼虫都沉于胶皮管的底部，弃去上清液，取其沉渣滴于载玻片上镜检，即可看到活动着的幼虫。

(2) 平皿幼虫分离法　实际上是一种改良的贝尔曼法，取被检粪球3～4个，放入平皿或表面皿中，加适量40℃温水，经5～10min，除去粪球，用低倍镜检查平皿中的液体，看有无活动的幼虫存在。

(3) 幼虫培养检查法　主要用于诊断圆形线虫病。因为圆形目的多种线虫虫卵，在形态构造和大小上非常相似，镜检时往往不易辨认，所以需要根据其第三期幼虫（感染幼虫）的形态进行鉴定。方法是取被检新鲜粪便放在一平皿内，堆成丘状，并略高出平皿边缘，置25～28℃恒温下（在夏季，也可放在室温中）培养。在培养期间应每天滴加少量清水，以保持正常湿度。经7d左右，粪便中的该类虫卵即已孵化为幼虫，并发育为第三期幼虫，幼虫多聚集在粪堆顶部周围的平皿盖上的蒸汽凝滴中，用滴管吸取蒸汽凝滴，置载玻片上镜检，看有无活动的幼虫。或用贝尔曼幼虫分离法从培养的粪便中分离幼虫。

【实训报告】

根据实际操作，写出检查过程和结果，并绘出观察到的图形。

二、血液寄生虫的检查

【目的要求】

掌握猪血液中寄生虫的检查方法。

【实训内容】

血液内寄生虫的检查。

【器械材料】

显微镜、解剖镜（放大镜）；各种容器（烧杯、浮聚瓶、试管等）；玻片、医用纱布、棉签或牙签；药品（甲醇、姬姆萨液或瑞氏液、柠檬酸钠、生理盐水等）；离心机、恒温箱、酒精灯等。

【方法步骤】

寄生虫的血液检查主要用于寄生在血液中的线虫和原虫的诊断，常用方法有以下几种。

1. 血液涂片法　由耳静脉采血一滴置于载玻片上，另以载玻片或盖玻片推制成涂片(检查梨形虫时，血片越薄越好)，待干，滴数滴甲醇固定5min，再以姬姆萨液或瑞氏液进行染色，染好的血片白细胞核和细胞质应十分清晰。

2. 鲜血压滴标本检查法　由耳静脉采血一滴，置于清洁载玻片上，加上等量生理盐水一滴，混合后加上盖玻片，于低倍镜下检查，看有无活动的虫体，必要时以高倍镜观察。冬季检查时，应将做好的片子放在手心上或火炉旁稍许加温，以增加虫体的活力而便于观察。

3. 浓集检查法　颈静脉采血，置于预先备有柠檬酸钠的试管内，混合后静置30～50min，用离心机（1 500～2 000r/min）离心3～5min或自然沉淀2～3h，此时细胞沉于管底部，而虫体集中于红细胞表面和白细胞层，然后以吸管吸取白细胞层作压滴标本或染色检查。这种方法主要用来检查锥虫。

4. 毛细管集虫法 毛细管内径约0.8mm，预先进行肝素抗凝处理，吸入耳静脉血至管长5/6处（约50mm），熔封其无血端，3 000r/min离心5min，然后将毛细管置于载玻片上直接镜检（100倍），必要时以450倍检查，阳性者可在白细胞与血浆交界处查到活动的虫体。

【实训报告】

根据实际操作，写出检查过程和结果，并按要求绘出观察到的图形。

实训十二　猪螨病的实验室检查

【目的要求】

掌握猪皮肤表面寄生虫的检查方法。

【实训内容】

螨虫检查。

【器械材料】

显微镜、解剖镜（放大镜）；各种容器（烧杯、浮聚瓶、试管等）；玻片、医用纱布、棉签或牙签；药品（50%甘油水溶液、煤油、10%氢氧化钠溶液、60%亚硫酸钠溶液、卢戈尔液、生理盐水、食盐等）；离心机、恒温箱、酒精灯等。利用兽医院门诊病例或猪场病例进行实训。

【方法步骤】

1. 取样 螨病的检查生前死后都可进行，可以采用皮表（用于痒螨）或皮肤刮下物检查（用于疥螨）。猪易发生疥螨病，主要表现皮肤增厚、结痂、脱毛、痒感。

采集病料时，应选择患部皮肤与健康皮肤交界处。刮取时先剪毛，取凸刃小刀，在酒精灯上消毒，使刀刃与皮肤表面垂直，刮取皮屑，直到皮肤轻微出血（此点对检查寄生于皮内的疥螨尤为重要）。

在野外进行工作时，为了避免风将刮下的皮屑吹去，可根据所采用的检查方法的不同，在刀上先蘸一些水或5%的甘油溶液，这样，可使皮屑粘附在刀上。刮取的皮屑应不少于1g，将刮下的皮屑集中于培养皿或试管内，带回供检查。

2. 实验室检查

（1）直接涂片法　将刮取的皮屑少许置于载玻片上，加上数滴50%甘油水溶液或煤油，搓压玻片使病料散开，置显微镜下检查。

（2）培养皿内加热法　将刮取到的干的病料放于培养皿内，加盖。将培养皿放入盛有40～45℃温水的杯上，经10～15min后，将培养皿翻转，则虫体与少量皮屑黏附在皿底，大量皮屑则落于盖上。将培养皿置黑色纸上，以放大镜或解剖镜检查；皿盖可继续放在温水上，再过15min，作同样处理。由于螨在温暖的情况下开始活动而离开痂皮，但因螨足上具有吸盘，因此不会和痂皮一块倒去，加之虫体颜色浅，在黑色背景下易被发现。本法可收集到与皮屑分离的虫体，供制作标本用。

（3）虫体浓集法　将痂皮放入试管内，加上10%氢氧化钠溶液，煮沸数分钟，使皮屑溶解，虫体自皮屑中分离出来，然后以2 000r/min 离心5min，倒去上清液，取沉渣作涂片检查或将沉淀法取得的沉渣置于试管内，加入60%亚硫酸钠溶液至满，然后加上盖玻片，0.5h 后轻轻取下盖玻片覆盖在载玻片上镜检。

对于猪的蠕形螨，可用力挤压病变部位，挤压脓液或干酪样物，涂于载玻片上镜检。

【实训报告】

根据实际操作，写出检查过程和结果，并按要求绘出观察到的图形。

实训十三　猪肌肉旋毛虫检查

【目的要求】

掌握猪肌肉旋毛虫的检查方法。

【实训内容】

猪肌肉旋毛虫的检查。

【器械材料】

显微镜、解剖镜（放大镜）；各种容器（烧杯、浮聚瓶、试管等）；玻片、剪刀、旋毛虫检查压片器；药品（碘酊、福尔马林、乙醚、卢戈氏液、生理盐水、食盐等）；离心机、恒温箱、冰箱、贝尔曼氏装置、绞肉机等。利用兽医院门诊病例或猪场病例，取膈肌进行检查。

【方法步骤】

旋毛虫成虫寄生于哺乳动物肠道（称肠旋毛虫），幼虫寄生于肌肉组织（称肌旋毛虫）。生前诊断可用免疫学诊断方法，但兽医临床上应用较少。一般采用死后剖检，取膈肌进行压片法和消化法检查。

1. 肉样采集　在动物死亡后或屠宰后采取膈肌一块供检。如用于住肉孢子虫检查，应采心肌和膈肌。

2. 压片法　用于旋毛虫和住肉孢子虫的检查。将肉样剪成24个小粒（麦粒大），用旋毛虫检查压片器（两厚玻片，两端用螺丝固定）或两块载玻片压薄，用显微镜或实体显微镜检查。

3. 消化法　为了提高旋毛虫的检验速度，可进行群体筛选，发现阳性动物后再进行个体检查。将肉样中的腱膜、肌筋及脂肪除去，用绞肉机把肉磨碎后称量25g 置于600ml 三角烧瓶中，倾入消化液500ml，在37℃温箱中搅拌和消化8～15h，然后将烧瓶移入冰箱中冷却。消化后的肉汤通过贝尔曼氏装置滤过，过滤后再倒入500ml 冷水静置2～3h 后倾去上层液，取10～30ml 沉淀物镜检。

消化液配方：

（1）胰蛋白酶消化液

胰蛋白酶　　1.0g

0.5%盐酸　　1 000.0ml

（2）胃蛋白酶消化液

胃蛋白酶　　0.7g

0.5%盐酸　1 000.0ml

【实训报告】

根据实际操作，写出检查过程和结果，并按要求画出观察到的图形。

实训十四　猪腹股沟阴囊疝的诊断和治疗

【目的要求】

通过实训，使学生了解猪腹股沟阴囊疝的形成，掌握腹股沟阴囊疝的诊断与治疗方法。

【实训内容】

①腹股沟阴囊疝的诊断。

②腹股沟阴囊疝的手术治疗。

【器械材料】

腹股沟阴囊疝的猪1头，外科手术常规器械，消毒、治疗药品及其他用具、用品等。

【方法步骤】

教师利用多媒体课件进行讲解，然后学生分组操作，并对每组成员进行具体分工。

1. 腹股沟阴囊疝的诊断　临床见一侧或两侧阴囊增大，捕捉等能使腹内压增大的原因均可引起疝囊增大，触诊时阴囊硬度不一，可摸到疝内容物，提举两后肢，常可使疝内容物回至腹腔而使阴囊缩小，但放下后或腹压加大后又恢复原状。

2. 腹股沟阴囊疝的手术治疗　可复性腹股沟阴囊疝，尤其是先天性的，可随年龄的增长因腹股沟环逐渐缩小而自愈，钳闭性疝具有剧烈腹痛等全身症状，应立即手术治疗。

（1）*保定*　将猪倒吊起来，或由保定人员抓住猪的两后肢使头朝下。

（2）*麻醉*　术部进行局部浸润麻醉。

（3）*手术方法*　于倒数第一对乳头外上方的皮下环处做一个4～6cm长与鞘膜管平行的皮肤切口，分离腹外斜肌、筋膜，显露总鞘膜管，然后在鞘膜管上剪一小口，从切口内深入手指，将肠管经腹股沟内环向腹腔内推送，直至将所有进入鞘膜腔内的肠管全部还纳回腹腔内。

闭合鞘膜管：将切口内的鞘膜管向内环处分离，在靠近内环处用缝线结扎鞘膜管，然后缝合皮肤切口。皮肤切口行结节缝合。术部用2%碘酊消毒后，解除对猪的保定。

（4）*术后护理*　术后3d内给予少量的流质饲料，3d后即可转入正常饲喂。手术后不必使用抗生素，但应注意圈舍及环境卫生，防止切口感染。

【实训报告】

写出腹股沟阴囊疝的诊断和治疗报告。

实训十五　猪氰化物中毒的诊断与治疗

【目的要求】

观察氰化物中毒症状与解救。

【器械材料】

注射器（10ml）、酒精棉、镊子、毛剪；0.3%氰化钾溶液、4%亚硝酸钠液、10%硫代硫酸钠液、1%亚甲蓝液；仔猪。

【方法步骤】

取仔猪一只，称重。观察正常状态，然后肌肉注射0.3%氰化钾1ml/kg，待出现中毒症状（精神不振、肌肉震颤、站立不稳、呼吸困难、心跳加快、瞳孔缩小、血液鲜红色，重者卧地不起、惊厥、反射消失）后，立即由耳静脉注射4%亚硝酸钠液1ml/kg体重（或注1%亚甲蓝液2ml/kg），随即再注入10%硫代硫酸钠液2ml/kg。观察中毒症状是否缓解。

【实训记录】

症状 药物	精神	姿势	呼吸	心跳	血色
注射氰化钾前					
注射氰化钾					
注射亚硝酸钠（或美蓝） 硫代硫酸钠					

【实训报告】

根据实际操作，总结猪氰化物中毒的典型症状及治疗方法。

实训十六　猪有机磷中毒的诊断与治疗

【目的要求】

观察猪有机磷类（敌百虫）中毒的主要症状；验证阿托品、碘磷定的解毒作用。

【器械材料】

开口器、胃管、听诊器、毛剪、镊子、注射器、针头、酒精棉、台称；5%敌百虫溶液、0.5%硫酸阿托品注射液、25%碘磷定注射液；仔猪。

【方法步骤】

取仔猪两只，称重，编号为甲、乙。观察正常仔猪的唾液分泌、瞳孔大小、全身活动、四肢肌肉及排粪等情况。

然后，将两只仔猪按0.5g/kg体重灌服5%敌百虫溶液，并记录灌服时间。待中毒症状（呼吸困难、全身肌肉震颤、四肢无力、频排稀粪、瞳孔缩小、唾液分泌增加等）明显后，甲猪由耳静脉注入0.5%硫酸阿托品注射液10mg/kg。仔细观察中毒症状减轻或消失情况并记录之。待15min左右，再由耳静脉注射2.5%碘磷定注射液40mg/kg。观察中毒症状有何改变。

乙猪中毒发生后，先注射碘磷定，而后再注射阿托品，观察临床变化与甲猪有何不同。

【实训记录】

编号 \ 临床表现	正常	中毒后	注射阿托品	注射碘磷定
甲				
乙				

【实训报告】

根据实际操作，填写实验记录，完成实训报告。

实训十七　猪亚硝酸盐中毒的诊断和治疗

【目的要求】

观察猪亚硝酸盐中毒的症状及用美蓝治疗的效果。

【器械材料】

注射器（10ml、1ml）、酒精棉、毛剪、镊子、台秤、开口器、兔胃管；10%亚硝酸钠溶液、0.1%亚甲蓝注射液（或市售蓝墨水）；仔猪。

【方法步骤】

取仔猪一只称重。观察正常状态，然后按每公斤体重0.5g灌服亚硝酸钠溶液。中毒症状（呼吸困难、结膜发绀、血液呈酱油色而且凝固不良，后肢无力，甚至卧地不起）明显后，立即经耳静脉注入0.1%亚甲蓝液2ml/kg体重。观察中毒症状是否减轻或消失。

【实训记录】

药物 \ 症状	呼吸	结膜	血色	姿势	其他
灌服亚硝酸钠前					
灌服亚硝酸钠					
注射亚甲蓝					

【实训报告】

根据实际操作，填写实验记录，完成实训报告。

附录1　国际贸易中重大猪疫病诊断与我国农业部规定中的疫病检测方法

疫病名称	OIE		农业部规程（包括出入境检验检疫）
	指定方法	替代方法	推荐方法
猪瘟	ELISA，FAVN，NPLA	–	单克隆抗体酶联免疫吸附试验、免疫荧光试验
猪繁殖与呼吸障碍综合征	–	ELISA，IFA，IPMA	病毒分离、免疫过氧化物酶单层试验、免疫荧光抗体试验
口蹄疫	ELISA，VN	CF	VN，VIA 相关抗原琼扩试验、扑斑试验
伪狂犬病	ELISA，VN	–	病毒分离鉴定（见 GB/T 18641—2002） 聚合酶链式反应诊断（见 GB/T 18641—2002） 微量病毒中和试验（见 GB/T 18641—2002） 鉴别 ELISA（见 GB/T 18641—2002）
传染性胃肠炎	–	VN，ELISA	ELISA、IFA、微量血清中和试验
日本乙型脑炎	–	–	无标准方法
猪流感	–	–	无标准方法
猪水疱病	VN	ELISA	VN
弓形虫病	–	–	HI（见 SN/T 1396—2004）
钩端螺旋体病	–	MAT	显微镜凝集试验（见 WS 290—2008）
旋毛虫病	Agent id. –	–	病原鉴定、ELISA
猪囊虫病	–	–	病原鉴定、ELISA（见 GB/T 18644—2002）
螨病	–	Agent id	病原鉴定（见 NY/T 1470—2007）
猪萎缩性鼻炎	–	–	NY/T 546—2002
猪布氏杆菌病	ELISA	BBAT，FPA	试管凝集、平板凝集、CF
空肠弯杆菌和大肠杆菌	–	–	病原培养与鉴定
产 Vero 细胞毒素大肠杆菌	–	–	病原鉴定
沙门菌病	–	Agent id.	病原鉴定
单增李氏特菌病	–	–	病原培养与鉴定
炭疽	–	–	炭疽的病原分离及鉴定（见 NY/T 561—2002） 炭疽沉淀反应（见 NY/T 561—2002） 聚合酶链式反应（PCR）

续表

疫病名称	OIE 指定方法	OIE 替代方法	农业部规程（包括出入境检验检疫）推荐方法
副结核	–	DTH	细菌学、补反、皮内变态反应
尼帕病毒性脑炎	–	–	无标准方法
亨得拉与尼帕病毒病	–	–	无标准方法
肠道病毒脑脊髓炎（捷申病，塔尔凡病）	–	VN	无标准方法
非洲猪瘟	ELISA	IFA	ELISA，直接或间接免疫荧光试验，红细胞吸附试验

ELISA：Enzyme-Linked ImmunoSorbent Assay 酶联免疫吸附实验
IFA：Indirect Fluorescent Antibody Test 间接荧光抗体检测
VN：Viral Neutralization Test 病毒中和试验
DTH：Delayed Type Hypersensitivity 迟发型超敏反应
BBAT：Buffered Brucella antigen Test 缓冲布氏杆菌抗原试验
FPA：Fluorescence Polarization Assay 荧光偏振测定法
CF：Complement fixation test 补体结合试验
IPMA：Immunoperoxidase Monolayer Assay 免疫过氧化物酶单层试验
FAVN：Fluorescent Antibody Virus Neutralization Test 中和抗体免疫萤光染色法
NPLA：Neutralizing Peroxidase-Linked Assay 过氧化物酶联中和试验
VIA：virus infection-associated antigen 病毒感染相关抗原
HI：Hemagglutination Inhibition test 血凝抑制试验
Agent id.：Agent Identification 病原鉴定
PCR：Polymerase Chain Reaction 聚合酶链式反应
MAT：Microscopic Agglutination Test 显微镜凝集试验

附录 2　猪病免疫推荐方案（参考）

一、总体要求

为了有效预防控制猪病发生与流行，保障畜牧业持续健康发展、畜产品安全和人民身体健康，特制定本方案。

国家对口蹄疫实行强制免疫，对猪瘟实行全面免疫，免疫密度达到 100%。各地结合当地饲养特点和疫病流行情况，对其他猪病实行免疫。同时应及时开展免疫效果监测，并根据免疫抗体消长情况调整免疫程序，以确保免疫质量。

各地依据本方案，结合当地实际情况，可制定相应的免疫方案。

二、免疫病种

本方案包括的免疫病种为：口蹄疫、猪瘟、高致病性猪蓝耳病、猪伪狂犬病、猪流行性乙型脑炎、猪细小病毒病、猪传染性胃肠炎、猪流行性腹泻、猪肺疫、猪丹毒、猪链球菌病、猪大肠杆菌病、仔猪副伤寒、猪喘气病、猪传染性萎缩性鼻炎和猪传染性胸膜肺炎等。

三、推荐的免疫程序

（一）商品猪

免疫时间	使用疫苗
1 日龄	猪瘟弱毒疫苗[注1]
7 日龄	猪喘气病灭活疫苗[注2]
20 日龄	猪瘟弱毒疫苗
21 日龄	猪喘气病灭活疫苗[注2]
23～25 日龄	高致病性猪蓝耳病灭活疫苗
	猪传染性胸膜肺炎灭活疫苗[注2]
	链球菌Ⅱ型灭活疫苗[注2]
28～35 日龄	口蹄疫灭活疫苗
	猪丹毒疫苗、猪肺疫疫苗或猪丹毒－猪肺疫二联苗[注2]
	仔猪副伤寒弱毒疫苗[注2]
	传染性萎缩性鼻炎灭活疫苗[注2]

续表

免疫时间	使用疫苗
55 日龄	猪伪狂犬基因缺失弱毒疫苗
	传染性萎缩性鼻炎灭活疫苗[注2]
60 日龄	口蹄疫灭活疫苗
	猪瘟弱毒疫苗
70 日龄	猪丹毒疫苗、猪肺疫疫苗或猪丹毒－猪肺疫二联苗[注2]

备注：1. 猪瘟弱毒疫苗建议使用脾淋疫苗。
2. 根据本地疫病流行情况可选择进行免疫。

（二）种母猪

免疫时间	使用疫苗
每隔 4～6 个月	口蹄疫灭活疫苗
初产母猪配种前	猪瘟弱毒疫苗
	高致病性猪蓝耳病灭活疫苗
	猪细小病毒灭活疫苗
	猪伪狂犬基因缺失弱毒疫苗
经产母猪配种前	猪瘟弱毒疫苗
	高致病性猪蓝耳病灭活疫苗
产前 4～6 周	猪伪狂犬基因缺失弱毒疫苗
	大肠杆菌双价基因工程苗[注2]
	猪传染性胃肠炎、流行性腹泻二联苗[注2]

备注：1. 种猪 70 日龄前免疫程序同商品猪。
2. 乙型脑炎流行或受威胁地区，每年 3～5 月份（蚊虫出现前 1～2 月），使用乙型脑炎疫苗间隔一个月免疫两次。
3. 猪瘟弱毒疫苗建议使用脾淋疫苗。
4. ［注 2］：根据本地疫病流行情况可选择进行免疫。

（三）种公猪

免疫时间	使用疫苗
每隔 4～6 个月	口蹄疫灭活疫苗
每隔 6 个月	猪瘟弱毒疫苗
	高致病性猪蓝耳病灭活疫苗
	猪伪狂犬基因缺失弱毒疫苗

备注：1. 种猪 70 日龄前免疫程序同商品猪。
2. 乙型脑炎流行或受威胁地区，每年 3～5 月份（蚊虫出现前 1～2 月），使用乙型脑炎疫苗间隔一个月免疫两次。
3. 猪瘟弱毒疫苗建议使用脾淋疫苗。

四、技术要求

①必须使用经国家批准生产或已注册的疫苗，并做好疫苗管理，按照疫苗保存条件进行贮存和运输。

②免疫接种时应按照疫苗产品说明书要求规范操作，并对废弃物进行无害化处理。

③免疫过程中要做好各项消毒，同时要做到"一猪一针头"，防止交叉感染。

④经免疫监测，免疫抗体合格率达不到规定要求时，尽快实施一次加强免疫。

⑤当发生动物疫情时，应对受威胁的猪进行紧急免疫。

⑥建立完整的免疫档案。

参考文献

[1] [美] B. E. 斯特劳，[加] S. D. 啊莱尔，[美] W. L. 蒙加林等．赵德明，张中秋，沈建忠等主译．猪病学（第八版）．北京：中国农业大学出版社，2000.

[2] 蔡宝祥．家畜传染病学（第四版）．北京：中国农业出版社，2001.

[3] 葛兆宏．猪场兽医．北京：中国农业出版社，2004.

[4] 王扬伟．猪病门诊实用技术．郑州：河南科技出版社，2005.

[5] 杨中和，方旭．现代无公害养猪．北京：中国农业出版社，2005.

[6] 史秋梅．猪病诊治大全．北京：中国农业出版社，2003.

[7] 吴增坚．养猪场猪病防治．北京：金盾出版社，1999.

[8] 纪晔．养猪防疫消毒实用技术．北京：金盾出版社，2006.

[9] 葛兆宏．动物传染病．北京：中国农业出版社，2006.

[10] 李立山，张周．养猪与猪病防治．北京：中国农业出版社，2006.

[11] 周铁忠．猪疾病防治技术，北京：中国社会出版社，2010.